城市生活垃圾分类收集与资源化利用和无害处理

以苏州为例

苏州市环境卫生管理处 编

主编 何晟 吴军 任连海

苏州大学出版社
Soochow University Press

图书在版编目(CIP)数据

城市生活垃圾分类收集与资源化利用和无害处理:以苏州为例/何晟,吴军,任连海主编;苏州市环境卫生管理处编. —苏州:苏州大学出版社,2015.5
ISBN 978-7-5672-1319-7

Ⅰ.①城… Ⅱ.①何… ②吴… ③任… ④苏… Ⅲ.①城市—垃圾处理—无污染技术—苏州市②城市—垃圾处理—资源利用—苏州市 Ⅳ.①X799.305

中国版本图书馆 CIP 数据核字(2015)第 092173 号

书　　名：	城市生活垃圾分类收集与资源化利用和无害处理
主　　编：	何　晟　吴　军　任连海
责任编辑：	刘　海
装帧设计：	刘　俊
出版发行：	苏州大学出版社(Soochow University Press)
出 品 人：	张建初
社　　址：	苏州市十梓街1号　邮编:215006
印　　刷：	苏州工业园区美柯乐制版印务有限责任公司
E-mail：	Liuwang@suda.edu.cn　　QQ:64826224
邮购热线：	0512-67480030
销售热线：	0512-65225020
开　　本：	700 mm×1 000 mm　印张:18.75　字数:327千
版　　次：	2015年5月第1版
印　　次：	2015年5月第1次印刷
书　　号：	ISBN 978-7-5672-1319-7
定　　价：	60.00元

凡购本社图书发现印装错误,请与本社联系调换。服务热线:0512-65225020

编委会

主　编：何　晟　　吴　军　　任连海
副主编：王永京　　梅　娟　　夏金雨
　　　　干　磊
编　委：蔡　静　　张　颖　　钱丽燕
　　　　邓　成　　李　光　　杨　韬
　　　　洪　毅　　黄　嵘　　胡　蔚
　　　　陈为海　　谢瑞林　　杨林军
　　　　张　军　　沈　荣　　孙建中
　　　　徐建丰　　丁兴贵　　刘　坤
　　　　程　蓉　　徐仁杰　　贺　宏
　　　　周兴国　　赵晓根　　张　艺
　　　　李世昌　　朱水元　　姚凤根
　　　　周正伟　　王　攀　　张明露

前 言

随着社会经济的迅速发展和城市化进程的加快,城市人口急剧增加,城市生活垃圾污染问题日益严重,如何解决城市生活垃圾问题成为人类共同关注的环境问题之一。垃圾分类作为促进生活垃圾处理无害化、资源化和减量化的一个重要途径,被很多国家所采用,在日本、欧盟等发达国家和地区已经取得明显成效。国内的北京、上海、广州、杭州等城市从2000年起就开始进行生活垃圾分类收集的尝试,但因为管理手段落后、法律法规不健全、对应的分类处理及回收利用技术不配套等原因,大部分城市的垃圾分类试点效果不佳。

本书介绍了国内外城市生活垃圾分类、餐厨废弃物、建筑垃圾、园林绿化垃圾和有机垃圾的资源化利用和无害化处理的管理现状及资源化利用关键技术,分析了苏州市在这些方面已经开展的工作,提出了进一步开展工作的建议。本书可供其他城市环境卫生行业的管理部门、生活垃圾科研与设计单位及其他关心垃圾分类及垃圾资源化利用和无害化处理的各界人士参考。本书共分八章,第一章和第二章由何晟、干磊、夏金雨、王永京撰写,第三章由任连海、王永京、王攀、张明露、何晟、干磊撰写,第四章由钱丽燕、吴军、王永京、何晟撰写,第五章由梅娟、王永京、干磊撰写,第六章由吴军、何晟、夏金雨、王永京撰写,第七章和第八章由何晟、干磊、蔡静、张颖撰写。

本书的出版得到了江苏省住房和城乡建设厅建设领域科技项目《苏州市生活垃圾分类收集与无害化、资源化处理示范工程》(2012 SF05)和《建筑垃圾资源化利用信息化监管研究》(2014JH34)以及住房和城乡建设部科技示范工程项目《苏州市餐厨废弃物全过程监管信息平台》(2014-S5-001)和《苏州市"智慧环卫"信息管理平台》(2015-S5-014)等四项科技项目的资助。本书在编写过程中还得到了南京大学、北京工商大学、上海环境卫生工程设计院、苏州科技学院、苏州市供销合作总社等单位的大力支持和协助,同时参考了国内很多学者的相关研究,在此一并表示感谢。

由于编者水平有限,本书中难免有谬误和不当之处,敬请广大读者批评指正。

编 者
2015 年 3 月

目 录

第一章　国内外城市生活垃圾分类现状 / 1
1.1　垃圾分类的概念和意义 / 1
1.2　国外城市生活垃圾分类现状 / 4
1.3　国内城市生活垃圾分类概况 / 17

第二章　苏州市生活垃圾分类概况 / 38
2.1　苏州市概况 / 38
2.2　苏州市生活垃圾处理基本情况 / 39
2.3　苏州市生活垃圾分类历程 / 45

第三章　餐厨废弃物资源化利用和无害化处理 / 53
3.1　餐厨废弃物概述 / 53
3.2　国内外餐厨废弃物资源化利用及无害化处理的现状 / 60
3.3　餐厨废弃物处理的关键技术 / 66
3.4　餐厨废弃物资源化利用及无害化处理的苏州实践 / 118

第四章　建筑垃圾资源化利用和无害化处理 / 130
4.1　建筑垃圾的概念及特性 / 130
4.2　国内外建筑垃圾资源化利用及无害化处理的现状 / 134
4.3　建筑垃圾处理的关键技术 / 141
4.4　苏州市建筑垃圾资源化利用现状及对策 / 155

第五章　园林绿化垃圾资源化利用和无害化处理 / 160

　　5.1　园林绿化垃圾的概念及特性 / 160

　　5.2　国内外园林绿化垃圾资源化利用和无害化处置的现状 / 161

　　5.3　园林绿化垃圾资源化利用和无害化处置的关键技术 / 163

第六章　易腐有机垃圾的资源化利用和无害化处理 / 169

　　6.1　易腐有机垃圾的概念及特性 / 169

　　6.2　国内外易腐有机垃圾资源化利用和无害化处置的现状 / 170

　　6.3　易腐有机垃圾资源化利用和无害化处理的关键技术 / 172

第七章　苏州市居民小区垃圾细分类体系 / 178

　　7.1　分类设施设备配置 / 178

　　7.2　分类收运规范 / 182

　　7.3　其他垃圾的无害化处理 / 185

　　7.4　可回收物的资源化利用 / 192

　　7.5　有害垃圾的无害化处理 / 198

第八章　苏州市垃圾分类管理体系 / 216

　　8.1　苏州市垃圾分类管理体系构成 / 216

　　8.2　苏州市生活垃圾分类的立法研究 / 219

　　8.3　苏州市垃圾分类准确率及分类意识调查 / 227

附件1　苏州市生活垃圾分类促进办法(草案) / 232

附件2　苏州市生活垃圾分类实施规划 / 239

附件3　苏州市餐厨废弃物管理办法 / 251

附件4　苏州市城市建筑垃圾管理办法 / 255

附件5　南京市生活垃圾分类管理办法 / 257

附件6　广州市城市生活垃圾分类管理暂行规定 / 267

附件7　上海市促进生活垃圾分类减量办法 / 273

参考文献 / 281

第一章
国内外城市生活垃圾分类现状

1.1 垃圾分类的概念和意义

1.1.1 垃圾分类的概念

1.1.1.1 垃圾及相关概念

(1) 固体废弃物的概念

我国于1995年颁布、2005年4月1日修改并实施的《中华人民共和国固体废物污染环境防治法》第六章第七十四条中对固体废弃物的定义为:固体废弃物是指在生产、生活和其他活动中产生的丧失原有利用价值或者虽未丧失利用价值但被抛弃或者放弃的固态、半固态和置于容器中的气态的物品、物质以及法律、行政法规规定纳入固体废物管理的物品、物质。该法第六章附则中将固体废物分为三类:工业固废、城市生活垃圾和危险废物。

(2) 城市生活垃圾的概念

《城市生活垃圾管理办法》对城市生活垃圾的定义是:城市中的单位和居民在日常生活及为生活服务中产生的废弃物,以及建筑施工中产生的垃圾。

1.1.1.2 垃圾分类的概念

目前,国内的标准及相关应用研究对垃圾分类没有一个标准的定义,应用得较为广泛的定义为:按照城市生活垃圾的组成、利用价值以及环境影响等,并根据不同处理方式的要求,实施分类投放、分类收集、分类运输和分类处置的行为。2011年施行的《广州市城市生活垃圾分类管理暂行规定》、2013年实施的《青岛市城市生活垃圾分类管理办法》以及2014年的《苏州市生活垃圾分类促进办法(征求意见稿)》都采用了这个定义。

除了这个定义之外,在一些标准规范及地方性法规中,还有一些与垃圾分类相关的定义。《市容环境卫生术语标准》(CJJ/T65—2004)在第4章"收集运输及其他设施设备"的4.2.3中把"垃圾分类收集(Sorted Refuse Collection)"定义为:将垃圾中的各类物质按一定要求分类投弃和收集的行为;4.2.2将"垃圾混合收集(Mixed Refuse Collection)"定义为:垃圾不分类别的收集方式。该标准在其他章节还规定了一些有关垃圾分类的概念,如在第3章基础术语3.0.30中规定了"回收利用率(Recovery Rate):废物中已回收利用物质占废物总量的比率";3.0.31规定了"源头减量(Source Reduction):在设计、制造、流通和消费等过程中采用合理措施,在源头上减少废物量"。

《废弃产品回收利用术语》(GB/T20861—2007)2.1定义了"废弃产品(Waste Product)"的概念:产品的拥有者不再使用或者已经丢弃或放弃的产品,以及在生产、运输、销售、使用过程中产生的不合格产品、报废产品和过期产品。2.16定义了"可回收利用率(Recoverablility Rate):新产品中能够被回收利用(Recover)部分(含再使用(Reuse)、再生利用(Recycling)和能量回收(Energy Recovery)部分)的质量之和占新产品质量的百分比"。

以上两个标准对垃圾分类及相关概念的定义是现行标准中很少的对垃圾分类的定义,但这些定义都未能完整地定义垃圾分类的全过程。

在其他地方性法规和一些有关垃圾分类的研究中,还有一些关于垃圾分类的定义。2014年制定的《深圳市生活垃圾减量和分类管理办法(试行)(草案稿)》的第三条对垃圾分类进行了定义:本办法所称生活垃圾分类,是指按生活垃圾的属性、成分、利用价值、处置方式及对环境的影响等,分成若干种类。该办法还另外定义了"生活垃圾减量",即在产品设计、制造、流通和消费等过程中采用合理措施减少废物量。余洁(2009)对垃圾分类的定义为:城市生活垃圾分类是指按照城市生活垃圾的不同性质、不同处置方式的要求,从垃圾产生的源头上将垃圾分类后收集、储存及运输,它是城市生活垃圾处理体系中的一个关键环节。何德文(2002)认为生活垃圾分类收集是指按照不同的最终处置方式要求,将垃圾进行分类收集、储存及运输。郝薇(2001)认为生活垃圾分类收集即将生活垃圾按照其种类的不同分别收集,以提高废品回收率和便于分类处置,做到垃圾处理减量化、资源化、无害化。彭书传和崔康平(2000)对垃圾分类收集的定义为:从垃圾产生的源头——家庭开始,按照不同处置方式的要求,将垃圾分别集中和收集送往相应的待运场所的过程称为垃圾分类收集。吴晟志(1999)定义了"垃圾分类回收处理":垃圾分类回收处理就是根据垃圾成分及能否再回收利用,把它们逐一分类,然后再进行各种处理。冯颖俊和李云(2009)对城市生活垃圾分类收集的定义是:是一项庞大的系统工程,需从垃圾产生的源头,按照垃圾的不同性质、不同处置方式的需要,将垃圾分类后收集、储存并运输。刘梅

(2009)定义的垃圾分类是指将性质相同或相近的垃圾进行分类,按照指定时间、种类,将该项垃圾放置于指定地点,由垃圾车予以收取,或投入适当回收系统。孟宜旺和杨清春(1999)对垃圾分类收集的定义为:按照垃圾成分及其再利用方法不同,将垃圾按类别分别收集在一起,分别进行回收利用和处理,以降低生活垃圾的处理费用和难度。严锦梅(2013)对垃圾分类的定义是:按照垃圾的不同成分、属性、利用价值以及对环境的影响,并根据不同处置方式的要求,分成属性不同的若干种类。汪文俊(2012)提出了"城市生活垃圾分类与回收(垃圾分类回收)",指城市生活垃圾按照成分、性质或用途,由相关的分类主体进行分类,每类生活垃圾根据各自的特性,由专门清运机构负责收运,并按一定的运行机制对其进行循环再利用,它既包含生活垃圾的分类和收运,又包含生活垃圾分类之后的资源化模式。陈海滨(2011)定义的"垃圾分类收集"是指在垃圾产生的源头或投放环节,按照垃圾产生源、垃圾组分性质或末端处理方式的不同,将垃圾分门别类或部分分类收集的行为及过程。孟秀丽(2014)关于垃圾分类的定义为:按照垃圾的可回收可利用性、有毒有害性及有机无机性以及对环境的影响等,并根据不同处置方式的要求分成属性不同的若干种类,其目的是为后续处置和资源回收带来便利。

综合以上国家标准规范、地方性法规和相关学者的研究,垃圾分类可以分为"狭义"和"广义"两种。狭义的垃圾分类是指从源头居民家庭、企事业单位等开始,按照垃圾的不同成分和性质进行分类投放的过程。狭义的垃圾分类多以居民家庭产生的生活垃圾为对象,并且多将重点放在收集环节。广义的垃圾分类是指从垃圾产生的源头开始,按照垃圾的不同成分、属性、利用价值以及对环境的影响,并根据不同处置方式的要求,将垃圾分类收集、储存及运输以及最后分类处置的全过程。广义垃圾分类的对象包括了除居民家庭之外的其他的生活垃圾,包括建筑垃圾、园林绿化垃圾、餐厨废弃物等,且将垃圾分类的理念贯穿于收集、运输和最终处置全过程,广义的垃圾分类还应该包括在垃圾产生之前的垃圾减量。

1.1.2 垃圾分类的意义

(1)减少垃圾的最终处置量

生活垃圾在源头、中转、运输等环节经过分类回收后,不同类型的垃圾被分离出来:可回收利用的重新进入物质的循环过程当中;有毒有害的纳入危险废物收运处理系统;其他垃圾根据末端处理流向分类处理。在垃圾被分流后进入生活垃圾终端处置设施的垃圾量会相应减少。

（2）实现垃圾资源化利用

当前生活垃圾被认为是具有开发潜力的"城市矿藏"。这既是对生活垃圾认识的深入和深化，也是城市发展的必然要求。应该尽可能对生活垃圾进行充分的资源化利用，使更多的垃圾作为"二次资源"进入新的产品生产循环。

（3）促进垃圾无害化处理

垃圾混合收集会加大垃圾分拣、处理的难度，甚至会促进这些垃圾发生化学反应，从而增加垃圾的毒性和危害性，加剧环境污染问题。垃圾分类可以避免垃圾之间的相互污染，降低垃圾处理成本，为卫生填埋、堆肥、焚烧发电、资源综合利用等先进的垃圾处理方式的应用奠定基础。

（4）减少垃圾收运处理费用

在经过分类回收后，部分垃圾作为再生资源重新投入生产，降低了生产成本；另一方面，最终需处理的垃圾量也大大减少，垃圾处理费用也随之降低，防治环境污染的工作量及难度降低，相应的工程费和运营费也减少。

（5）增强市民环保意识，增强市民的社会责任

推广垃圾分类收集的过程，也是对居民和社会进行环保教育的过程。通过推广垃圾分类收集工作，加强公众非利益驱动下的环境友好行为引导，可以培养公众的环境保护意识和卫生意识。

1.2 国外城市生活垃圾分类现状

1.2.1 国外城市生活垃圾分类的特点

发达国家的垃圾分类收集工作一般是从有毒有害垃圾和大件垃圾的分类收集开始，逐步推广到玻璃、废纸等有用物资的分类收集。国外的垃圾分类收集水平较高，也比较细致。这主要与国外发达的经济水平、人们较高的文化素养以及政府的大量资金投入、相应政策的制定、配套设施的建设等相关。

（1）确定了减量化为首要目的、资源化为实现途径的垃圾分类策略

欧盟、德国、日本等发达国家在经济社会高速发展进程中，逐步意识到生活垃圾的快速增长给城市的生态环境安全带来了沉重压力，进入生活垃圾填埋场的垃圾量急剧增加。考虑到生活垃圾的增长趋势，各国纷纷认为减少生活垃圾进入处理设施的数量十分迫切，生活垃圾减量也随之被提上议程。

由于经济水平和市民生活条件较高，垃圾中可回收利用成分占很大比重，因

而国外发达城市均将垃圾减量的重点落实在可资源化垃圾部分,要求通过产生源控制和资源化回收减少垃圾的清运量。在日本、德国等国家构建的促进废物减量和回收利用的法律体系中,大多数条款是针对包装容器(物)、电子垃圾、食品垃圾等可进行再生利用的垃圾制定的。

(2) 建立了与垃圾管理总目标相配套的分类收集管理目标

国外发达国家开展垃圾分类收集管理的历史较早,对分类收集管理目标的定义是从城市垃圾管理的总体目标出发的。例如,2000年日本福冈市制定了垃圾减量目标,计划在2010年减量率达到30%,其中居民源垃圾减量率为14%,非居民源垃圾减量率应达16%。1995年美国制定的垃圾减量目标是到2005年至少35%的生活垃圾被循环利用。欧盟制定了《Council Directive 99/31/EC on the Landfill of Waste》,旨在减少进入填埋场的可生物降解垃圾量,其中英国提出在2005年约有40%的城市垃圾被回收利用,2010年约有45%的城市垃圾被回收利用,2015年约有67%的城市垃圾被回收利用。

(3) 形成了完整的垃圾处理和资源化产业链

日本、德国等国家的垃圾分选和回收技术相当完善,垃圾资源化产业成熟完备,垃圾分类收集、运输、处理形成了完整的产业链。在技术上,除常用的磁选、风选和人工分拣外,还有针对含铝制品的涡流分选,针对多种材料组成不能手工分选包装物的滚筒搅碎冷浸分选等,精确的分选为后续处理提供了方便,也扩大了市场需求,再生利用的产品质量也较高。在垃圾处理产业体系方面,在国家政策的刺激下形成企业化、专业化和规模化的垃圾处理产业。

(4) 构建了健全的垃圾分类法律法规体系

以上各国在生活垃圾管理立法方面在前期呈现出以削减环境污染为主要目的的特点,之后这些国家逐步开始意识到生活垃圾处理量的日益增大正在成为城市环境治理的重大负担,由此逐步开始实施了生活垃圾回收利用的立法和配套政策。日本由于废容器和包装物数量在城市生活垃圾中约占60%左右,加强废容器及包装物的再利用在城市生活垃圾污染防治和节约资源方面具有重要意义,因此日本政府于1995年出台了《容器包装循环处理法》《资源有效利用促进法(LPEUR)》《容器和包装物的分类收集与循环法》《家庭电器回用法(SHAR)》《日本家用电器回收利用法》《报废汽车再生利用法》等法律规范,要求企业、个人在源头开展垃圾分类收集和处理。

(5) 重视与经济手段相结合

为了鼓励固体废物的回收利用,各国不约而同地采用经济手段对固体废物的产生者和处理者提供必要的财政补贴与资金援助,垃圾收费制度、押金返还制度以及环境税、生态税等都是国外发达国家在防治城市生活垃圾污染时普遍使用的经济手段。各种经济手段的合理运用不仅减轻了政府的财政负担,而且对生产者和消费者的行为产生经济威慑力,从而大大减少了生活垃圾的排放量,有利于环保观念的形成。基于市场的经济手段能够在城市垃圾的管理中发挥很好的作用,如通过改变现行的商品价格以表现其环境属性,或者直接为某环保商品或服务制定价格。相对于传统的命令或强制性的管理方法,运用经济手段能更为有效地减少垃圾产生量,实现废物综合管理,并且能以较低的代价达到预期的环境水准。

(6) 强调公众宣传和严格执法

发达国家在治理城市生活垃圾时,通过大量的宣传和立法,努力使环境保护成为一种社会公德,吸引公众积极参与到污染防治中。生活垃圾分类收集和处置不仅仅是政府的责任,更要调动起每个公民的环保热情,自觉减少生活垃圾的产生量,进行生活垃圾的分类收集。此外,美国、日本等国家的执法非常严格,罚款数额也很高,违法成本显著,因而公民也逐步养成了减少生活垃圾、自觉维护环境的良好习惯。

1.2.2 国外城市生活垃圾分类案例

1.2.2.1 德国

德国是最早实行循环经济理念的西方发达国家之一,也是实施最为成功的国家之一。早期的德国对生活垃圾主要是通过填埋和焚烧进行处理,但随着生活垃圾产量的不断增多,德国开始探寻更加合理的垃圾管理机制,20世纪90年代以来,德国的垃圾管理思路由"末端处理—循环利用—避免产生"逐渐过渡转变到"避免产生—循环利用—末端处理"的方式上。为了适应管理思路的转变,德国在垃圾处理管理中引入了生产者责任制度,它要求生产商对其生产的产品全部生命周期负责。生产者和销售者需要按照规定,根据废弃物的质量、种类、能否回收等标准交纳相应的费用,以用于废弃物的收集、分类和处置。生产者责任制度的确立有助于约束生产商使用过多的原材料和不可回收利用的材料,促进生产技术的创新,从而达到从源头削减垃圾的目的。

德国在城市生活垃圾处理上首先坚持实现城市生活垃圾处理减量化,其次是实现城市生活垃圾处理资源化,最后进行综合处理。处理城市生活垃圾时,首先使用城市生活垃圾分类回收利用技术,其次是堆肥技术,再次是焚烧技术,最后才是卫生填埋。

1972年,德国开始对垃圾的环保有效处理进行立法,并通过了首部《废物避免产生和废物管理法》,旨在减少工业和居民用户的废物量并提高废物回收率,同时采取强制生产商回收利用其包装物的措施,其核心原则即"生产者负有回收和处理其产生的包装物的责任和义务"。1991年,德国又颁布实施了《废物分类包装条例》;1996年,颁布实施了《循环经济与废弃物处理法》;1998年,德国在产品税制改革中引入生态税,即通过对那些使用了对环境有害的材料和消耗了不可再生资源的产品增收生态税,来促使生产商采用先进的工艺和技术,进而达到改进消费模式和调整产业结构的目的。2000年,德国正式实施《可再生能源法》。正因为德国对于垃圾分类的重视,德国的垃圾回收利用率位居欧洲第一。目前,德国城市生活垃圾中玻璃的回收量已达到其产生量的55%,纸张的回收量达到其产生量的48%,塑料的回收量达到其产生量的11%,纸板的回收量达到其产生量的36%。虽然德国的垃圾分类系统非常复杂,但是绝大多数的德国民众对复杂的垃圾分类持支持态度。

德国通过投资主体多元化、投资运作市场化、运营原则商业化、设施经营多样化等途径获取城市生活垃圾处置资金,在城市生活垃圾处理过程中,有一套完整的城市生活垃圾回收处理体系,该体系不仅能使城市生活垃圾得到合理的回收、利用、处置,还使德国人的城市生活垃圾分类意识得到了提高。德国巴伐利亚州统计局的数据显示,2011年巴伐利亚州共处理了5580万吨垃圾,其中,82.6%即4610万吨的垃圾经过处理后被回收再利用。

德国将垃圾分为塑料包装垃圾、有机垃圾及纸类垃圾等。垃圾都是被分门别类地投放在庭院门口的各种颜色的垃圾桶内,由专业人员定期来收运。在巴伐利亚州,垃圾桶分为3种颜色:黄色、黑色和绿色。但是在汉堡垃圾却分得更细,有4类,在黄色、黑色和绿色这三种颜色的基础上添加了一个棕色垃圾桶用于盛放自然垃圾。更有甚者,全德国除法兰克福外,各城均设有专门放玻璃瓶的垃圾桶。这样既有利于降低垃圾处置难度,也有利于提高垃圾中资源的回收利用率。德国一般将生活垃圾分为以下几类进行收集。

第一类:有机垃圾、包装等垃圾。黄色桶用于收集塑料等轻型的包装垃圾,如塑料袋、塑料盒等轻型包装。所谓轻型包装是指上面有绿色点标识的包装(此标志多存在于用完一次即可丢弃的包装,这类包装也是可以再次被回收利用的),负责回收垃圾的工作人员每个月来收一次黄色桶内的垃圾。黑色桶用于收集有机垃圾,如食物残渣、菜叶和植物残枝等,这些垃圾占据了生活垃圾的很大一部分。居民可以将这些有机垃圾堆肥利用,否则必须将有机垃圾丢到指定的有机垃圾桶内,同时居民也可在院内放置有机垃圾桶,清运费用根据垃圾桶的容量而定。在德国,通常有机垃圾每隔两周清运一次。由于有机垃圾容易腐烂变质,自6月份至11月中旬每周清运一次。绿色桶是用于回收纸类垃圾的,如报纸、纸箱等,一个月回收一次。

第二类:旧玻璃瓶。德国人的生活与玻璃瓶的关系相当密切,大量玻璃瓶的回收主要通过两种系统来实现。一是押金系统,一些装食品与饮料的玻璃瓶或塑胶瓶上会印有特殊的标志,表示消费者在购买饮料或食品时已经预付了押金,如将旧瓶退回超市即可取回押金,通常这些商品的价格会相对便宜一些。二是定点回收,消费者在购买时不需预付押瓶费。在德国的许多学校及单位内都设有饮料的自动贩卖机,在其附近或者一些固定地点,如学生餐厅等,通常都设有回收玻璃瓶的箱子。厂商通过将玻璃瓶回收清洗再利用,从而达到循环使用的目的。另外,德国有些城市甚至对透明、褐色以及绿色的玻璃瓶(罐)进行单独回收。

第三类:家具及特殊垃圾。对于像冰箱、沙发、床垫等大型的家具垃圾,可送到垃圾回收场,不收取费用。德国每年有专门处理大型旧家具的日子。主人会事先将不用的家具垃圾准备妥当,到了那一天,将其在规定的时间内摆在屋外。有心想利用这些旧家具的人便在这时到处物色,将中意的东西搬回家,被挑剩的家具最后是由大垃圾车搬走。对于有可能污染环境的垃圾,德国特别规定:凡可能污染环境的物品,用毕或过期后必须交回商店,或丢弃于特别设置的垃圾箱,以集中特别处理,不可随意丢弃。

除了公众的自觉性外,必要的外界监督和处罚也必不可少。德国有一类专门检查垃圾分类执行情况的工作人员,他们被称为"环境警察"。他们会偶尔登门拜访,抽查居民是否把垃圾正确分类并分别放到指定的垃圾桶里。如果发现居民分类不当,他们会及时指出,对严重者还会开出罚单。

垃圾从源头进行分类后,不同类型的垃圾有不同的处理利用途径。德国的垃圾资源回收主要分为以下几种:包装的回收与利用;电器和电子产品的回收与利用;废弃电池的回收与利用;废弃汽车的回收与利用;废弃油的回收与利用;废弃玻璃的回收与利用;废旧纸张的回收与利用;生态垃圾的回收与利用;建筑垃圾的回收与利用等。

1991年德国正式实施《包装条例法》,明确生产者责任制度。根据条例的要求,来自德国包装工业和消费品制造业行业协会及商业协会的95个公司出资组建了德国双轨制系统股份公司(DSD),这是一个负责包装废弃物的分类、收集和综合回收利用全过程的组织。德国双轨制系统股份公司通过向包装生产者和销售者出卖绿点标志获取费用。该费用根据所使用的包装材料、质量及件数来确定。在垃圾处理过程中引入市场行为,走市场化和产业化道路,既提高了包装废弃物回收利用的效率,又降低了零售商、制造商和包装商们的投入。1998年8月,德国对包装条例进行了修改,其主要内容是制定适应全德国的统一的回收利用率指标(表1-1)。

表1-1 德国包装条例规定的包装材料回收利用率

包装材料	1999年1月1日起实行的回收利用率(%)
玻璃	75
白铁皮	70
铝	60
纸、纸板、纸箱	70
复合材料	60
塑料	60

德国的生活垃圾管理政策对于垃圾的减量化、资源化和无害化处理有着非常积极的促进作用。2005年,德国生活垃圾的产量与1990年相比下降约7%。2005年生活垃圾回收利用率达到62%,是1990年的4.8倍。垃圾填埋量迅速下降,垃圾的焚烧量、回收利用量(包括堆肥)呈逐年增加的趋势(表1-2)。除去分类单独收集的生活垃圾,2005年分类后的剩余垃圾为1391万吨(表1-3),折合为人均日产量仅0.46千克。

表1-2 1990—2005年德国生活垃圾产量

年份	1990	1993	1998	2000	2003	2004	2005
生活垃圾产量(万吨)	5020	4350	4480	5010	4930	4840	4660
回收利用率(%)	13	30	41	51	58	57	62

注:(1)生活垃圾包括居民生活垃圾和企业生活垃圾;(2)1999年后,垃圾产量执行新的统计方法。数据来源:Abfallaufkom men in Vergleich von 1996 – 2005 [OB/OL]. Statistisches Bundesamt, August 2007, http://www.bmu.de/abfallwirtschaft/statistiken_zu_abfallwirtschaft/doc/5886.php.

表1-3　2005年德国居民生活垃圾产量及其构成

类型	产量(万吨)	回收率(%)
一、分类单独收集的垃圾	2750.9	
1. 绿色植物类有机垃圾	770	100
2. 玻璃	357	100
3. 纸类	790	99
4. 轻质包装/塑料	460	87
5. 废旧电器	4.9	100
6. 大件垃圾	217	45
7. 其他	152	80
二、剩余垃圾/万吨	1391	
总计(万吨)	4141.9	64

数据来源：Aufkommen, Beseitigung und Verwertung von Abfaellen in Jahr 1997–2005 [OB/OL]．

1.2.2.2　日本

亚洲人口大国日本是世界上实施垃圾分类比较成功的国家之一，由于日本土地资源匮乏，垃圾填埋成本高昂，发展空间有限，因此日本采用了焚烧的方式来处理生活垃圾。截至2006年年底，日本拥有生活垃圾焚烧厂1374座，生活垃圾年焚烧处理能力为4031万吨，焚烧处理比例达到78.49%，焚烧生活垃圾后产生的熔渣可用作建筑替代材料。另一方面，日本非常重视资源回收再利用研究，为了最大化地减少焚烧垃圾或填埋垃圾产生的空气污染和环境污染，最大限度地实现资源垃圾的回收再利用，日本对生活垃圾的分类有着十分严格而细致的规定，而且不同地区和街道也有着各自更为具体的规定。

在日本，生活垃圾分类要在家庭中完成，垃圾分类的方式近乎苛刻，各地的垃圾分类方式不尽相同，一般将生活垃圾分为四类：

第一类：一般垃圾，包括纸屑类、草木类、包装袋类、皮革制品类、容器类、玻璃类、餐具类、非资源性瓶类、橡胶类、塑料类、棉质白色衬衫以外的衣服毛线类。

第二类：可燃性资源垃圾，包括报纸(含传单、广告纸)、纸箱、纸盒、杂志(含书本、小册子)、旧布料(含毛毯、棉质白色衬衫、棉质床单)、装牛奶饮料的纸盒子。

第三类：不燃性资源垃圾，包括饮料瓶(铝罐、铁罐)、茶色瓶、无色透明瓶、可以直接再利用的瓶类。

第四类：可破碎处理的大件垃圾，包括小家电类(电视机、空调机、冰箱、冰柜、洗衣机)、金属类、家具类、自行车、陶瓷器类、不规则形状的罐类、被褥、草席、长链状物(软管、绳索、铁丝、电线等)。每一种垃圾都有不同的收集时间,一般垃圾每周2次,其他类垃圾每月2次。每到收集垃圾的日子,居民便将装着垃圾的透明塑料袋放到指定的地点。

为了能促进生活垃圾资源化,日本制定并实施相关法律对垃圾分类处理进行规范,如《废弃物处理法》《关于包装容器分类回收与促进再商品化的法律》、《家电回收法》《食品回收法》等与垃圾减量相关的法律。其中,《废弃物处理法》第25条14款规定:胡乱丢弃废弃物者将被处以5年以下有期徒刑,并处罚金1000万日元(约合人民币83万元);如胡乱丢弃废弃物者为企业或社团法人,将重罚3亿日元(约合人民币2500万元)。法律还要求公民如发现胡乱丢弃废弃物者请立即举报。

以日本环保城市北九州为例,除了可燃垃圾的回收需要收费之外,资源性垃圾的回收也是收费的,比如回收家庭产生的可燃垃圾,一个45升的袋子收费50日元(相当于3元人民币),在资源性垃圾方面,用于回收塑料容器包装、金属罐、玻璃瓶、塑料瓶的一个25升的袋子收费12日元(相当于0.7元人民币)。回收家具之类的大型垃圾收费在300～1000日元之间,如果是个人自行送到垃圾处理单位,每100千克收费100日元。由于回收的种类越多回收处理的成本越大,所以该市的方针是让市民分担回收费用。

具体到地方政府如何解决回收费用的问题,一共有三种情况:第一,对回收的过程进行收费,比如说北九州的回收体系。第二,对可回收资源进行转卖、贩卖。比如说塑料、铁等,卖给回收厂后会有相应的所得,从现在的情况来看,贩卖的价格每年都在增加。第三,分类回收资源性垃圾会减少地方政府运行的焚烧厂处理垃圾的数量,焚烧厂因此成本降低,也能够抵消一些回收费用。

1.2.2.3 比利时

比利时是较早实行垃圾分类的国家,90%的比利时人已养成了将垃圾进行分类的习惯。在比利时,垃圾分类很细致,日常生活垃圾是靠垃圾袋的颜色来区分的,垃圾通常被分为纸张、纸箱、塑料、金属包装、玻璃以及没有任何回收价值的废弃物等几大类。玻璃制品必须扔到居民区专设的玻璃回收筒里;黄色袋子用来装纸制品的;蓝色袋子用来收集塑料制品、树脂材质的垃圾;绿色的袋子用来装园艺垃圾;白色垃圾袋是用来装其他无法回收的垃圾的,以厨余垃圾为主,也就是厨房里扔掉的菜叶、果皮、食物残渣等。垃圾车每周回收1次黄色垃圾袋和蓝色垃圾袋,回收2次白色垃圾袋。居民必须在规定的时间内将垃圾袋放置在门前的垃圾堆放处。如果不遵守规定,放错颜色,回收工人将有权拒绝运送;严重违规者还将被处以罚款。

比利时还将垃圾分类的重点放在了商品的包装上,政府成立了两家专门处理工业包装垃圾和生活包装垃圾的专业公司。2007年比利时有超过80%的废弃包装被回收利用,其回收规模居世界前列,每年相关循环利用材料的出售会带来约7亿欧元的收入。比利时的法律规定,凡是会产生包装物的企业都必须按工业包装垃圾或生活包装垃圾加盟上述两家公司,并按照营业额的多少支付相应的"垃圾处理费";只有成为会员后,其产品的包装上才可印上一个象征统一回收的"绿点"标志,否则这些垃圾将由生产企业自行负责回收。

1.2.2.4 瑞典

瑞典是个环境质量高、注重环保的国家,瑞典人生活富足,但崇尚简约质朴,垃圾分类和回收利用十分普及。瑞典环境保护署2012年度报告指出,2010年瑞典建筑垃圾的回收利用率为50%,并计划到2020年把回收利用率提高至70%。

被称为"能源增值中心"的瑞典垃圾焚烧厂效率非常高。欧盟数据统计委员会2012年公布的数据显示,欧洲国家非再生生活垃圾比例平均高达38%,而瑞典却只有1%。在瑞典人制造的生活垃圾中,36%得到循环利用,14%再生成化肥,另外49%则被焚烧发电。通过垃圾焚烧,它们为瑞典人提供约20%的城市供暖,同时满足25万户家庭用电之需。

瑞典相关法律要求消费者有义务对废弃物品及包装物按要求进行分类,在具体实践中,瑞典各个城市的垃圾分类收集又有所不同。以瑞典南部城市为例:比夫市和澳斯托普市将厨余垃圾也归入了可回收物中,并且通过路边收集方式进行分类;赫尔辛堡市仅对可回收物进行路边收集分类;而赫加奈斯、恩厄尔霍尔姆和巴斯塔德这三座城市则通过回收站收集的方式对可回收物进行收集。

瑞典将垃圾回收与处理的方法按处理过程对环境影响的多少和再利用的程度由高到低分为预防、再使用、物质再生、能源转化、填埋五个层次。

预防。即通过教育、展览与宣传,减少垃圾一生(从产生到被处理掉的整个过程)对环境产生的负面影响。这意味着每一种垃圾不仅仅是一种要减少的污染源,还是一种潜在的可利用的资源。它包含了限制与鼓励两个方面:限制,即限制垃圾产生的数量;鼓励,即鼓励对垃圾分类投放、再利用、资源再生、加工和无害化处理,是根据对环境的影响和资源的生命周期而采用的综合方法。

再使用。即通过分类,将部分可以再使用的垃圾整理再使用,如建筑垃圾中的砖块、门窗等。而日常家居用品和衣物等则在整理、清洗后进入二手市场或捐献给福利机构。

物质再生。这是一个将废纸等垃圾分类回收加工处理后生产出和原来形态同样的物质,再以同样的形式使用的过程。生活垃圾中可以这样再生的有废纸、瓦楞纸板、纸板包装物、金属包装物、塑料包装物、玻璃包装物、电器与电子产品、制冷设备、废旧金属等几类。

能源转化。即将垃圾加工后生成能源和另一种物质,这主要包括两种方法:生物方法和焚烧。生物方法是指将生活垃圾中的动植物残余等采用厌氧消化和好氧高温堆肥等技术加工生产出沼气和肥料的方法。焚烧是指将部分垃圾当作燃料投入高温焚烧炉焚烧,将其产生的热能用于发电和供热。

填埋。将前三种方法都不能处理的垃圾或是处理后的垃圾残渣进行填埋。

1.2.2.5 巴西

巴西是通过实施废弃物资源化循环利用计划来加强垃圾分类回收利用。在巴西,实施废弃物循环利用的城市已经由1998年的81个增加到目前的237个,其中圣保罗市的废弃物回收利用率已达到10%。2004年,巴西回收易拉罐90亿个,回收率达到96%,高居世界第一。在其他废弃物回收方面,钢易拉罐的回收率达到88%,纸箱回收率达到79%,玻璃回收率达到47%,PET饮料瓶回收率达到48%,无菌包装纸盒回收率达到22%,塑料回收率达到21%。

巴西循环经济模式的特点是强调政府、企业与社会三方面的参与和合作,通过综合开发利用垃圾资源创造就业机会和收入。这种政策措施既保护了环境又促进了经济发展,还有助于解决失业和贫困问题,促进了社会的和谐稳定。

巴西联邦政府在2000年颁布的多年发展计划中将回收利用垃圾废弃物作为重要内容,政府还出台了一些如免费用地等优惠政策,鼓励社会富余劳力组成专门从事垃圾回收和垃圾分类的合作社,这些合作社与市政环卫部门签署协议,对可回收物进行上门回收。目前每个城市都建立了多个拾荒者合作社,全国还有上千家利用回收垃圾作原料的中小企业,形成了循环经济的生产链。

巴西将城市回收系统分为5级:国家大型废弃物回收联合企业—城市大型回收公司—定点回收站—私人卡车回收户—废物回收员。这个系统的最大目的就是适应城市居民不同的废弃物回收要求。

巴西各城市政府只要求居民把生活垃圾按照干、湿分类,并不要求分得太细。居民将垃圾分为干、湿两类,前者为可回收利用部分,既可提供给走街串巷的垃圾回收员,也可直接送到私人卡车回收户或定点垃圾回收站。后者为有机垃圾,由政府负责作堆肥或其他处理。但是收集湿垃圾要收费,目的是鼓励居民尽可能将干垃圾进行单独回收。

拾荒者合作社是巴西循环经济模式的一大特点。巴西大城市失业问题严重,很多从农村到城市打工的人没有工作,靠拾荒为生。当地政府免费提供场地,非洲发展组织赞助设备,靠拾荒者组织合作社。市政环卫部门无偿地把收集来的垃圾运送到合作社分拣。过去在街头和垃圾场谋生的拾荒者,如今在厂房内的流水线上把各种干垃圾进行分门别类和压缩打包,然后卖给不同的回收厂家。建立拾荒者合作社投资很少,但经济效益和社会效益很高。合作社由拾荒者实行民主管理,有固定的销售渠道,产品价格也不低,人均月收入可达 200 美元,相当于巴西最低工资水平的两倍。在合作社工作使过去处于社会边缘的拾荒者能够得到政府和非政府组织的指导与帮助,享有正规劳动者的生活保障,这使他们有一种社会归属感。垃圾分拣是劳动密集型工作,合作社可以创造大量就业机会。目前,巴西约有 50 万人从事垃圾回收利用产业。

据巴西环保专家分析,欧洲等发达国家实行的政府补贴型垃圾回收技术过于昂贵,回收产生的价值较小。巴西垃圾回收的循环经济模式成本低,效益高,符合可持续发展规律,值得其他发展中国家学习。

1.2.2.6　澳大利亚

澳大利亚州垃圾分类率逐年增长,自 2000 年至 2001 年的 26% 增长到 2010 年至 2011 年的 45%,增长了 19 个百分点。根据维多利亚州政府年度报告,2010 年至 2011 年,维多利亚州共收集了两百多万吨垃圾。其中,普通垃圾 1089158 吨,占 52%;可回收垃圾 622223 吨,占 30%;花园有机垃圾 390390 吨,占 19%。包括可回收垃圾和花园有机垃圾在内的垃圾分类率达 45%。年度垃圾服务支出 317625483 澳元,平均每户普通垃圾支出 86 澳元,可回收垃圾支出 32 澳元,花园有机垃圾支出 51 澳元。每户产出普通垃圾 488 千克,可回收垃圾 279 千克,花园有机垃圾 369 千克。

澳大利亚地广人稀,绝对不缺少填埋垃圾的场地,但是,为了保护环境,该国十分重视垃圾的管理和处理工作,首都堪培拉市堪称处理垃圾的楷模。20 世纪 90 年代初,堪培拉地方政府就制定了《垃圾处理战略》,经过几年的努力,取得了明显的效果。该市 1993 年填埋处理的垃圾为 41.5 万吨,到 2001 年下降为 22.4 万吨。

堪培拉市制定了一套限制垃圾产生的法规,不论单位和个人,都要努力避免产生垃圾,如果不可避免,则应设法减少垃圾的数量。商家出售商品,要向消费者提供该产品的能源、资源消耗控制表,使消费者了解其能源、资源消耗和废物处理情况。人们消费意识的改变,比如欢迎节约能源、资源的产品,拒绝浪费能源、资源的产品,更加促进制造商想方设法降低能耗、节约资源、减少废弃物。在居民中则提倡"避免过度包装行为",以免产生大量垃圾。建筑垃圾是城市中数量较大的一类垃圾,其中大部分不能回收、再生,必须填埋处理。该市房地产开发垃圾限制标准规定,开发商申请开发许可证时,必须提交废弃物处理计划,以便对建筑垃圾进行监控。

澳大利亚的地方政府对垃圾分类回收也制定了详细的管理规定。澳大利亚各地生活垃圾分类的标准基本相同,一般分为普通垃圾、可回收垃圾、花园有机垃圾和大型固体垃圾等。

第一类:普通垃圾。包括家庭垃圾、食品废物、废弃儿童玩具、废弃陶瓷、耐热玻璃和其他玻璃器皿、聚苯乙烯等。

第二类:可回收垃圾。包括各种硬性塑料瓶和容器,玻璃瓶和罐子(绿色、棕黄色和透明),铝、钢和气溶胶罐,盛牛奶和果汁的硬纸盒,铝箔;可以回收利用的纸制品,包括报纸和杂志,纸板(未涂蜡的盒子),办公用纸、信封和电话簿等。

第三类:花园有机垃圾。包括树枝(截成适合绿色垃圾桶盖子盖上时内部空间的尺寸,最大直径为 10 厘米)、树叶、末梢、剪下的草、无毒杂草(去除土壤)等。

第四类:大型固体垃圾。主要是指丢弃而无法放入垃圾桶中的大型废弃物,如空罐头盒、清洗过的油漆桶和其他废旧金属;废旧家电、家具,如家电、床垫、沙发、地毯等;陶器、瓷器等。

为了回收那些因太大或易碎而无法放入可回收垃圾桶中的物品,政府还提供可重新使用物品的收集服务,主要是回收居民不再需要但仍可以使用的家用物品,包括:纺织品,如衣服、鞋、沙发、玩具等;家用电器,如 DVD 播放机、电视、电脑、洗衣机等;运动器材,如足球、网球等;塑料袋等。

澳大利亚的垃圾回收时间各地并不一样,普通垃圾一般 1 周收集 1 次,可回收垃圾和有机垃圾两周收集 1 次,大型固体垃圾 1 年收集 2 次,具体频率根据垃圾量和居民需要来确定。

在澳大利亚,居民只需向当地的市政委员会缴纳市政费,不需单独缴纳垃圾处理费,垃圾处理费包括在市政费中。澳大利亚并没有针对居民垃圾分类违规的处罚制度,更多的是培养居民的环境保护意识,提倡和鼓励居民做好垃圾分类。但是,如果居民对家庭垃圾没有分类,或是分类不到位,政府有权拒绝收集他家的垃圾。政府对于垃圾管理违法违规的处罚,主要是针对商业企业的违法违规行为和居民乱扔废弃物的行为。对于乱扔垃圾行为的处罚,澳大利亚各州不尽相同。

澳大利亚的垃圾分类回收能够取得如此的成效,与政府、社区居民以及社会组织等的积极作为紧密相关,也与政府和民间社会对环境保护的重视紧密相关。首先,澳大利亚中央政府和地方政府对环境保护十分重视,建立了完善的环境保护和垃圾管理的法律法规体系。地方政府制定了相应的、具体的法律法规。其次,澳大利亚十分重视环境保护和垃圾分类的教育与宣传,重视社区居民的参与。

科学的环境保护理念,是澳大利亚垃圾分类取得良好成效的重要基础。在强调垃圾分类的同时,地方政府提倡居民尽可能地做到垃圾减量、垃圾再利用和垃圾回收。提倡居民避免购买过度包装的物品,尽可能地做到垃圾减量、重复利用和回收。具体做法是:提倡居民在购物时自带环保购物袋或可重复使用的布质购物袋;尽量在本地购物;购买低度包装商品,或者购买那些可重复使用或回收包装材料包装的商品;购买可回收的生活用纸;购买大批量或大包装商品;购买耐用商品;将旧衣服、家具、玩具和工具送给需要的朋友、二手商品商店或予以捐献而不是直接作为填埋垃圾;在家饲养蚯蚓,用餐厨废弃物堆肥等。

1.2.2.7 瑞士

瑞士堪称垃圾分类最细、垃圾处理综合利用做得最有效和最彻底的国家。这与瑞士政府30多年来持之以恒的垃圾分类努力,以及公众的广泛支持和积极参与密不可分。截至2009年年底,瑞士的城市废品回收率达到47%,70%的废纸、95%的废玻璃、71%的塑料瓶、85%~90%的铝罐和75%的锡罐都得到了有效回收和循环利用。2011年,瑞士全国94%的玻璃制品和81%的PET塑料瓶都得到了重复利用。

瑞士制定了全面的环保法律和法规,而且执法严格。瑞士政府对垃圾的处理作了明确的规定,在瑞士,垃圾分可回收和不可回收两类,后者也叫付费垃圾,也就是说,每个居住在瑞士的人扔垃圾是要付钱的。可回收垃圾属于免费垃圾,为了尽量减少付费垃圾,每个家庭都会做很细致的垃圾分类,把可回收的垃圾分离出来,具体种类有:电池,纸板类,报纸,旧书,牛奶瓶和饮料瓶,铝制品,罐头,食用油,工业用油,金属制品,旧衣服和鞋。每个家庭的储藏室或杂物室里都放有好几个大纸袋,分别储存这些垃圾,主人按指定日期将它们放在住宅附近的垃圾站,由专门的机构来收取。这一部分垃圾是不用付费的。除了以上提到的垃圾,其余的垃圾都是付费垃圾。每个家庭的付费垃圾都要装到一种印有政府特定标志的垃圾袋才可以扔掉,这种垃圾袋在超市和邮局可以买到,价格不菲,一只可装35升的垃圾袋需付费2瑞士法郎。瑞士的公共场所到处有垃圾桶,那是方便行人随手扔当时产生的垃圾的,比如饮料瓶、纸巾等,人们被禁止把家庭垃圾带到公共场所。为防止居民乱丢垃圾,瑞士政府开发了带有销售标识码的专用垃圾袋,如果有人把垃圾混合装好后乱扔,环保警察会根据这个标识码去查是哪个小区扔的,然后再在小区里查访是谁扔的,第一次发现这类垃圾是在整个小区贴警告,第二次发现就会没有垃圾车到这个小区。而一旦查出是谁扔的,当事人有可能会被处以恶意破坏市政的罪名。

瑞士各州的垃圾分类规定一直在不断更新,而且越来越详尽,如苏黎世州政府颁发的垃圾分类手册就厚达108页。许多市民家中大都有5个垃圾袋:一个装剩菜、果皮等厨余垃圾,回收后可以生产肥料;一个装塑料瓶子;一个装报纸和废纸;一个装玻璃瓶子;另一个装除上述四类外的一般性生活垃圾。按政府分发的垃圾分类指南中瑞士居民指南要求分别将垃圾放进不同的垃圾桶内。一旦被发现随意乱放垃圾,当事人每人每次罚款可高达200瑞士法郎。

瑞士的大小城镇乡村均设有各类资源回收中心。许多商店都设有废电池回收站;购买电视机、影碟机、电脑等电器时,其价格均包含了回收费用;玻璃瓶和铝质易拉罐等也不能到处乱扔,必须在分类后送到指定的回收点。

再生资源的回收由各类回收协会具体负责管理。1992年成立的瑞士回收协会是由当时瑞士的6个回收组织——锡皮、家用铝制品、家用电池、饮料塑料瓶、纺织品以及玻璃回收组织联合组成。这个协会在向公众提供有关再生资源的分类、回收和处理信息等方面做出了很大的贡献。

1.3 国内城市生活垃圾分类概况

1.3.1 国内城市生活垃圾的特点

1.3.1.1 我国城市生活垃圾产量及处置设施情况

根据国家统计局的资料,我国2004年至2013年的垃圾清运量与垃圾无害化处理设施建设及运行情况如表1-4所示。从2004年开始,除了2006年垃圾清运量较上年下降4.72%之外,其余各年垃圾清运量都逐年增加,增幅在0.44%~3.74%之间,垃圾清运量的增长没有明显的规律。2013年,全国清运生活垃圾1.72亿吨。按照所在年份全国人口计算,我国所有人口的人均垃圾产量为0.31~0.35千克/人·日,2012年和2013年全国人均垃圾产量较前几年高,为0.35千克/人·日。

表 1-4 近十年我国垃圾清运量及无害化设施建设与运行情况一览表

项 目	2013年	2012年	2011年	2010年	2009年	2008年	2007年	2006年	2005年	2004年
生活垃圾清运量(万吨)	17238.6	17080.9	16395.3	15804.8	15733.7	15437.7	15214.5	14841.3	15576.8	15509.3
清运量增幅(%)	0.92	4.18	3.74	0.45	1.92	1.47	2.51	-4.72	0.44	-
无害化处理厂数(座)	765	701	677	628	567	509	460	419	471	559
卫生填埋无害化处理厂数(座)	580	540	547	498	447	407	366	324	356	444
堆肥无害化处理厂数(座)	-	-	-	11	16	14	17	20	46	61
焚烧无害化处理厂数(座)	166	138	109	104	93	74	66	69	67	54
无害化处理能力(吨/日)	492300	446268	409119	387607	356130	315153	271791	258048	256312	238519
填埋无害化处理能力(吨/日)	322782	310927	300195	289957	273498	253268	215179	206626	211085	205889
堆肥无害化处理能力(吨/日)	-	-	-	5480	6979	5386	7890	9506	11767	15347
焚烧无害化处理能力(吨/日)	158488	122649	94114	84940	71253	51606	44682	39966	33010	16907
无害化处理量(万吨)	15394.0	14489.5	13089.6	12317.8	11232.3	10306.6	9437.7	7872.6	8051.1	8088.7
卫生填埋无害化处理量(万吨)	10492.7	10512.5	10063.7	9598.3	8898.6	8424.0	7632.7	6408.2	6857.1	6888.9
堆肥无害化处理量(万吨)	-	-	2599.3	180.8	178.8	174	250	288.2	345.4	730
焚烧无害化处理量(万吨)	4633.7	3584.1	2599.3	2316.7	2022.0	1569.7	1435.1	1137.6	791	449
无害化处理率(%)	89.3	84.8	79.7	77.9	71.4	66.8	62	52.2	51.7	52.1
年末总人口(万人)	136072	135404	134735	134091	133450	132802	132129	131448	130756	129988
人均垃圾产量(千克/人·日)	0.35	0.35	0.33	0.32	0.32	0.32	0.32	0.31	0.33	0.33

数据来源:国家统计局网站:http://data.stats.gov.cn/workspace/index;jsessionid=BB69827AD237C8ADACB70C86912E7BD3?m=hgnd.

在垃圾处理设施方面,垃圾焚烧、垃圾填埋和堆肥仍是我国垃圾处理的三种模式,垃圾处理设施数量、垃圾无害化处理能力和垃圾无害化处理量都逐年提高。至2013年年底,全国建成生活垃圾无害化处理设施765座,其中填埋厂580座(占设施总数的75.8%),焚烧厂166座(占设施总数的21.7%),其他无害化处理设施19座(占设施总数的2.5%);处理能力方面,全国日均垃圾处理能力49.23万吨,其中填埋32.28万吨(占总处理能力的65.5%),焚烧15.85万吨(占总处理能力的32.2%),其他设施处理能力1.1万吨(占总处理能力的2.3%)。垃圾填埋还是我国生活垃圾处理的主要方式。

1.3.1.2 我国城市生活垃圾的成分

毕珠洁(2012)在对中国城市生活垃圾成分调查、统计以及结合往年资料的基础上,得到1985年至2000年中国城市生活垃圾的成分如下表(表1-5)。

表1-5 1985—2000年中国城市生活垃圾成分(平均值)调查统计结果(%)

城市数量	年份	湿基成分									水分
		厨余	纸类	塑料	织物	木竹	金属	玻璃	陶瓷	其他	
57	1985~1990	27.54	2.02	0.68	0.70	—	0.54	0.78	67.76	—	—
68	1991	59.86	2.85	2.77	1.43	2.10	0.95	1.60	25.03	3.41	41.06
72	1992	57.94	3.04	3.30	1.71	1.90	1.13	1.79	25.90	3.28	40.68
67	1993	54.25	3.58	3.78	1.71	1.83	1.08	1.69	27.76	4.32	41.61
75	1994	55.39	3.75	4.16	1.90	2.05	1.16	1.89	25.69	4.00	40.71
69	1995	55.78	3.56	4.62	1.98	2.58	1.22	1.91	23.71	4.64	39.05
82	1996	57.15	3.71	5.06	1.89	2.24	1.28	2.07	22.31	4.27	40.75
67	1999	49.17	6.72	10.73	2.10	2.84	1.03	3.00	21.58	3.26	48.15
73	2000	43.60	6.64	11.49	2.22	2.87	1.07	2.33	23.14	6.42	47.77

从生活垃圾成分来看,各城市呈现出以下几个相同特征,在地域范围上的差异性不大。

(1)易腐有机垃圾(主要是厨余和果类)占有较大比例

基于我国居民的饮食习惯,国内生活垃圾中往往有较高比例的厨余果皮类垃圾,多数城市的厨余垃圾占总量的60%以上,尤其是在夏季该比例会进一步升高,这也是造成我国许多地区城市生活垃圾水分高、热值低的重要原因。

(2)废纸、塑料、玻璃等含量较低

我国城市生活垃圾中的废纸、塑料等可回收利用成分在进入环卫清运系统前已通过几个层次的回收:垃圾产生者回收,如居民家庭、办公事业单位等对可直接交售废品的归集与交售;物业管理人员回收,负责居民住宅、办公楼宇和商业场所垃圾收集的物业管理(服务)人员在收集垃圾时对其中回收性好的类别进行分拣回收;拾荒人员的回收,拾荒人员对垃圾收集容器中贮存待运的垃圾进行翻拣,回收可交售的垃圾。通过这几个层次的分选,进入最终垃圾处置设施的生活垃圾中可回收物的可回收加工性较差,这些剩余的垃圾其组分绝大多数源于包装和一次性清洁用品,使用中的沾污导致它们所含的对加工回收有害的杂质多,实际的回收价值有限;再者,包装源废品中有相当部分是复合材料,回收利用有技术上的困难,此类技术困难还存在于因同类塑料包装物的材质不同,很难以经济的方式回收。

(3) 塑料类垃圾以包装袋为主

由于各个城市都推行了垃圾袋装化收运措施,因此垃圾成分中的塑料袋占塑料成分的比例较高。尽管在2008年6月1日实行限塑令后一次性塑料袋的使用率有所降低,但由于生活垃圾仍然需要采用袋装化方式,因此塑料类成分在垃圾中的比例在短期内没有较大变化。

1.3.2 我国垃圾分类的发展历史及管理体系

1.3.2.1 我国垃圾分类的发展历史

我国在新中国成立以后就出现了垃圾分类的提法,这时的垃圾分类基本上都是为了将垃圾中的有机质分类出来,并采用生物的方法制成有机肥。新中国成立后的文献中最早出现垃圾分类概念的是1956年的《农业科学通讯》,朱莲清提出:利用垃圾的方法是将垃圾进行简单的分类,剔除不能用作肥料的东西,然后堆积堆肥,腐熟后直接施用。介绍国内城市开展垃圾分类收集最早的文献是1958年的《农业科学通讯》,胡国恩和蒋子忠提出:北京市为了改善城郊的环境卫生状况,于1956年5月在城区(七个区)开始推行垃圾分类收集、分别处理的办法,即有条件地将垃圾中的有机物和无机物在处理上达到卫生无害化的要求,无机垃圾可以用来填垫积水坑洼,有机垃圾可以和粪便混掺制造颗粒肥料。而最早出现垃圾分类具体方法的文献是1958年的《人民军医》,何一民将医院产生的废弃物分成三类:一类是不能利用的必须倾倒的固体废弃物,如尘土、杂物、树叶、果皮、破砖烂瓦等;一类是被病原菌沾染过的废弃物,这类废弃物必须送焚化炉焚烧或经消毒后才能利用,例如治疗用后的棉花球、敷料、废弃石膏、解剖后的脏物、传染病员用的痰盂等;第三类废弃物则含有相当多的可以利用的成分,如金属类、玻璃类、碎布类等,其产品占垃圾总产量的13%。在1960年出版的《土壤》中,涂安千经过调查发现,北京市垃圾堆肥中炉渣和碎石的含量为21.2%~50%,对有机垃圾堆肥的质量影响很大,建议应该对城市垃圾进一步严格分类。

到20世纪70年代末80年代初,国内的一些文献开始介绍美国、法国及日本的垃圾处理,其中涉及一些垃圾分类的具体做法。在1978年的《环境科学研究》中,刘培桐介绍了美国的环境科学展望,提出美国对固体废物的研究方向为:评价、推广和示范新的或改进关于资源(包括能源)的还原分离、加工和回收方法。在1980年的《环境污染治理译文集》中,凌绍森介绍了日本医院废弃物的分类及处理:日本医院将垃圾分成7类47种,并分析了每种垃圾的产生量及其和患者数量的关系,还介绍了医疗垃圾焚烧炉的工艺及参数。在1980年的《世界知识》中,罗池介绍了美国的废品回收和垃圾利用。文章指出,美国约在20世纪70年代初只有威斯康星州的一个城市鼓励居民分类处理垃圾中的可回收物,到20世纪80年代初已有220多个城市开展了垃圾分类收集,据统计,各种物质的回收率分别为:铜40%,不锈钢30%,铝25%,钢22%,纸类20%,橡胶4%。在1985年的《环境科学动态》中,马四进介绍了法国在1975年制定的《清理废品和物质回收法》,并将加强垃圾中有用物资的回收作为环保工作的三项任务之一。

我国关于生活垃圾管理方面的研究和技术应用是从20世纪80年代末正式开始的,重点集中在垃圾的末端处理处置。到90年代后期,生活垃圾管理逐渐由末端处置向全过程方向延伸、由单一处理方式向综合处理系统方向发展。从2000年开始,垃圾分类问题逐渐进入垃圾处理研究范畴。

2000年4月18日至19日,建设部城市建设司(简称"城建司",后改称"住房城乡建设部",简称住建部)在北京召开了城市生活垃圾分类收集试点工作座谈会,与会代表在总结生活垃圾管理进展和存在问题的基础上,在启动城市生活垃圾分类收集试点工作的必要性上达成共识。2000年6月,城建司下发了《关于公布生活垃圾分类收集试点城市的通知》(建城部〔2000〕12号),确定将北京、上海、广州、深圳、杭州、南京、厦门、桂林等8个城市作为生活垃圾分类收集试点城市,旨在通过对这8个城市的生活垃圾分类收集工作进行探索和总结,为在全国范围内实行生活垃圾分类收集工作创造条件,促进我国生活垃圾管理和处理水平的提高。

2000年12月,建设部城建司召开了城市生活垃圾分类收集研讨会,27个省(自治区)建设厅、直辖市市政管委(市容委)、13个副省级城市及其他城市都参加了该次会议,会议对前一阶段的生活垃圾分类收集工作进展情况进行了交流和总结,8个试点城市都制定了分类收集工作实施方案,形成了各具特色而又符合本地实际的分类收集实施原则、指导思想和具体方法,生活垃圾分类收集工作取得了进展。

2003年10月,《城市生活垃圾分类标志》(GB/T19095—2003)正式颁布,生活垃圾被分为可回收物、有害垃圾和其他垃圾。为了推广分类收集、加强民众参与意识及规范化管理,2008年对该标准进行了修订,使之更适合当前分类收集的发展需求。

2004年,为了进一步规范垃圾分类工作,由广州市市容环卫局主编,广州市环卫研究所、深圳市环卫管理处、北京市市政管理委员会和上海废弃物管理处参编的建设部行业标准《城市生活垃圾分类方法及评价标准》(CJJ/T102—2004)出台,该标准把城市生活垃圾分为可回收、大件垃圾、可堆肥垃圾、可燃垃圾、有害垃圾及其他垃圾6大类,提出了以参与普及率、垃圾收集率、分类垃圾清运率等指标考评分类效果的办法,对生活垃圾分类收集的要求和评价指标有了详细的说明。

2008年以后,随着国家垃圾处理设施的加大建设,为了配合垃圾焚烧、生物处理等终端处理设施的运行,多个地方开始逐步推行生活垃圾的进一步分类。其中2008年,北京走在全国前列,率先提出了"可回收垃圾、厨余垃圾、其他垃圾"的三分类模式,随后,上海、杭州、昆明等城市纷纷建立了自己的分类收集模式。

2010年4月2日,住房城乡建设部、国家发展改革委、环境保护部共同发布了《生活垃圾处理技术指南》(建城〔2010〕61号)。该指南旨在进一步提高我国生活垃圾无害化处理的能力和水平,指导各地选择适宜的生活垃圾处理技术路线,有序开展生活垃圾处理设施规划、建设、运行和监管工作。它提出:生活垃圾处理"应统筹考虑生活垃圾分类收集、生活垃圾转运、生活垃圾处理设施建设、运行监管等重点环节,落实生活垃圾收运和处理过程中的污染控制"。

2011年,在国务院批转住房城乡建设部等16部委的文件《关于进一步加强城市生活垃圾处理工作意见的通知》中,明确提出了我国生活垃圾分类的目标:加大城市生活垃圾处理工作力度,提高城市生活垃圾处理减量化、资源化和无害化水平,改善城市人居环境;每个省(区)建成1个以上生活垃圾分类示范城市;50%的设区城市初步实现餐厨废弃物分类收运处理;城市生活垃圾资源化利用比例达到30%,直辖市、省会城市和计划单列市达到50%。同年,北京市出台了地方性法规《北京市生活垃圾管理条例》。广州市和南京市分别以政府规章形式出台了《广州市城市生活垃圾分类管理暂行规定》和《南京市生活垃圾分类管理办法》。

2012年4月29日,国务院办公厅下发《关于印发"十二五"全国城镇生活垃圾无害化处理设施建设规划的通知》,明确指出:"推行生活垃圾分类,全面推进生活垃圾分类试点城市建设,各省(区、市)要建成一个以上生活垃圾分类示范城市,并在示范的基础上逐步推广。"

2014年3月,住房城乡建设部、国家发展改革委、财政部、环境保护部和商务部联合发出《住房城乡建设部等部门关于开展生活垃圾分类示范城市(区)工作的通知》，决定组织开展生活垃圾分类示范城市(区)工作。通知指出，开展生活垃圾分类示范城市(区)工作，旨在探索符合国情的城市生活垃圾分类技术路线，建立多部门协调推进的工作机制，形成促进生活垃圾分类的政策体系，通过政策引导和宣传发动，引导市民和社会各界自觉参与生活垃圾分类，减少环境污染，促进资源回收利用和垃圾无害化处理，全面提高城市生活垃圾管理水平。通知明确指出，示范城市(区)应具备4个条件：制定生活垃圾分类管理方面的地方性法规，建立多部门分工协作的工作机制，已选取一定数量的居住区和企事业单位作为示范点，已开展非工业源危险废物回收、利用与处置工作。

1.3.2.2 我国垃圾分类的管理体系

中国现行的城市垃圾管理体制是从20世纪80年代逐渐形成的，它对加强城市垃圾管理发挥了很好的作用。《中国固体废弃物污染环境防治法》规定"国务院环境保护行政主管部门对全国固体废物污染环境的防治工作实施统一监督管理"，"国务院建设行政主管部门和县级以上地方人民政府环境卫生行政主管部门负责城市生活垃圾清扫、收集、贮存、运输和处置的监督管理工作"。

中国城市一般生活垃圾管理机构如图1-1所示：

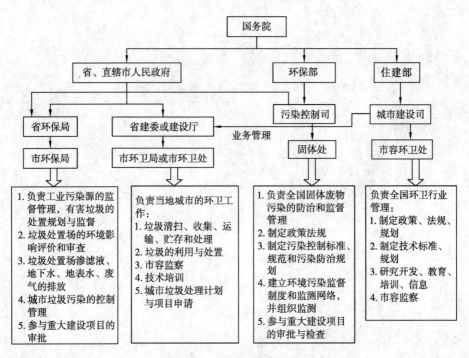

图1-1 各机构职责图

各机构职能详解如下：

（1）住建系统

住建部负责城市一般生活垃圾管理，主要职责包括：制定规划、相关政策、法规、条例、行业技术标准、规范等；研究与开发、推广新技术和新产品；教育和培训等。具体的管理工作则由建设部城市建设司市容环卫处承担。

地方环卫部门负责城市生活垃圾的清扫、收集、处理处置，具体治理项目的立项、建设和组织项目的实施。县市一级的环卫部门目前已经逐渐归入地方城管系统管理，少数归入住建委管理，也有少数归入环保系统管理，极少数独立为局级单位。

（2）环保系统

环保部负责对城市生活垃圾污染防治工作实施统一监督管理，具体内容如下：建立固体废弃物污染环境全过程监测制度和监测网络；执行国家有关建设项目环境保护管理规定，审批建设项目的环境影响报告书；组织制定城市生活垃圾污染控制标准及规范。

地方环保局负责统计每年有关固体废弃物产生与处理处置情况的指标；对垃圾处理方案进行环境影响评价，包括选址、处理设施等；对垃圾处理污染进行监测和执法；工业及危险废物的处理与监督管理等。

（3）发改系统

负责垃圾处理项目的立项审批等。

表1-6　城市生活垃圾纵向主要管理职责规定

管理级别	主要职责	管理关系
国家级	制定国家技术、经济和管理政策，制定战略规划 国家立法、制定标准、制定行业特许经营管理办法 对部门和地方关系进行协调 对各省执行法律、标准的情况进行监督 建立国家级管理数据库 对上报的资料进行核实、评估 财政补贴 建立全国环境卫生监测中心	管理 指导

续表

管理级别	主要职责	管理关系
省级	根据国家政策、法律和标准制定省级地方政策、法规 编制省级规划 对法律、法规、标准的实施情况进行监督，包括出台惩罚措施 建立行业准入和退出机制 进行项目审核 对地市级地方之间的关系进行协调 进行行业能力建设（包括人员培训）、研究和开发 建立和完善省级管理数据库 对上报的资料进行核实、评估、对城市管理水平进行评价 财政补贴 管理省级环境卫生监测站	管理 指导 报告
市级	进行各项系统和工程项目的规划 加强法律法规宣传，进行监督，并落实管理执行条件 管理财政投资的设施建设 项目的建设和设施的营运管理 监督垃圾收费管理 实施特许经营管理办法 管理城市环境卫生监测站	管理 执行 报告

表1-7 我国生活垃圾法规中关于垃圾分类的主要内容

年份	名称	主要内容
1992	《城市市容和环境卫生管理条例》	对加强城市市容和环境卫生管理工作提出要求
2004	《固体废物污染环境防治法》	要求环境卫生行政主管部门负责生活垃圾清扫、收集、贮存、运输和处置的监督管理工作。对生活垃圾污染环境的防治方面提出要求
2005	《城市建筑垃圾管理规定》	对城市规划区内建筑垃圾的倾倒、运输、中转、回填、消纳、利用等处置活动提出要求
2007	《城市生活垃圾管理办法》	对城市生活垃圾的清扫、收集、运输、处置及相关管理活动作出相应规定，并明确了处罚措施
2003	《城市生活垃圾分类标志》（GB/T 19095—2003）	标准中制定了14个垃圾类别标志，分别为可回收垃圾、有害垃圾、大件垃圾、可燃垃圾、可堆肥垃圾、其他垃圾，纸类、塑料、金属、玻璃、织物、瓶罐、厨余垃圾，电池
2004	《城市生活垃圾分类方法及评价标准》（CJJ/T102—2004）	对生活垃圾的分类方式、分类要求、分类操作及评价指标等多方面提出行业标准。按照规定，生活垃圾分为可回收物、大件垃圾、可堆肥垃圾、可燃垃圾、有害垃圾、其他垃圾

续表

年份	名称	主要内容
2005	《城市环境卫生设施设置标准》（CJJ27—2005）	从环卫公共设施、环卫工程设施、其他环卫设施等方面对环卫所需的各类设置进行统一的规划和设置时须参考此标准
2000	《城市生活垃圾处理及污染防治技术政策》	从垃圾分类与减量、垃圾收集与运输、垃圾处理与处置等方面对垃圾处理行业提出指导性指南
2010	《生活垃圾处理技术指南》	文中将废纸、废金属、废玻璃、废塑料的回收利用纳入生活垃圾分类收集范畴，建立了具有我国特色的生活垃圾资源再生模式，有效推进了生活垃圾资源再生和源头减量
2011	《关于进一步加强城市生活垃圾处理工作意见的通知》国务院批转住房城乡建设部等16部委	根本目的是为了加大城市生活垃圾处理工作力度，提高城市生活垃圾处理减量化、资源化和无害化水平，改善城市人居环境。每个省（区）建成1个以上生活垃圾分类示范城市。50%的设区城市初步实现餐厨废弃物分类收运处理。城市生活垃圾资源化利用比例达到30%，直辖市、省会城市和计划单列市达到50%。建立完善的城市生活垃圾处理监管体制机制。到2030年，全国城市生活垃圾基本实现无害化处理，全面实行生活垃圾分类收集、处置。城市生活垃圾处理设施和服务向小城镇和乡村延伸，城乡生活垃圾处理接近发达国家平均水平

1.3.2.3 我国垃圾分类的政策法规

我国在国家层面出台了一系列的政策法规（表1-7），一些地方也制定和发布了一系列的垃圾分类管理办法等政策性文件（表1-8），对于各城市生活垃圾分类工作的实施起到了推动作用。

表1-8　8个试点城市垃圾分类相关配套政策法规

城市名称	法规政策及标准
北京市	《关于发布〈北京市城市垃圾分类收集回收综合利用工作方案〉的通知》 《关于在党政机关企事业单位实行废纸分类收集的通知》 《北京市生活垃圾分类收集运输和处理工作考核评比暂行办法》 《北京市餐厨废弃物收集运输处理管理办法》 《关于印发推进北京市餐厨废弃物规范管理试点工作方案的通知》 《党政机关及窗口单位进一步推广生活垃圾分类收集运输和处理工作方案的通知》 《关于全面推进生活垃圾处理工作的意见》 《北京市农村地区生活垃圾减量化资源化无害化工作指导意见》 《垃圾收集容器产品技术要求（试行）》 《城镇地区户用垃圾桶通用技术要求（试行）》 《城镇地区户用塑料垃圾袋通用技术要求（试行）》 《农村地区垃圾分类相关技术标准》

续表

城市名称	法规政策及标准
上海市	《上海市区生活垃圾分类收集、处置实施方案》 《推进生活垃圾分类收集、处置工作的意见》 《上海市城市生活垃圾收运处置管理办法》 《上海市餐厨废弃物处置管理办法》
广州市	《广州市生活垃圾分类收集工作方案》 《垃圾分类收集服务细则》 《广州番禺区垃圾分类收集综合利用工作方案》
深圳市	《关于印发深圳市城市生活垃圾分类收集运输处理实施方案的通知》
杭州市	《杭州市市容环卫局关于杭州市城市生活垃圾分类收集实施方案的通知》 《杭州市区废旧商品流动人员三统一实施方案》 《社区生活垃圾分类收集技术与管理示范研究实施方案》
南京市	《关于实行生活垃圾分类管理的意见》 《关于准予统一聘任垃圾资源回收员进入居民小区收集垃圾的资源通知》 《关于加强可再生垃圾资源管理的通告》 《垃圾资源回收员暂行管理办法》
厦门市	《关于统一城市生活垃圾分类标志的通知》

余洁(2009)在对我国垃圾分类的法律法规进行研究以后，认为中国城市生活垃圾分类起步较晚，相应的法律体系也不够健全。虽然在一些法律条文中对垃圾分类作出了规定，可是存在的问题仍很突出。

第一，立法过于原则性、缺乏可操作性。《固体废物污染环境防治法》《城市市容和环境卫生管理条例》和《城市生活垃圾管理办法》中都提到了城市生活垃圾的分类，但对究竟应该如何分类，又分为哪几类都没有明确规定。这就给管理部门的具体实施带来了一定难度，使得执行力度大大减弱。

第二，缺乏全国性的实施细则和配套法规。全国仅上海、深圳等少数几个城市制定了城市生活垃圾分类的地方法规，其他城市多以通知形式下达。缺少全国性的法律和行政法规，在一定程度上影响了城市垃圾分类立法的严肃性、稳定性和强制性。

第三，法律责任不够明确。现行立法缺乏对违反城市垃圾分类法律造成环境污染和资源流失的相关法律责任规定。这样不仅不利于垃圾分类义务人履行分类的义务，而且也导致对垃圾分类的违法行为无法给予有效的法律制裁。

1.3.3 国内城市生活垃圾分类案例

1.3.3.1 北京

(1) 北京市垃圾分类概况

1996年,北京开始在西城区大乘巷开展垃圾分类试点。2000年,北京市成为我国第一批生活垃圾分类试点城市。2007年8月9日,北京市市政管理委员会等三委六局联合印发《关于印发推进北京市餐厨废弃物规范管理试点工作方案的通知》(京政管字〔2007〕335号)。2009年4月,北京市市委、市政府发布了《关于全面推进生活垃圾处理工作的意见》,确立了"全程管理、系统衔接、科学分类、适应处理"的垃圾分类工作基本原则。2012年3月1日,《北京市生活垃圾管理条例》正式实施,逐步建立了计量收费、分类计价的生活垃圾处理收费制度。

目前北京市垃圾分类根据大类粗分的原则,将居民区生活垃圾分成可回收物、厨余(餐厨)垃圾和其他垃圾三类,将单位办公区和公共场所生活垃圾分成可回收物与其他垃圾两类。

第一类:可回收物。主要指回收后经过再加工可以成为生产原料或者经过整理可以再利用的物品,主要包括废纸类、塑料类、玻璃类、金属类、电子废弃物类、织物类等。

第二类:厨余(餐厨)垃圾。它既包括居民家庭中产生的易腐性食物垃圾,如菜叶菜帮、剩菜剩饭、瓜果皮壳、废弃食物等;又包括餐饮企业和机关、部队、学校等单位食堂或餐厅在食品加工、饮食服务、单位供餐等活动中产生的食物残渣、残液和废弃油脂等餐厨废弃物。

第三类:其他垃圾。指除以上垃圾之外的垃圾,包括废弃食品袋(盒)、废弃保鲜膜、废弃瓶罐、灰土、烟头等。

(2) 北京市垃圾分类的经验

① 完善垃圾分类基础设施建设。根据垃圾分类的原则配置了户用垃圾桶、小区垃圾分类投放站、厨余和再生资源专用车辆,改造了密闭清洁站,初步实现了垃圾分类投放、分类收集、分类运输和分类处理各环节的相互衔接。每年委托第三方开展新建达标试点小区的验收工作和检查考核工作,考核内容包括硬件设备设施配置、分类投放、分类收集、宣传培训等方面,并建立了考核情况的文字和图片资料数据库。

② 建立垃圾分类指导员队伍。全市招募垃圾分类"绿袖标"指导员2万余

人,开展培训,宣传和普及垃圾减量和垃圾分类知识,现场指导和引导居民投放垃圾,从而提高了居民的垃圾分类知晓率和正确投放率。

③ 加大垃圾分类的资金投入。制定《北京市城镇地区居住小区垃圾分类收集运输系统建设项目市级补助资金管理暂行规定》,市级财政对区县垃圾分类系统建设进行补助。逐年加大对垃圾分类系统建设的投入,确保区县居民户用分类桶(袋)、小区垃圾分类桶站、分类运输车辆、密闭式清洁站等硬件设施配备达标。

④ 建立长效日常运行监管机制。发布《北京市城镇地区生活垃圾分类日常运行管理检查考评办法》,重点检查设施设备配置维护、厨余垃圾分类效果、分类收集运输处理各环节衔接等情况。针对区县垃圾分类日常管理情况进行考核评价,同时每月向区县及地区通报检查结果,初步建立了"日检查、月考核、季评价"的考核制度。垃圾分类试点居住小区的日常检查工作,实施了专业和第三方相结合的检查考评制度,要求第三方采取暗查形式,在检查过程中做好详细的检查记录,发现违章违规现象及时拍摄,提取证据。

⑤ 完善再生资源回收体系。不断推进再生资源回收规范化站点建设,不断完善再生资源回收体系。各区县回收主体企业采取固定站点回收、定时定点回收、电话预约上门回收相结合等方式开展回收服务,一些区还开通了再生资源回收网,实现了网上交售废品,方便单位和个人交售可再生资源。

⑥ 社会宣传动员的广泛深入持续开展。设立了"周四垃圾减量日",并围绕这个主题开展了大型宣传活动;围绕重点领域树立典型,召开总结表彰会,推广先进经验和做法。建立北京市垃圾分类专题网站,搭建政府与市民沟通交流的平台;会同市委宣传部、市文明办在电视公共频道制作播出专题节目,在主流媒体开辟宣传专栏。开展"垃圾文明一日游"、举办垃圾分类和资源再利用展览会;建立资源再生利用活动场所、再生资源积分有奖换物、组织环保社团参与居住小区垃圾分类宣传教育、检查考评等工作,引导居民积极参与垃圾减量和垃圾分类工作。

1.3.3.2 上海

(1) 上海市垃圾分类概况

上海市尝试开展生活垃圾分类始于20世纪90年代。1995年,上海开始试点废电池、废玻璃的专项收集工作,同时逐渐以居住区为重点,开展有机垃圾和无机垃圾等分类。除了分类收集,全市还在小区、单位食堂和餐饮单位投放了200台生化处理机,用于就地消纳餐厨等有机垃圾。2000年,上海成为全国生活垃圾分类试点城市,上海市根据不同区域生活垃圾末端处置方式的不同,在焚烧厂服务地区将生活垃圾分成废玻璃、有害垃圾、可燃垃圾三类,在其他地区分成干垃圾、湿垃圾、有害垃圾三类。2003年,将干垃圾、湿垃圾更名为可堆肥垃圾和其他垃圾。

2007年,上海市确定了"大分流、小分类"的垃圾分类模式,具体是指装修垃圾、大件垃圾、单位餐厨废弃物等与日常生活垃圾分开,实施专项分流管理,日常生活垃圾则按照场所的不同,实施适于不同场所实际情况的生活垃圾分类收集办法。2008年,上海市按照这个模式启动了新一轮垃圾分类工作,到2010年底,有超过4000个居住区、2000多条路段以及部分办公场所(机关、企事业单位)设置了生活垃圾分类收集容器,各区县也初步建立了作业队伍,对各项分类的品种提供分类运输服务,逐步规范和完善各类垃圾的处置去向,初步建立了生活垃圾分类全程物流体系。

2010年,上海市提出要围绕生活垃圾减量这一目标,推进新一轮的生活垃圾分类。上海市先后下发文件要求全市加强对于生活垃圾的管理,共同开展生活垃圾分类以促进源头减量。垃圾减量指标被纳入上海市"十二五"规划,并且被列为一个三年连续的市政府实事项目。上海市提出:用3年时间(到2013年年底)在全市城市化地区基本建成生活垃圾分类收集、分类运输、分类处置的全程分类物流体系,用5年时间完成全市的分类物流覆盖,同时,逐年减少人均生活垃圾处置量,到2015年年底,实现人均生活垃圾处置量减少25%的目标。

2011年,上海市进一步推动了垃圾分类试点,从居住区开始,延续"大分流、小分类"工作模式,并对原有的分类收集方式进行优化。居民户内开展"厨余果皮、其他垃圾"分类收集(即干湿分类),公共区域实施"有害垃圾、玻璃、废旧衣物"专项收集。2011年,上海市新增垃圾分类试点小区1080个。

2012年,上海市设立了"上海市生活垃圾分类减量工作联席会议",将绿化市容、文明办、妇联等横向部门以及17个区县政府纳入统一工作平台,集全社会之力共同推进生活垃圾分类减量工作。2012年1月,上海市印发了《上海市城市生活垃圾分类设施设备配置导则(试行)》,明确了分类标准、收集容器设置、分类标识等规范。到2013年,上海市垃圾分类已覆盖居民196万户。

(2)上海市垃圾分类的经验

① 以"路线图"和"时间表"相结合,明确顶层设计。上海市坚持"规划引领、政府主导、市场运作、社会参与"的基本思路,推动"分类投放、分类收运、分类处置",完善"技术系统、政策系统、社会系统",确立了生活垃圾分类减量的整体框架。围绕上海市"十二五"规划2015年年底人均末端生活垃圾处理量比2010

年减少25%以上的总体目标,2013年明确了2015年、2018年、2020年三个时间节点上海生活垃圾分类推进覆盖面、分类收运体系建设、分类末端处理设施建设的路线图。

② 以政策法规和标准制定相结合,完善政策法规体系。上海市出台了《上海市促进生活垃圾分类减量办法》《上海市再生资源回收管理办法》《上海市餐厨废弃油脂处理管理办法》《上海市商品包装物减量若干规定》等一系列法规,支持生活垃圾分流分类。此外还出台了《生活垃圾跨区县转运处置环境补偿资金管理办法》《推进生活垃圾分类促进源头减量支持政策实施方案》等配套的政策,采取环境补偿费、以奖代补补贴费等各类措施,鼓励区级和街道级政府落实垃圾分类责任,采取行动措施。上海市还制定了《上海市生活垃圾分类投放指南》《分类容器设置规范》《生活垃圾清运作业服务规范》等,指导生活垃圾分类全程系统建设和运营。

③ 以部门合力和社会动员相结合,整合社会系统。上海市成立了由市绿化市容、文明、市妇联等19个行政主管部门组成、由市分管副市长作为第一召集人的分类减量联席会议平台,各区也陆续成立了区级分类减量联席会议制度。全市各部门齐抓共管,市文明办将垃圾减量分类工作列入文明单位、文明小区测评标准。市妇联加大社区培训宣传,发放《百万家庭低碳行——垃圾减量和分类指导手册》162万份,分类指导宣传单页50万份,举行环保培训讲座7727场次,涉及人数69.8万,开展"绿色星期六——社区资源回收日"活动3385场,参与人次近35万。市教育部门将生活垃圾分类知识纳入小学生《社会与品德》课本。市环保部门推进"四机一脑"管理、市发改委制定配套政策、市商务部门加大废旧物资回收管理等,各部门共同推动,确保了生活垃圾分类减量工作的不断推进。

1.3.3.3 广州

(1) 广州市垃圾分类概况

广州市从1998年开始对生活垃圾分类回收处理进行初步探索。2011年,广州市通过了《广州市城市生活垃圾分类管理暂行规定》,将生活垃圾分为可回收物、餐厨废弃物、有害垃圾和其他垃圾四类,垃圾分类将贯穿垃圾产生、投放、收运和处理的全过程。广州市还提出了垃圾分类率力争达50%、资源回收率达16%、资源化处理率达90%、末端处理率低于75%、无害化处理率达85%的垃圾分类目标。

2013年,广州市重新修订《广州市城市生活垃圾分类管理暂行规定》,由《暂行规定》变为正式《规定》。《规定》中明确了罚款的数额,个人若不按规定分类投放城市生活垃圾,在责令后仍拒不改正的,处以每次50元罚款,单位若不按规定分类投放城市生活垃圾,则处以每立方米500元罚款。

2014年,广州市开展了"定时定点按袋分类计量""定时上门按袋分类计量"和"按桶分类计量"的收费模式试点,加强各类试点的数据研究和可行性论证。7月14日,广州市通过了《完善生活垃圾分类处理制度体系的工作方案》,使生活垃圾的治理观念从原来的片面强调终端处置向与源头减量并重转变。

当前,广州市城市的生活垃圾分为四类:可回收垃圾、厨余垃圾、有害垃圾和其他垃圾。

第一类:可回收垃圾,指生活垃圾中未污染的适宜回收和资源化利用的垃圾,主要包括废纸张、塑料、玻璃、金属和布料五大类。

第二类:厨余垃圾,指家庭产生的有机易腐垃圾,包括剩菜剩饭、骨骼内脏、菜梗菜叶、果皮、残枝落叶等。

第三类:有害垃圾,包括废电池、废灯管、过期药品、废化妆品、废油漆桶等,这些垃圾对人体健康或自然环境会造成直接或潜在的危害,因此这些垃圾需要进行特殊安全处理,以防止污染。

第四类:其他垃圾,包括除可回收物、餐厨废弃物、有害垃圾以外的其他生活垃圾,主要包括砖瓦陶瓷、尘土、污染纸张、烟蒂、纸尿裤、纺织品等难以回收的废弃物,通常根据垃圾特性采取焚烧或者填埋的方式处理。

(2) 广州市垃圾分类的经验

① 建立完善的垃圾分类处理体制机制。广州市成立了广州市固体废弃物处理工作办公室、广州市固体废弃物处理公众咨询监督委员会,建立了联席会议制度。广州市推行四套班子主要领导挂点督导各区(县)、市直机关和企事业单位挂点督导帮扶街(镇)生活垃圾分类处理工作制度,定期或不定期由各级领导带队到挂点区(县)、街(镇)进行垃圾分类督导检查。广州市完善了考评机制,将垃圾分类列入考评内容,实施"以奖代拨",用经济杠杆调动区(县)垃圾分类的积极性。

② 健全垃圾分类流程和模式,形成全民垃圾分类态势。推进"能卖拿去卖,有害单独放,干湿要分开"的四类垃圾分类处理体系建设,实现废旧商品回收网络、有害垃圾收集网络全市覆盖,低值可回收物网络和餐厨废弃物分类收集网络初具规模,剩余其他垃圾科学处理,基本建立先分流、再分类的生活垃圾分类运行体系,将减量化、资源化、无害化原则贯穿到生活垃圾分类处理全过程。

③ 强化废旧商品回收利用,初步畅通低值可回收物流通渠道。广州市先后出台了《广州市再生资源回收利用管理规定》《广州市再生资源社区回收网点建设标准》《广州市再生资源回收利用行业发展规划(2013—2020)》等一系列行业发展纲领、规章规范以及行业标准;建立了市、区两级再生资源管理办公室,健全了市、区两级再生资源行业协会,再生资源管理的长效机制得到进一步完善。2014年,广州市根据国家有关政策,出台了《关于推动"城市矿产"开发利用的若干意见》,确定了今后3至5年的工作目标:初步建立布局合理、网络完善、技术先进、分拣处理良好、管理规范的"城市矿产"回收体系,主要品种的再生资源回收率达到70%,无害化处理率达到100%,实现"城市矿产"开发利用的良性循环发展。

④ 加强经费和制度保障,率先出台垃圾分类法规。广州市不断加大对垃圾分类的投入,2011年出台了《广州市生活垃圾分类管理暂行规定》,此外还出台了《广州市再生资源回收利用管理规定》《广州市再生资源社区回收网点建设标准》《广州市再生资源回收利用行业发展规划(2013—2020)》等一系列行业发展纲领、规章规范以及行业标准。广州市出台了《广州市生活垃圾分类设施配置及作业指导规范(试行)》,规范了垃圾分类设施配置及分类作业;出台了《生活垃圾中有害垃圾分类处理办法》,加强了有害垃圾的分类收运处理;出台了《广州市生活垃圾处理阶梯式计费管理暂行办法》,明确了经费包干到区、垃圾超量部分按照阶梯计量方式收费的原则;出台了《广州市生活垃圾终端处理设施区域生态补偿暂行办法》及其实施细则,建立了垃圾源头减量的经济杠杆。

⑤ 加强沟通,赢得全民参与垃圾分类主动权。广州市主动引导,组织媒体直接参与垃圾分类宣传,凝聚各方力量,突出宣传重点,强化舆论引导,营造出了"垃圾分类人人有责,垃圾分类人人参与"的良好舆论环境。

1.3.3.4 杭州

(1) 杭州市生活垃圾分类概况

杭州市对生活垃圾分类的理论研究可以追溯到20世纪80年代,从1983年起,杭州市环境卫生科学研究所就在长期跟踪调查杭州市生活垃圾产生量、物化成分,为生活垃圾分类方案的制定提供了基础数据和技术支撑。1984年至1985年,根据当时生活垃圾的物化成分,杭州市环境卫生科学研究所开展了有机垃圾好氧堆肥技术研究。以后又组织了《杭州市城市生活垃圾分类收集模式研究》《杭州市生活垃圾分类减排方案研究》《杭州市农村生活垃圾分类资源化技术研究与示范》等系列课题研究,为推进生活垃圾分类工作奠定了理论基础。

2000年，杭州市成为垃圾分类试点城市，制定了《杭州市城市生活垃圾分类收集实施方案》，建立了试点领导小组。2001年，杭州市在上城区丰家兜菜场启动生活垃圾分类试点，将生活垃圾分为不可回收垃圾、有害垃圾和餐厨废弃物三类，并在菜场周边设置了餐厨废弃物处理机。

2009年是杭州生活垃圾产生量连续保持10%左右增长速度的第四年，市区全年生活垃圾产生量达到234.72万吨，日均6431吨/天。杭州市提出了"垃圾清洁直运"模式，不再新建中转站。2010年2月，杭州市下发了《杭州市区生活垃圾分类收集处置推进工作实施方案》，并于2010年3月开始启动新一轮垃圾分类工作。

杭州市以"大类粗分、科学合理、方便于民"为原则，把居民家庭生活垃圾分为可回收物、厨房垃圾、有害垃圾、其他垃圾四大类。

第一类：蓝色——可回收物，即再生利用价值较高，能进入废品回收渠道的垃圾。主要包括纸类(报纸、传单、杂志、旧书、纸板箱及其他未受污染的纸制品等)、金属(铁、铜、铝等制品)、玻璃(玻璃瓶罐、平板玻璃及其他玻璃制品)、除塑料袋外的塑料制品(泡沫塑料、塑料瓶、硬塑料等)、橡胶及橡胶制品、牛奶盒等包装、饮料瓶(可乐罐、塑料饮料瓶、啤酒瓶等)等。

第二类：绿色——餐厨废弃物，即食物类垃圾以及水果果皮等易腐有机物，主要包括剩菜剩饭等食物残余、果壳瓜皮、残枝落叶等。

第三类：红色——有害垃圾，即含有有毒有害化学物质的垃圾。主要包括：电池(蓄电池、纽扣电池等)、废旧灯管灯泡、过期药品、过期日用化妆用品、染发剂、杀虫剂容器、除草剂容器、废弃水银温度计、废旧小家电、废打印机墨盒、硒鼓等。

第四类：橘黄色——其他垃圾。它是除去可回收垃圾、厨房垃圾、有害垃圾之外的所有垃圾的总称。主要包括：受污染与无法再生的纸张(纸杯、照片、复写纸、压敏纸、收据用纸、明星片、相册、卫生纸、尿片等)、受污染或其他不可回收的玻璃、塑料袋，其他受污染的塑料制品、废旧衣物与其他纺织品、破旧陶瓷品、妇女卫生用品、一次性餐具、贝壳、烟头、灰土等。

(2) 杭州市垃圾分类经验

① 制定垃圾分类相关设施的技术标准。杭州市制定了《杭州市区生活垃圾收集点(房)建设改造设计导则》《杭州市生活垃圾分类户用垃圾袋通用技术要求》《杭州市生活垃圾分类收集容器产品技术要求》等技术标准，明确了垃圾分类户用垃圾袋、分类垃圾桶的技术参数。

② 制定"四分类、四阶段"的全过程分类方案。杭州市根据分类方法,结合现有资源情况,明确了四类垃圾的处理方式,以厨房垃圾分离为重点,厨房垃圾进入天子岭填埋场进行生态填埋产沼发电;其他垃圾进入垃圾焚烧厂焚烧发电;可回收物通过现有废品回收体系进行回收再利用;有害垃圾纳入危险废物管理进行安全处置——基本实现了"分类投放、分类收集、分类运输、分类处置"全过程分类。

③ 提供强有力的政策和资金保障。杭州市出台了《杭州市区生活垃圾分类工作实施意见》《杭州市区生活垃圾分类工作实施办法》《杭州市区生活垃圾分类投放工作实施方案》《杭州市区生活垃圾分类收集处置工作考核办法》《关于开展垃圾分类志愿服务行动的实施意见》等20余项政策文件,明确了垃圾分类的指导思想、工作原则、目标任务、工作职责以及资金保障措施。杭州市还将生活垃圾分类纳入市对区城市管理目标考核内容,加大了对垃圾分类的投入。

④ 加强垃圾分类工作的组织领导。杭州市成立了生活垃圾分类收集处置工作推进领导小组,由市政府分管副市长担任组长、分管副秘书长担任副组长,成员单位有市委宣传部、组织部、市城管委、市环保局等40多个部门。各城区党委、政府高度重视,也建立了相应组织机构,制订了推进工作实施方案,各城区还建立分管区长联系点制度,明确任务、落实责任,建立市、区、街道、社区四级管理网络,推进垃圾分类工作的开展。杭州市同时还建立了垃圾分类的工作队伍,即以市、区、街道城管专业骨干为基础,建立了百名师资队伍,在全市开展垃圾分类的宣传培训;以社区城管服务员、卫生协管员为基础,建立了千名指导员队伍,现场指导居民分类投放垃圾;会同团市委、妇联组织,招募热心市民共同参与,建立了万名志愿者队伍,充实社区工作力量。

⑤ 广泛深入地开展了宣传发动工作。杭州市积极与媒体协作,加大垃圾分类工作宣传力度,追踪报道各城区、街道、社区垃圾分类中好的举措和方法;制作了垃圾分类动画片、公益广告片,并在电视台、公交车、户外大屏、楼宇电视等载体播放;制作发放印有垃圾分类宣传内容的扇子、围裙、雨伞等宣传品,深入浅出地宣传垃圾分类。建立垃圾分类网站,交流工作经验。抓好分级分层培训,开展"一区一月一课"培训活动,通过开展垃圾分类培训教育、市民论坛、广场咨询、现场交流和参观教育基地,普及垃圾分类知识,明确做好垃圾分类的重要意义。会同市教育局编印幼儿园至小学3年级适用的《杭州市生活垃圾分类漫画册》,适用于小学4至6年级的《垃圾分类知识读本》以及手工书《把垃圾宝宝送回家》。

⑥ 开展多种垃圾分类模式试点。开展垃圾分类"实名制"试点,即在厨房垃

圾专用袋上贴住户家庭门牌号码,对居民垃圾分类情况进行公示、监督;开展"编码垃圾袋"试点,即在每户的厨房垃圾袋上印刷条形码,利用数字技术对分类质量进行追踪指导和监管;开展"垃圾不落地"试点,即在有条件的小区取消垃圾桶,居民在早晚规定时段内直接将垃圾投放进入分类收集车。

1.3.4 我国垃圾分类中的问题

尽管相关政府管理部门加大了对垃圾分类的重视程度,但是市民的参与率和正确投放率却不尽如人意。《中国城市环境卫生行业发展报告2013》指出,上海除了部分示范小区外,大多数小区的生活垃圾正确投放率只有10%~20%,广州约30%,南京约20%。很多试点小区还在依靠保洁员的二次分拣,垃圾分类的效果不明显。造成我国垃圾分类进展缓慢的原因主要有以下几个方面。

(1) 垃圾分类技术方法不明确

目前国外的生活垃圾分类技术和标准已经十分成熟,但由于我国不同城市的生活垃圾成分、性质、终端处置模式以及我国的具体国情与国外不相同,因此很难直接将国外先进的垃圾分类方法应用到国内,国内城市之间也很难有可直接借鉴的经验。目前国内各城市的垃圾分类也按照不同的标准在进行,如分成可回收和不可回收垃圾、有机垃圾和无机垃圾、可燃垃圾和不可燃垃圾、干垃圾和湿垃圾等,名称复杂的垃圾分类体系给市民的投放造成了困扰。

(2) 政策、法律法规不健全

政策法规是推行分类收集管理的基准性文件,是推行分类收集的一个基本依托。目前我国虽然在一些法律条文中对垃圾分类做出了规定,但其立法原则、思想相对滞后,框框多,有实质性和可操作性的内容少。例如,在《固体废物污染环境防治法》《城市生活垃圾管理办法》中都提到了生活垃圾的分类,但是对于具体分类方式、如何分类没有明确规定,这就给管理部门的具体实施带来了一定难度。此外,缺乏全国性的实施细则和配套法规影响了垃圾分类立法的严肃性、稳定性和强制性。

(3) 综合协调机制不完善

目前包括苏州在内的国内各城市的垃圾分类工作主要是由环卫部门一家在推动,而相关政府部门之间综合协调机制还不完善。实际上垃圾分类工作是一项系统工程,它贯穿了从源头分类、正确投放到分类收集、运输和最后处理的整个过程,具有很强的专业性、社会性和广泛性,涉及部门多,涉及人员杂,并且整个系统处于经济社会发展的末端环节。目前生活垃圾收集工作由街道、居委会、物业等有关部门负责,垃圾清运、处理工作由环卫部门负责,废旧物品回收、再生资源利用工作由供销合作总社负责,有害垃圾由环保部门负责,电子垃圾由发改委负责,医疗垃圾由环保和卫生部门负责。在垃圾处理产业化的链条中,各部门职能尚未形成合力,环卫部门在推进垃圾分类工作过程中往往碰到相关单位或部门执行力不强的问题,大多数市民不了解,难以在垃圾分类工作上给予配合。

(4) 垃圾分类系统建设和运行体系尚未形成

目前国内城市垃圾分类的系统建设和运行体系尚未形成,垃圾分类回收执行情况不乐观,市民实行垃圾分类的意识还有待加强。绝大部分居民小区设置的分类投放垃圾箱形同虚设,混装垃圾、混合收集、混合运输的问题尚未根本解决,垃圾运输体系与资源再生企业、末端处理处置设施尚未形成直接的供求关系,分类后的垃圾缺乏合适的出路。尤其是对日常生活中产生的有害垃圾也没有相应的收集处理办法,大量的废电池、废旧荧光灯管在收集后如何进行处置及处置的费用来源尚未明确。

(5) 政府对垃圾分类收集工作的引导和宣传力度不够

垃圾分类宣传教育尚未引起全社会的高度重视,政府的主导宣传力度还不足,在垃圾分类的宣传上尚未形成共识,在进行垃圾分类宣传教育时,未能让公众真正理解垃圾分类的必要性和迫切性,多数市民不了解垃圾分类的必要性,也不知道垃圾该如何分类。而且公共媒体的支持度也远远不够,垃圾分类宣传的范围、层面、途径、形式、持久性都有待加强。

(6) 市民意识转化为行动还需要较长时间

尽管市民通过各种渠道已经了解了垃圾分类工作,但由于缺乏对垃圾分类整体知识的了解,很多人还不知道具体如何分类,长期以来形成的生活习惯也难在短期进行改变,市民真正投入生活垃圾分类工作的人数还有限。

(7) 经费缺乏保障

垃圾分类需要投入大量的资金进行设施、设备、人员的配置,并且要持续地开展宣传,无论哪个环节都需要增加资金投入,目前对垃圾处理的投入更多的是在末端处置环节,对于显效较慢的垃圾分类的投入不够。

第二章

苏州市生活垃圾分类概况

2.1 苏州市概况

2.1.1 地理位置以及人口

苏州坐落于太湖之滨,长江南岸的入海口处,东邻上海,濒临东海;西抱太湖(太湖70%以上水域属苏州),紧邻无锡和江阴,隔太湖遥望常州和宜兴,构成中国长三角苏锡常都市圈;北濒长江,与南通、靖江隔江相望;南临浙江,与嘉兴接壤,所辖太湖水面紧邻湖州、长兴。

苏州市中心位于东经119°55′—121°20′、北纬30°47′—32°2′。苏州市总面积8848.42平方公里(含太湖水域面积),其中市辖区面积2742.62平方公里。2013年城市建成区面积为494.03平方公里。

截至2013年,苏州市辖5个市辖区:姑苏区(苏州国家历史文化名城保护区)、苏州高新区(虎丘区)、吴中区、相城区、吴江区;1个县级行政管理区:苏州工业园区;4个县级市:常熟市、张家港市、昆山市、太仓市。全市共设40个街道和55个镇,其中苏州市区设37个街道和22个镇。

苏州2013年全市总户籍人口数为6538372人,全市流动人口登记数为6538536人。苏州人口以汉族江浙民系为主,少数民族常住人口为1.6万人,有47个少数民族成分,占常住总人口的0.15%。

图2-1 苏州大市行政区划图

2.1.2 经济发展

苏州市是中国经济发达的城市之一,是长三角经济圈重要的经济中心之一,更是苏南地区的工业中心。

苏州市 GDP 长期居全国前六、江苏省第一。2013 年,苏州市实现地区生产总值 13015.7 亿元,比上年增长 9.6%。其中,第一产业增加值 214.5 亿元,增长 3.0%;第二产业增加值 6849.6 亿元,增长 7.5%;第三产业增加值 5951.6 亿元,增长 12.7%。人均地区生产总值(按常住人口计算)12.32 万元,按年平均汇率计算近 2 万美元。全年实现地方公共财政预算收入 1331 亿元。

2.1.3 人民生活水平

苏州市大力推进城乡一体化发展综合配套改革,稳步推进基础设施建设,有效推进节能减排,生态环境质量持续好转,科技、教育、文化、医疗卫生、体育等各项社会事业协调发展。人民生活日益改善,2013 年,苏州市区居民人均可支配收入 41096 元,比上年增长 9.5%,人均消费性支出 25171 元,增长 9%;全市农民人均纯收入 21569 元,比上年增长 11.2%,人均消费性支出 16106 元,增长 12%。苏州全年实现社会消费品零售总额 3630 亿元,增长 13%。

2.2 苏州市生活垃圾处理基本情况

2.2.1 苏州市生活垃圾产量

随着经济的发展,苏州市的生活垃圾产量增长迅速,1994 年生活垃圾产生量为 23 万吨,2009 年已达 126 万吨,至 2013 年,全年垃圾产生量为 161 万吨。苏州市及各区近 5 年垃圾清运量如表 2-1 所示(其中平江区、沧浪区、金阊区于 2012 年合并为姑苏区)。

表 2-1 苏州市区近 5 年垃圾量(吨/日)

区域	2009 年	2010 年	2011 年	2012 年	2013 年
平江区	329	341	294	288	293
沧浪区	419	412	406	424	437
金阊区	325	321	312	281	309
吴中区	843	962	1021	1089	1309

续表

区域	2009 年	2010 年	2011 年	2012 年	2013 年
相城区	508	583	615	644	728
高新区	515	554	605	597	653
工业园区	495	586	617	613	692
合 计	3434	3759	3870	3936	4420

根据苏州市的具体情况,垃圾收运量增长的原因如下。

(1) 城市规模扩大,人口增长。一般来说,城市规模越大,聚居人口越多,产生的垃圾量也就越多。随着人口数量的增多,垃圾产生量逐年增长。其中生活垃圾产生量增长率大于人口增长率,隐含了其他因素的影响,一般情况下生活垃圾产生量与人口数量增长呈正相关,即生活垃圾产生量随人口增多而增长。

(2) 城市发展、居民生活水平的提高。居民生活水平,它既包括城市居民的生活消费水平,也包括市场商品品种和供应方式。例如,我国城市日常消费品过度包装的发展,引起了生活垃圾成分和体积的改变,从而带来可燃物质含量、可再利用物质含量、容重、发热量等的变化。而经济收入直接反映城市居民生活水平,经济收入的增长表明城市居民生活水平的提高,并且直接影响着生活垃圾的成分。

(3) 垃圾收运范围的扩大。苏州城市生活垃圾处理力度加大,垃圾的集中式和无害化处理力度得到进一步提高,同时苏州市区乃至郊区垃圾逐渐开始走集中处理的道路。随着城市化进程的加快,生活垃圾收集范围不断扩大,目前苏州市所有城镇的生活垃圾都进行了集中收运和处置。

(4) 城市化水平的提高。城市化水平的不断提高、城市规模的扩大更是导致苏州市城市垃圾产量增加的原因。以苏州市的三个老城区平江区、金阊区、沧浪区为例,其近几年的垃圾产量增加幅度明显小于苏州市区整体的垃圾总产量,而且占苏州市区垃圾总产量的权重有不断下降的趋势。

国内城市由于各自的具体情况不一样,垃圾增长量也难以找到规律,北京、上海、广州和苏州近五年垃圾的产生及增长率如表2-2所示。由表可见,包括苏州在内,近五年这些城市的垃圾增长率没有明显的变化规律,增长率为 $-3.9\% \sim 18.3\%$。广州2013年的增长率最高,达到18.3%,同样也是广州2011年的增长率最低,为 -3.9%,即产量下降3.9%。除苏州外,其他城市均出现过垃圾产量减少的情况,即增长率为负数。苏州市最近这几年的平均增长量为6.59%,远高于上海和北京,略低于广州。从五年的总增长率来看,上海和北京2013年的垃圾产量仅比五年前即2009年的垃圾量增加3.6%和0.4%,广州和苏州 2013 年的垃圾产量与五年前比较增长的幅度均接近 30%。

表 2-2　国内城市垃圾产率及增长率比较表（产量单位：万吨）

年度	上海		北京		广州		苏州	
	产量	增长率	产量	增长率	产量	增长率	产量	增长率
2009	710	–	669	–	317	–	125	–
2010	732	3.1%	635	-0.5%	371	16.9%	137	9.45%
2011	704	-3.8%	634	-0.2%	357	-3.9%	140	2.96%
2012	716	1.7%	648	2%	349	-2.0%	144	1.97%
2013	736	2.8%	672	4%	413	18.3%	161	12.01%
增长率均值		0.95%		1.32%		7.32%		6.59%
5 年增长率		3.6%		0.4%		30%		28.8%

数据来源：《北京市环境保护局关于发布北京市固体废物污染环境防治信息的公告（2009—2013 年）》《广州统计年鉴（2009—2013 年）》《2009—2013 年上海市国民经济和社会发展统计公报》。

说明："5 年增长率"是指 2013 年的垃圾产量和五年前即 2009 年的垃圾产量相比的增长率。

2.2.2　苏州市生活垃圾成分

在垃圾产量增长的同时，苏州市的垃圾特性也发生了变化。苏州市 1999 年至 2014 年的垃圾成分如表 2-3 所示。近十年来，苏州市生活垃圾中的厨余、纤维、竹木的含量基本没有变化，厨余仍然是苏州市生活垃圾的主要组成部分，其含量维持在 60%～65%；纸类和塑料的含量变化不明显；金属、玻璃和渣石的含量有下降的趋势。

表 2-3　苏州市近年垃圾成分和物理特性一览表

年份	成分（重量%）								热值（kJ/kg）	水分（重量%）
	厨余	纸类	塑料	纤维	竹木	金属	玻璃	渣石		
1999	62.5	8.63	12.69	4.16	1.87	0.72	3.15	6.28	4142	57.98
2000	63.71	7.92	13.25	4.2	0.98	1.3	2.85	5.79	3996	61.85
2001	63.04	7.67	14.89	4.3	0.47	2.85	1.2	5.58	4184	61.49
2002	65.68	11.56	11.57	1.72	1.64	0.36	2.82	4.65	4602	62.95
2003	63.9	13.24	14.07	2.79	0.71	0.32	1.33	3.64	4812	59.72
2004	64.86	11.9	15.07	3.1	1.6	0.41	1.19	1.87	5100	65.09
2005	63.95	11.84	14.48	3.57	1.08	0.18	2.37	2.53	4926	56.66

续表

年份	成分(重量%)								热值(kJ/kg)	水分(重量%)
	厨余	纸类	塑料	纤维	竹木	金属	玻璃	渣石		
2006	61.47	11.56	18.02	4.15	1.34	0.46	1.46	1.54	5023	58.89
2007	62.63	10.89	18.59	4.18	0.86	0.24	1.96	0.65	5198	60.73
2008	61.19	11.12	18.99	3.25	1.89	0.42	2.72	0.42	4990	59.85
2009	68.89	8.25	15.52	3.34	0.32	0.56	2.34	0.78	4760	62.64
2010	69.11	6.14	17.42	3.55	1.11	0.2	2.11	0.36	5320	53.85
2011	68.87	8.45	15.05	2.34	0.38	0.96	3.92	0.03	6342	51.74
2012	58.75	7.13	25.85	3.98	1.06	0.13	2.05	1.05	4103	60.82
2013	66.04	9.56	15.58	4.57	0.98	0.73	2.45	0.09	3433	68.47
2014	65.06	10.18	16.19	5.76	1.64	0.55	0.62	0	4573	61.6

2.2.3 苏州市垃圾终端处置概况

在苏州市区有生活垃圾填埋场和焚烧发电厂各1座,生活垃圾的终端处置以焚烧为主、填埋为辅。市区姑苏区、吴中区、相城区、高新区和工业园区的所有城镇垃圾都纳入集中无害化处理范围。

七子山垃圾填埋场位于苏州市西南郊七子山北坡 $3^{\#}$ 及 $4^{\#}$ 山坳。老场于1993年建成并运营,设计总库容约470万立方,于2009年完成封场,累计填埋生活垃圾约780万吨。扩建工程于2006年2月启动,扩建工程采用对老场下游水平拓展和老场库区进行竖向堆高填埋("Piggyback")的设计施工方案。设计日处理生活垃圾1600吨,库容约800万立方。

苏州市垃圾焚烧厂坐落在苏州市吴中区木渎镇七子村南侧,东南方向紧邻苏州市生活垃圾填埋场。苏州市生活垃圾焚烧项目由一期、二期、三期组成,其中一期项目投资人民币5亿元,建设规模为 3×350 吨/日垃圾焚烧炉 $+2\times12MW$ 机组,2006年投入运营。二期工程投资4.529亿元,规模为 2×500 吨/日垃圾焚烧炉 $+1\times20MW$ 机组,2009年投入运营。三期项目投资7.5亿元,规模为 3×500 吨/日垃圾焚烧炉 $+2\times15MW$ 机组,2013年投入运营。

苏州市近九年垃圾填埋和焚烧数量及焚烧占比见表2-4。

表 2-4 苏州市近九年垃圾填埋和焚烧数量及焚烧占比一览表

年份	填埋(万吨)	焚烧(万吨)	总量(万吨)	焚烧占比
2005	74.10	—	74.10	—
2006	75.86	18.20	94.06	19.35%
2007	66.52	43.84	110.36	39.72%
2008	70.63	48.95	119.58	40.93%
2009	49.39	77.47	126.86	61.07%
2010	46.17	94.12	140.29	67.09%
2011	49.07	95.00	144.07	65.94%
2012	49.79	97.71	147.50	66.24%
2013	23.46	141.13	164.59	85.75%

2.2.4 再生资源回收体系建设

2010年起,苏州市成为国家商务部第二批再生资源试点城市之一,苏州市目前收集的可回收物指居民日常消费后的废纸、塑料瓶、易拉罐和废旧金属等,它们主要进入废品回收系统。目前该系统已初步形成了回收、分拣、交易、加工4个环节,其中回收和分拣环节由苏州市再生资源投资发展有限公司(以下简称"苏再投")负责,该公司为国有企业,主管部门为苏州市供销合作总社。苏州市于2008年底专门成立全市再生资源回收利用网络体系建设领导小组,2009年被商务部列为第二批再生资源回收利用网络体系建设试点城市,2009年5月成立了具有引导、示范作用的实施主体"苏再投",由苏州市供销合作总社负责管理。苏州市政府2009年、2013年两次下发《关于转发苏州市废旧收购业整治实施方案的通知》,初步建立了废品收购业整治的工作机制。2010年、2013年市政府分别下发了《关于进一步加强再生资源回收利用管理工作的实施意见》(苏府〔2010〕124号)、《关于苏州城区废旧商品回收网点清理整治和规范管理的实施方案》(苏府办〔2010〕190号),进一步明确了苏州市再生资源体系建设的目标任务、管理体制、优惠措施。

苏州市根据"政府引导、市场调节、科学规划、合理布局、建设规范、有效管理"的原则,目前已初步构建起由社区回收点、初级加工分拣站和集散交易加工中心三个层次组成的再生资源回收利用网络体系,基本流程为:居民向各类收购网点和社会流动游商交售家庭废旧物资,收购网点和流动游商以合适的价格转售给中间商或回收公司,收集后的废品进入分拣站后打包,运输至集散交易加工中心进行加工和交易,转运下游厂家,由企业生产或制造成商品流入市场。

(1) 社区回收点建设及可回收物回收量

据苏州市工商部门统计,至 2013 年年底,苏州市区从事废品回收的企业有 695 家,其中约 90%的企业从事工业收废,约 5%的企业从事废品再生资源深加工。此外,目前城区有各种回收站点 2000 余家,其中经工商部门审批登记的仅 450 家,大部分回收网点主要分布在城乡接合部,以家庭式回收和敞开作坊式处理为主。市区范围内从业人员有 10000 多人,登记的不到 3000 人,其中约 90%为外来务工人员。

苏再投通过新建、改建或整合有证照的废品回收企业,通过统一服装、安全指标等措施,初步形成了规范化的社区回收网络体系。该体系从形式上分为固定网点和流动收废车两类,从管理上分为直管承包网点、加盟网点和挂牌网点三类,不同的管理模式享受不同的政策,目前苏州市的吴中区、太仓市和常熟市已完成了社区回收点的建设,苏州工业园区也计划全部采用流动收废车形式,城区通过新建、整合、加盟等方式建设有固定回收网点 66 个,共配置流动回收车 77 辆,其中小型流动回收车 71 辆,大型厢式货车 6 辆。

据统计,2013 年苏再投的各类收集渠道共收集可回收物 13812 吨,其中废纸(包括纸板、报纸、书纸)12210 吨,废塑料 455 吨,废金属共 1037 吨,其他(主要是旧织物)110 吨。据估计,这些可回收物的回收量仅占苏州市市区可回收物总量的 5%。

(2) 中心分拣站建设

城区共有 3 家废品交易市场、1 家旧货市场,均为合作经营,分布在相城区、新区、吴中区,普遍规模不大,仅限于废品的交易。目前,苏州市正在现有废品交易市场的基础上积极推进中心分拣站的建设。中心分拣站占地约 10 亩,全部采用单层钢结构方式建设,并配套员工生活辅助用房,以本地产废量较大的废塑料、废纸、废金属 3 个品种作为主要经营方向,积极吸收、整合、兼并原有非法废品收购站业务。项目运营后将重点负责社区回收网点"日清日结"职能以及相应区域机关、学校、企业等产废单位的回收工作,具备分类、初步加工、包装、储存、装卸、运输等基本功能,不断改善当前废旧商品露天收购与加工等影响城市形象和居民生活的经营行为,进一步挤压非法废品收购空间。目前,姑苏区沧浪中心分拣站、姑苏区金阊中心分拣站和相城区元和中心分拣站都已经开始建设。

(3) 产业园区建设

苏州市甪直再生资源产业园位于吴中区甪直经济开发区,占地面积约 228

亩,总投资5亿元左右,建筑面积3万多平方米,共有4个加工车间,1个仓库,水陆两通,包括回收、加工、储存、科研、交易5项功能,定位为集生产、物流、仓储、交易、科研开发于一体的再生资源产业园,目前已完成基础设施建设,并投入试运营,废旧橡胶轮胎综合再生项目已经投入运行。

(4) 回收体系建设

苏州市根据固定回收网点建设困难的现状,创新提出了固定、流动、在线"三位一体"社区回收网络模式,以"962030"热线、www.962030.com 为平台,以流动回收车为媒介,以中心分拣站为节点,企业和居民通过拨打电话或登录网站提交上门收废信息,调度中心与"在线收废"平台实时对接,形成订单后分配给相应的工作人员,工作人员接到订单后预约回收时间,上门回收可回收物,充分实现在试点范围内社区居民通过电话就能放心出售可回收物。截至2013年年底,网络和电话预约突破2万次。

为了加强对固定回收网点的监管与协调,苏州市还计划采用 GPS 和视频监控等措施,对流动回收车辆、社区回收点、中心分拣站三者的运营进行监测、控制、指导、协调。目前20个新建网点均统一安装了监控设施,可以提供全天候及全方位的画面监视功能,一旦网点出现占道经营、现场焚烧、拆解、收购公共设施等现象,呼叫调度中心均能通过监控系统第一时间查看并及时处理,从而有效保障了回收网点周边环境的整洁以及城市公共设施的安全。

为解决部分居民距离城区较远、废旧商品数量较少导致的回收人员不愿上门这一问题,苏州市还采用现金补贴的方式鼓励回收人员开展上门服务,这一举措使更多的居民足不出户就可以享受快捷便利的服务。目前,流动回收车辆的日常服务范围已基本覆盖到了苏州市姑苏区全境,并将进一步扩大回收区域。

2.3 苏州市生活垃圾分类历程

苏州市生活垃圾分类工作按分类情况来看,分成两个阶段:第一阶段为参照摸索期,即按照国外发达国家及国内先进城市的分类模式,将生活垃圾分成若干种类,其中主要以可回收及不可回收为分类标准,时间跨度为2000年至2010年;第二阶段为创立自有模式期,即根据城市发展的实际情况,以"近期大分流、远期细分类"为主导,将生活垃圾分成若干种类,时间跨度为2011年至今。

2.3.1 苏州市生活垃圾分类第一阶段概况

苏州市从2000年开始在全市范围内推进垃圾分类工作的试点,力争通过最前端的减量和资源回收来做到减量化和资源化。

2000年9月,苏州市相继在工业园区新城花园、新加花园、嘉裕园、通园小区,新区何山花园以及古城区狮林苑等小区开展了垃圾分类收集试点工作。

2002年,苏州市政府与丹麦的埃斯比约市和意大利的威尼斯市共同申请苏州市生态垃圾管理项目。项目自2003年1月正式启动,于2005年3月结束,共在4所中小学、1所大学、20个机关部门和8个居民小区进行试点。

2005年后,苏州市政府每年都划拨经费用于试点工作,每年坚持拓展试点单位。

2008年,苏州市进一步探索垃圾分类推广新思路,根据《2008年苏州市建设健康城市工作计划》,由苏州市市容市政管理局、苏州市教育局、苏州市环保局、苏州市建设健康城市领导办公室和苏州市团市委五部门联合在苏州市平江、沧浪、金阊三个城区的小学开展垃圾分类收集试点和推广工作。至2010年底,已在上述三个城区47所小学开展了生活垃圾分类收集试点工作。

苏州市第一阶段的生活垃圾分类试点拓展试点单位103家,为试点单位配置分类垃圾桶近20000只,发放各种宣传品60000余份,开展宣传活动近200次,在试点期间回收塑料瓶、纸张等可回收物近100吨,试点期间的总投入达到1190万元。

(1) 欧盟项目

2002年10月,苏州市与友好城市丹麦埃斯比约市和意大利威尼斯市共同申请了欧盟的"苏州生态垃圾管理"合作项目。该项目历时两年,从2003年1月开始至2005年3月结束。项目总投资金额为73.719万欧元,其中,欧盟亚洲城市建设基金47.917万欧元,合作方共同承担25.802万欧元,在合作方共同承担的费用中,苏州市出资16.192万欧元,埃斯比出资约6.9万欧元,威尼斯出资2.71万欧元。

该项目旨在通过开展垃圾分类收集的试点和宣传培训工作,逐步提高苏州市市民的环保意识,达到垃圾源头减量和回收利用的生态垃圾管理目标。项目于2003年1月正式启动,在国外专家的指导及项目相关人员的共同努力下,顺利在4所中小学(星海学校、新城花园小学、苏州中学、苏州市第一高级中学)、1所大学(苏州大学)、20个机关部门(平江区政府建设局、环保局、规划局等)和8个居民小区(名都花园、四季新家园、狮林苑、桂花新村、挹翠华庭、鸿利达大厦、桐芳苑、竹之苑)开展了垃圾分类收集的宣传与试点工作。各试点单位将纸张、塑料、玻璃、金属等可回收物与其他垃圾进行分类收集,建立了可回收物的收运体系，在项目实施期间总共收集可回收物约15吨。通过试点，中外专家共同起草了《苏州市生态垃圾管理方案》和《苏州市生态垃圾管理条例（建议）》，推进了苏州市生活垃圾分类工作的进展。

（2）第一阶段居民小区分类收集试点情况

从2000年开始，苏州市先后在园区新城花园、新加花园、嘉裕园、通园小区，新区何山花园以及古城区狮林苑等小区开展了垃圾分类收集试点工作，至2010年年底，共在14个居民小区进行了垃圾分类试点工作。

（3）第一阶段学校垃圾分类收集试点情况

从2003年开始，借助欧盟亚洲城市建设项目在苏州市开展的垃圾分类收集试点工作，苏州市开始在学校推进垃圾分类收集试点，当年就在苏州大学、苏州中学、星海学校、新城花园小学等5所学校进行垃圾分类试点。2008年，由苏州市市容市政管理局、市教育局、市环保局、市建设健康城市领导办公室和团市委五部门联合在苏州平江、沧浪、金阊三个城区的小学开展垃圾分类收集试点和推广工作。主要内容包括：用3年左右的时间，在市区小学试点并推广垃圾分类收集；利用媒体舆论加大宣传和教育力度，让小手带动大手，逐步在全社会形成生活垃圾源头分类收集的氛围；加快分类收集基础设施的建设和改造，逐步建立可回收物收集系统。

至2010年年底，苏州市已在苏州古城区所有47所小学、园区2所小学、4所中学和3所大学开展了垃圾分类收集试点工作。试点活动为所有参加活动学校的教室配备了绿色和灰色两个垃圾桶，分别用于回收可回收物和其他垃圾。试点期间共计发放分类垃圾桶8000余只、各种宣传材料30000余份，收集到各种可回收物75吨。试点过程中还开展了垃圾分类征文活动、废旧物品再利用制作比赛、垃圾分类海报制作大赛等主题活动，并结合世界环保日、地球日和学校的环保周在各学校展开了30多次以垃圾分类为主题的宣传教育活动，以新颖、有趣的形式加强对学生的引导，帮助他们树立垃圾分类的良好意识。

（4）第一阶段机关单位垃圾分类收集试点情况

从2003年开始，苏州市在苏州市平江区政府、苏州便民服务中心等机关和事业单位开展垃圾分类试点工作。至2010年年底共在31家单位进行了试点。

（5）第一阶段垃圾分类宣传活动

为加强公众的垃圾分类意识，苏州市从2000年开始，利用世界环境日、五四青年节等节假日在市民广场、社区进行了100多次宣传活动，提高了市民对垃圾分类的认识。

2009年，结合在小学中的垃圾分类试点，为了更形象地推广垃圾分类，苏州市生活垃圾分类推广办公室设计了苏州市生活垃圾分类LOGO、卡通形象物，并设计了全新的宣传海报。此外，推广办还制作了生活垃圾分类指导手册、雨伞、马克杯、U盘等多种形式的宣传品，以提高居民学习垃圾分类的积极性。

2009年6月，苏州市在吴中区环保静脉产业园建成了环卫体验宣传展厅，用于集中的环卫体验及宣传。该展厅自启用以来，已经接待了近万名普通市民进行参观体验。

（6）第一阶段垃圾分类政府投入

从2000年至2010年，苏州市政府在垃圾分类上的投入累计为1190万元，逐年投入情况见表2-5。

表2-5 第一阶段苏州市垃圾分类投入

经费用途	年份	投入金额	资金来源
欧盟项目	2000—2004	350万	欧盟项目190万，市财政160万
宣传费用	2005—2008	120万人民币,30万/年	市财政
	2009—2010	120万人民币,60万/年	市财政
设施建设费用	2004—2010	600万	市财政
合计		1190万	

2.3.2 苏州市生活垃圾分类第二阶段概况

2.3.2.1 近期大分流远期细分类模式的提出

随着居民生活质量的提高，苏州市生活垃圾种类日趋复杂，建筑垃圾、餐厨废弃物、有害垃圾的产生量增长迅速。这些废弃物的产生给城市垃圾处置系统带来了巨大的压力，其复杂的成分也对现有的生活垃圾处置系统造成了影响。同时，考虑到可再生利用物质在进入终端处置设施前已经经过了居民自发的分类和大量拾荒人员的捡拾分流，进入终端处置设施的塑料等可再生资源物质的利用成本昂贵等情况，我市以前借鉴国内外城市所采用的两分法（可回收垃圾和其他垃圾）分类体系已经不能达到良好的效果。根据对苏州市生活垃圾的成分及收运过程中可再生利用资源的回收现状等具体情况进行的分析，苏州市提出了"近期大分流，远期细分类"的生活垃圾分类模式（图2-2）。

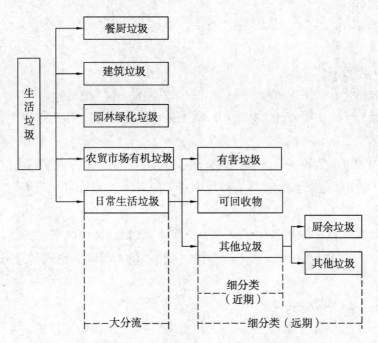

图 2-2 苏州市"近期大分流、远期细分类"的生活垃圾分类模式

大分流就是按照生活垃圾的属性进行专项分流,将餐厨垃圾、建筑垃圾、园林绿化垃圾、农贸市场有机垃圾和日常生活垃圾分类投放、分类运输、分类利用和处置。细分类就是将日常生活垃圾再进一步细分成有害垃圾、可回收物和其他垃圾,目前在有条件的场所可以将其他垃圾进一步细分成厨余垃圾和其他垃圾,远期所有场所的分类都将按照有害垃圾、可回收物、厨余垃圾和其他垃圾进行细分。

2.3.2.2 大分流系统模式说明

大分流就是按照生活垃圾的属性,将生活垃圾分成餐厨垃圾、建筑垃圾、园林绿化垃圾、农贸市场有机垃圾和日常生活垃圾五大类。

(1) 餐厨垃圾

指食品加工、餐饮服务等食品生产经营活动中产生的剩菜剩饭、食物残余、食品加工废料和废弃食用油脂等,不包括居民家庭产生的厨余垃圾。分出后依托餐厨垃圾资源化终端项目,资源化利用餐厨垃圾中的油脂和蛋白质,制成生物柴油和蛋白饲料原料,并产出沼气。

(2) 建筑垃圾

指建设、施工单位或个人在对各类建筑物、构筑物、管网等进行建设、铺设或拆除、修缮的过程中所产生的渣土、弃土、弃料、余泥及其他废弃物。分出后依托建筑垃圾资源化终端项目,生产再生建筑材料。

(3) 园林绿化垃圾

指在绿化养护中由植物生长产出的树枝、落叶、草地剪落物(草末)、植物残体等废弃物。分出后依托园林绿化垃圾资源设施项目,通过堆肥产出肥料。

(4) 农贸市场有机垃圾

指农贸市场清理蔬菜、肉制品、家禽、水产等产生的剩菜叶、鸡毛、鱼肚肠等废弃物。分出后依托农贸市场有机垃圾资源化项目,生产出肥料及沼气。

(5) 日常生活垃圾

指居民在日常生活过程中产生的废弃物,特指居民小区产生的生活垃圾。分出后依托生活垃圾终端处置设施项目,采用焚烧和填埋的方式对其进行无害化处置。

2.3.2.3 细分类模式说明

细分类就是将日常生活垃圾细分成有害垃圾、可回收物和其他垃圾,目前在有条件的场所可以将其他垃圾进一步细分成厨余垃圾和其他垃圾,远期所有场所的分类都将按照有害垃圾、可回收物、厨余垃圾和其他垃圾进行细分。

将日常生活垃圾分为有害垃圾、可回收物和其他垃圾的方法称为三分法,分别定义如下:

(1) 有害垃圾:含有害物质,需要特殊安全处理的垃圾,包括各种充电电池,纽扣电池,手机电池(不包括普通干电池);废弃节能灯,日光灯灯管;废弃日用化学品(消毒液、洗涤剂、杀虫剂、油漆(桶)、化学溶剂等);废弃电子产品(废弃手机、收音机、电路板等);其他产品成分中标有含汞、铅、镉等重金属元素的废弃物(水银温度计、血压计等)。

(2) 可回收物:适宜回收和资源利用的垃圾,包括纸类、金属、塑料、玻璃、织物等。

(3) 其他垃圾:日常生活垃圾中除有害垃圾和可回收物之外的其他垃圾,如剩菜剩饭、菜皮果皮、动物内脏、使用过的各类卫生纸和餐巾纸、带有塑料或蜡质衬里的纸张和纸盒等。

将日常生活垃圾分为有害垃圾、可回收物、厨余垃圾和其他垃圾的方法称为四分法,分别定义如下:

(1) 有害垃圾:含有害物质,需要特殊安全处理的垃圾,包括各种充电电池,纽扣电池,手机电池(不包括普通干电池);废弃节能灯,日光灯灯管;废弃日用化学品(消毒液、洗涤剂、杀虫剂、油漆(桶)、化学溶剂等);废弃电子产品(废弃手机、收音机、电路板等);其他产品成分中标有含汞、铅、镉等重金属元素的废弃物(水银温度计、血压计等)。

(2) 可回收物:适宜回收和资源利用的垃圾,包括纸类、金属、塑料、玻璃、织物等。

(3) 厨余垃圾:居民家庭中产生的剩菜剩饭、食物残余、食品加工废料和废弃食用油脂等。

(4) 其他垃圾:日常生活垃圾中除厨余垃圾、有害垃圾和可回收物之外的其他垃圾,如使用过的各类卫生纸和餐巾纸、带有塑料或蜡质衬里的纸张和纸盒等。

目前,苏州市区在试点小区、试点单位等处设置了垃圾分类投放设施,并配置了专门的收运车辆,使分出后的生活垃圾实现了分类收集和分类运输。其中在居民小区等地点设置专用收集箱收集有害垃圾,收集后采用无害化处置,并尽可能实现资源化利用;设置绿色专用回收桶收集可回收物,同时采用电话和网络预约回收等方式收集,然后纳入再生资源回收体系;设置灰色专用厨余垃圾收集桶收集厨余垃圾,收集后进行资源化处置;设置蓝色垃圾桶收集其他垃圾,收集后送至生活垃圾焚烧厂或填埋场进行资源化利用和无害化处理。

2.3.2.4 苏州市生活垃圾分类的实施步骤

根据以上分析,在未来较长一段时间内,苏州将按照"近期大分流、远期细分类"的发展思路,逐步建设分类投放、分类运输、分类处置和资源回收利用的生活垃圾管理作业体系,以2012年为起点,不断健全管理网络、完善政策法规、明晰职责分工、加强协调配合、强化监管考核,力争在五年内实现专项垃圾分流处置、生活垃圾初步分类的目标。

表2-6 苏州市生活垃圾分类实施步骤及规划

时间	实施步骤
2012年	在市区选取部分具备条件的居民小区进行试点
2013年	扩大市区居民小区的试点范围,市区20%的居民小区进行垃圾分类,主要政府部门如区政府、市政府等主要部门进行分类试点,商业中心等公共区域开始分类试点,农贸市场有机垃圾单独收运处置进行试点,园林绿化垃圾的专项收运处置进行试点
2014年	市区40%的居民小区进行分类,50%的政府部门及企事业单位推行分类。50%的公共区域开始推行分类。50%的农贸市场推行有机垃圾单独收运处置,50%的公园、园林推行园林绿化垃圾的专项收运处置

续表

时间	实施步骤
2015年	市区50%的居民小区进行分类,政府部门及企事业单位和公共区域开始全面推行分类。农贸市场全面推行有机垃圾单独收运处置,公园、园林全面推行园林绿化垃圾的专项收运处置
2016年	市区60%的居民小区进行分类,公共区域、政府部门及企事业单位全面推行分类,农贸市场有机垃圾和园林绿化垃圾等全部实现单独的专项收运处置

2.3.2.5 垃圾分类投入

根据《苏州市垃圾分类实施规划(2012—2016年)》,2012年至2016年苏州市分类收集需投入资金46607万元,其中配套设施设备需投入28243万元,专项收运处置(预估)需投入8209万元,奖励与补贴需投入6655万元,宣传、培训和管理需投入3500万元。2011年以来,已投入经费约4000万元(不含设施投入),投入经费用途见表2-7。

表2-7 第二阶段苏州市垃圾分类投入经费及用途(市级财政)

年份	投入金额(万元)	主要用途
2011	100	宣传
2012	530.2	宣传、调研、分类设施建设、前端收集、终端处置及表彰奖励
2013	1140.3	宣传、调研、分类设施建设、前端收集、终端处置及表彰奖励
2014	2170	宣传、调研、分类设施建设、前端收集、终端处置及表彰奖励
合计(万元)		3940.5

第三章
餐厨废弃物资源化利用和无害化处理

3.1 餐厨废弃物概述

3.1.1 餐厨废弃物的概念和产量

餐厨废弃物(Restaurant Garbage),俗称泔脚,即残羹剩饭,是居民在生活消费过程中形成的一种生活废物,主要是指饭店、餐厅及企事业单位食堂产生的剩饭菜及食物残渣,其组成包括米饭、面食、蔬菜、植物油、动物油、肉、骨、鱼刺等类食物残余。它与家庭厨余垃圾(Kitchen Waste)、超市过期食品(Overdue Food)和食品加工厂下脚料(Food Residue)统称食品废物(Food Waste)。

欧美发达国家就餐习惯以自助餐为主,通常餐厨废弃物产生量较少,而我国餐饮消费以聚餐为主,加之一些不良的饮食风气,餐厨废弃物产生量巨大是中国特有的现象,而且随着我国国民经济的长足进步、城市人口的迅速增长、人民生活水准的不断提高,在未来很长的一段时期内,我国餐厨废弃物的产生量仍将呈逐年增长趋势。

改革开放以来,城市餐饮业日益繁荣,餐饮业零售额逐年增长,餐厨废弃物的产生量也随之增长。按平均含水率85%计,一家营业面积$100m^2$的中型饭店每天产生餐厨废弃物约400公斤,其中在食品加工过程中产生的废料和餐桌上吃剩的废弃食品各占50%。我国主要城市2012年人口数、餐厨废弃物产生量及人均日产生量如表3-1所示。2012年全国城镇人口71182万,全国城镇人口餐厨废弃物人均日产生量约为0.14千克/人·日,考虑旅游、务工等流动人口因素,乘以系数1.1,目前全国大中城市每年约产生餐厨废弃物4000多万吨。随着人口数量的不断增长和城市规模的持续扩大以及餐饮业的不断发展,餐厨废弃物的产生量还将以平均每年约5%的速度递增。

表 3-1 我国主要城市 2012 年人口数、餐厨废弃物产生量及人均日产生量一览表

序号	城市	城区人口数(万人)	产生量(吨/日)	人均产生量(千克/人·日)
1	北京	1685.9	2507.4	0.15
2	上海	2347.5	3000.0	0.13
3	天津	979.8	1009.0	0.10
4	石家庄	242.8	562.1	0.23
5	唐山	307.0	210.0	0.07
6	邯郸	137.1	150.0	0.11
7	广州	817.0	1000.0	0.12
8	太原	279.1	320.0	0.11
9	大同	166.0	125.0	0.08
10	呼和浩特	208.0	200.0	0.10
11	鄂尔多斯	285.0	285.0	0.10
12	赤峰	91.7	92.0	0.10
13	沈阳	509.0	675.0	0.13
14	长春	518.3	518.3	0.10
15	白山	50.0	75.6	0.15
16	延吉	46.3	126.0	0.27
17	哈尔滨	475.0	500.0	0.11
18	牡丹江	91.5	91.5	0.10
19	大庆	165.0	137.0	0.08
20	苏州	679.2	600.0	0.09
21	常州	329.2	211.0	0.06
22	徐州	305.4	298.0	0.10
23	杭州	356.0	524.0	0.15
24	嘉兴	120.0	174.0	0.15
25	金华	92.4	110.0	0.12
26	合肥	360.0	400.0	0.11
27	芜湖	124.0	150.0	0.12
28	三明	271.0	285.0	0.11
29	泉州	175.0	150.0	0.09
30	南昌	221.9	300.0	0.14
31	赣州	187.5	233.3	0.12
32	济南	433.6	420.0	0.10
33	潍坊	184.5	253.4	0.14
34	泰安	85.0	106.0	0.12

续表

序号	城市	城区人口数(万人)	产生量(吨/日)	人均产生量(千克/人·日)
35	郑州	540.0	630.0	0.12
36	洛阳	192.6	230.0	0.12
37	武汉	600.0	940.0	0.16
38	宜昌	141.1	200.0	0.14
39	襄阳	139.0	156.2	0.11
40	长沙	400.0	318.2	0.08
41	衡阳	319.2	365.4	0.11
42	湘潭	208.0	208.0	0.10
43	南宁	245.0	180.0	0.07
44	梧州	65.0	100.0	0.15
45	三亚	68.6	230.0	0.34
46	成都	529.5	534.0	0.10
47	重庆	746.0	1622.0	0.22
48	昆明	643.2	1000.0	0.16
49	丽江	42.6	57.8	0.14
50	大理	65.2	76.0	0.12
51	贵阳	380.0	600.0	0.16
52	遵义	102.0	120.0	0.12
53	铜仁	43.2	86.3	0.20
54	咸阳	78.6	130.0	0.17
55	宝鸡	80.0	111.7	0.14
56	渭南	50.0	98.3	0.20
57	兰州	210.4	247.3	0.12
58	银川	80.0	145.0	0.18
59	石嘴山	72.6	70.0	0.10
60	西宁	115.0	150.0	0.13
61	乌鲁木齐	311.0	330.0	0.11
62	克拉玛依	37.8	116.0	0.31
63	库尔勒	35.8	50.0	0.14
64	大连	310.0	638.0	0.21
65	宁波	220.0	300.0	0.14
66	青岛	186.0	235.0	0.13
67	深圳	891.0	2380.0	0.27
68	全国平均人均产量			0.14

3.1.2 我国餐厨废弃物的特征

餐厨废弃物的成分以可降解的有机物为主,主要成分有主食所含的淀粉(聚六糖)、蔬菜及植物茎叶所含的纤维素、聚戊糖、肉食所含的蛋白质和脂肪,水果所含的单糖、果酸及果胶(多糖)等,无机盐中以 NaCl 的含量最高,同时还含有少量的钙、镁、钾、铁等微量元素。其化学组成以 C、H、O、N、S、Cl 为主,如表 3-2 所示,以北京地区餐厨废弃物为例,其化学分子式可粗略表示为 $C_{18.15}H_{31.10}O_{10.80}N_{1.00}S_{0.05} \cdot 0.03NaCl$。

表 3-2　餐厨废弃物的化学成分　　单位:% w/w

项目	C	H	O	N	S	Cl	其他	合计
数值	43.52	6.22	34.50	2.79	<0.3	0.21	12.46	100

餐厨废弃物的组成、性质和产生量受社会经济条件、地区差异、居民生活习惯、饮食结构、季节变化等不同因素的影响而有所差别。社会经济条件好的时代、地区,餐厨废弃物的组成和产生量相比于社会经济条件较差的时代和地区,有机物含量更高,量也更大;旅游资源丰富的城市在旅游季节,其餐厨废弃物的产生量比其他地区相对要大。中国北方城市的餐厨废弃物中,面粉类食品残余物量高于南方城市;中国南方城市的餐厨废弃物中,米品类食品残余物量要高于北方。

根据不同地域特点、餐饮习惯和经济水平,在全国不同地区选取代表性城市,对北京、上海、深圳、苏州、宁波、西宁、青岛、贵阳、嘉兴、石家庄、沈阳、哈尔滨、重庆、大连、三亚等城市的部分宾馆、饭店、高级餐厅、普通餐厅、单位食堂等5类餐饮单位实施6个月不同时段的餐厨废弃物采样检测,取平均值,参照国标 GB6432、GB6433、GB6434、GB6453、GB/T6436-92、GB/T6437、GB/T6438 规定的测定方法,检测结果见表 3-3。

表 3-3　部分餐饮单位餐厨废弃物成分分析结果　　单位:%

组分	含水率	有机质	总养分	粗脂肪	粗蛋白	粗纤维	糖类
平均值	74.39	80.21	21.41	25.86	24.77	2.34	28.51
组分	盐分	灰分	钙	铅	镉	汞	其他
平均值	4.59	7.70	0.22	未检出	未检出	未检出	6.01

注:表中数据除含水率外,其他指标均为绝干物质含量。

表 3-3 中数据表明,餐厨废弃物的含水率很高,处理难度较大。对比大豆粗脂肪和粗蛋白含量(19.66%和 40.34%)、玉米粗脂肪和粗蛋白含量(3.52% 和 10.68%),餐厨废弃物绝干物料中粗脂肪和粗蛋白含量约是大豆的 1.32 倍和 0.61 倍,约为玉米粗脂肪和粗蛋白含量的 7.35 倍和 2.31 倍。另据实验测定结果表明,餐厨废弃物粗脂肪消化率为 88.26%,粗蛋白消化率为 89.63%,与常规饲料相近,可见此类垃圾具有较高的资源开发利用价值。其中的有机质可以通过发酵制取沼气、氢气和乙醇,分离回收的餐厨废油是生产生物柴油和增塑剂等产品的良好原料,可见此类垃圾具有较高的资源开发利用价值。

显然,餐厨废弃物具有鲜明的资源和废物的双重特性,它既具有很大的资源利用价值,又很容易对环境和人体健康造成不利影响。总体上,餐厨废弃物的特点主要表现为:

(1) 产生源固定且较为集中,产生量大、面广。

(2) 含水率(75%~95%)、油脂含量和 NaCl 含量较高,处理难度大。

(3) 富含蛋白质、淀粉、纤维素、脂肪等有机物(占干物质的 95% 以上),资源回收价值大。

(4) 与其他垃圾相比,有毒有害物质(如重金属等)含量少,但腐烂变质速度快,易滋长细菌,特别是在高温季节易腐烂变质,导致病原微生物、霉菌毒素等有害物质迅速大量繁殖。

3.1.3 餐厨废弃物利用处置不当的危害

3.1.3.1 对饲喂动物的影响

(1) 杂质和异物对饲喂动物产生物理性伤害

餐厨废弃物中有杂质和异物,如沙砾、铁丝、牙签、塑料等,很容易对饲喂动物的消化道产生直接的物理性伤害,潘峰就发现泔水中的竹牙签刺入猪肺左侧膈叶,造成饲喂动物死亡的案例。

(2) 有毒有害物质造成饲喂动物中毒或其他疾病

有毒有害物质造成饲喂动物中毒或其他疾病主要有三个方面。首先,餐厨废弃物在腐败过程中经微生物发酵,会产生如硫化氢、氨气等强烈刺激性气体,这些气体可能对饲喂动物的呼吸道黏膜产生刺激作用,引发呼吸道的各种疾病或直接导致死亡。其次,餐饮行业大量使用消毒液和洗涤剂,加之在存储和运输过程中的污染,餐厨废弃物中可能含有大量的有毒有害物质,如聚氯、聚苯、聚乙烯、聚苯乙烯、聚氯乙烯、丙烯酸胺等,此外还有铅、汞等重金属元素,长期用未经处置的餐厨废弃物饲喂动物会导致重金属元素在动物体内大量残留,引起肠道疾病,造成食物中毒或流产等。再次,餐厨废弃物很容易腐败,腐败后的餐厨废弃物中含有大量的致病菌、霉菌及其所产生的毒素,如沙门氏菌、肉毒梭菌、金黄色葡萄球菌等,黄灿甫就发现用变质的泔脚养猪会引发猪败血链球菌病。

(3) 容易使饲喂动物感染疾病

用餐厨废弃物饲喂动物,容易使动物感染沙门氏杆菌、大肠杆菌等多种传染病,这些疾病还可造成多种人畜共患病的发生。

有调查及研究表明,用泔水饲养的猪的旋毛虫感染率高达22.8%,而正常饲养的猪的旋毛虫感染率只有0.103%;垃圾猪的旋毛虫、囊虫的检出数占总检出数的98%以上;有研究者通过对51610头育肥猪感染住肉孢子虫情况进行调查发现,用泔水饲喂的育肥猪住肉孢子虫感染率为19.6%,而用配合饲料饲喂的育肥猪其感染率仅为0.1%。

(4) 容易造成疫病流行

用餐厨废弃物饲喂的动物自身免疫力偏低,容易感染烈性传染病,如乙肝、细菌性腹泻、猪链球菌、禽流感等,同时这些病毒性疾病容易变异,常常诱发新的疾病。一旦有疫情发生,极易引起大面积的传播,若疫情不能及时得到控制或扑灭,在一定时间内迅速蔓延,则将严重影响畜牧业的发展。

3.1.3.2 对食品安全的影响

使用未经处理的餐厨废弃物饲喂动物会产生"垃圾肉",而回收餐厨废弃物中的废弃食用油脂可以制成"泔水油",这些"垃圾肉"或"泔水油"回流到餐桌会对食品安全产生严重的危害。

(1) "垃圾肉"的危害

"垃圾肉"肉品质量差、易变质,脂肪含量高,长期食用容易导致肥胖、血脂和胆固醇升高;餐厨废弃物中的有毒有害物质还会残留在"垃圾肉"中,通过食物链转移到人体,食用"垃圾肉"的人群容易患类病原性肠道疾病、伤寒、旋毛虫感染、结核病、肝炎等。"垃圾肉"中的有毒有害物质包括以下几类。

① 致病菌和毒素。"垃圾肉"携带有沙门氏菌、金黄色葡萄球菌、副溶血性弧菌、肉毒梭菌、致贺氏菌、结核菌等致病病菌和肠毒素、黄曲霉素等毒素,人食用"垃圾肉"后,容易发生食物中毒,对人体造成慢性损害,甚至致癌、致畸以及影响遗传变异。

② 重金属等其他化学物质。"垃圾肉"内还含有农药、亚硝酸盐、有机化合物(苯类)、重金属(汞、铅、镉)等有害有毒残留物,这些物质可以通过食物链进

入人体,使人类患病。相关研究显示,"垃圾猪"样品中重金属项目的检出率要远远大于正常喂养的猪,砷含量高出 13 倍,铅含量高出 8 倍。

③ 抗生素及其他添加剂。用餐厨废弃物饲喂的动物由于容易感染疾病,在养殖过程中会对它们滥用抗生素、添加剂和兽药,这些物质残留在"垃圾肉"中,被人食用后进一步进入人体,会无形中提高人体的抗药性,危害人体健康。

(2)"泔水油"的危害

使用废弃食用油脂提炼的"泔水油"含有大量的有毒有害物质,人类食用后会产生头晕、恶心、呕吐、腹泻、失眠、乏力、消化不良、剧烈腹绞痛等中毒症状,长期食用会出现贫血、营养不良、内脏受损,导致人体体重减轻和儿童发育障碍,严重者还可能出现中毒性肝病,诱发胃腺癌、肾癌及乳腺、卵巢、小肠等部位的癌肿。对"泔水油"进行的毒理学研究表明,饲喂泔水油的小白鼠 120 天后出现死亡现象,到 180 天时死亡率达到 60% 以上,而对照组的小白鼠没有出现死亡现象;实验组中小白鼠行动缓慢,有病状,肝脏表面有一个黄色脂肪球,肝脏发黄,肝脏细胞变多,呈椭圆形,并有很多细胞处于分裂状态。

"泔水油"酸价、过氧化值、羰基价、丙二醛等指标严重超标。"泔水油"中的黄曲霉素是目前发现最强的化学致癌物质之一,毒性是砒霜的 100 倍,长期食用可能导致肝癌、胃癌、乳腺癌、卵巢癌、肠癌等多种癌症。"泔水油"中常常含有大量的重金属元素,如 Mn、Zn、Cu、Ni、Cr、Pb 等,这些微量元素会导致人体发生多种疾病。Mn 会使人的中枢神经系统受损,四肢痉挛,麻痹且行动困难,易跌倒,出现喜怒无常的语言障碍,还可引起肺炎;Zn 会引起发热、恶心、腹泻、急性肠炎和呕吐等中毒症状;Cu 积累于肝脏和脑中,可引起肝硬化和神经错乱等症状。

3.1.3.3 对环境卫生的影响

在收集和运输餐厨废弃物时,如果不采用密闭运输工具很容易产生滴撒,散落的餐厨废弃物腐烂后产生臭气,滋生蚊蝇,严重影响环境卫生;没有经过处理的餐厨废弃物排入下水道,会堵塞下水管道,散发腐臭气味和甲烷,严重时可能引发下水道爆炸;餐厨废弃物经过下水道进一步排入水体,餐厨废弃物中的有毒有害物质会污染水体,对生态环境产生影响。

3.1.3.4 对生活垃圾终端处置设施的影响

如果不对餐厨废弃物进行单独处置,而任其进入城市生活垃圾终端处置设施,会对现有的填埋和焚烧终端处置设施产生危害。由于餐厨废弃物的水分含量常常高达 90% 左右,发热量为 2100～3100 千焦/千克,如果将它们和其他垃圾一起进行焚烧,不但不能满足垃圾焚烧发电的发热量要求,反而会致使焚烧炉燃烧不充分而产生二噁英;由于餐厨废弃物的含水量过高,如果将它们和其他生活垃圾一起填埋,会增加填埋堆体的水分含量;此外,餐厨废弃物中的有机物质含量很高,这些有机物质很容易分解,引起堆体的沉降,对填埋场的安全产生影响。

3.2 国内外餐厨废弃物资源化利用及无害化处理的现状

3.2.1 我国餐厨废弃物的管理现状

3.2.1.1 总体情况及特点

长期以来,我国并没有对餐厨废弃物进行管理。传统的餐厨废弃物处理方式主要是由产生单位卖给利用者,送往郊区直接喂猪或提炼油脂。未经处理携带大量病菌、甚至已变质的餐厨废弃物直接作为饲料喂出的猪其卫生情况堪忧。由于利益驱使,非法商贩将从餐厨废弃物中提炼出的废油脂加工制成"地沟油",通过销售环节使之重新回到餐桌,这种"地沟油"严重影响了人民身体健康。

20世纪末,疯牛病、口蹄疫等世界范围内的畜禽传染疾病的流行性传播,使人们意识到餐厨废弃物直接喂猪的巨大卫生安全隐患,餐厨废弃物的管理在我国部分城市开始得到重视。一些城市认识到餐厨废弃物的传统处理模式存在很多环境和卫生安全上的问题,分散地利用未经处理的餐厨废弃物喂猪容易导致疾病传播,而且运输途中泔水泄漏造成的二次污染,严重影响了城市环境卫生。为了完全消除或使餐厨废弃物对人体健康、市容环境的影响降至最低限度,必须科学合理地对餐厨废弃物进行处置管理,建立健全、规范、有序的餐厨废弃物处置管理系统。另外,节约是餐厨废弃物源头管理的根本措施之一。除了经济发展的原因以外,人为因素也是餐厨废弃物大量产生的重要原因。餐厨废弃物的大量产生不仅会给环境造成很大压力,而且会使大量的粮食资源被白白浪费掉。要实现对于餐厨废弃物的妥善处理,除了环卫部门积极开展餐厨废弃物回收利用的技术和政策研究之外,更重要的是每一位市民必须参与和配合,人人讲节约,人人珍惜粮食、爱惜粮食,只有这样才能有效减少餐厨废弃物量。简而言之就是:餐厨废弃物要从源头上来减量,就必须反对浪费,提倡节约粮食。

3.2.1.2 中国餐厨废弃物管理体系

目前,中国餐厨废弃物的管理工作刚刚起步,管理体系尚不完善。中国餐厨废弃物管理体系主要由发改、住建、环保、农业、卫生、质监、食品安全、工商管理、公安、城管执法等部门构成。

中国国家固体废物主管部门为住房与城乡建设部,地方主管部门为建设厅和市政环卫部门,餐厨废弃物的收运、处理处置和管理主要由市政环卫部门负责。而国家宏观管理与专项行动计划由国家发展与改革委员会组织执行,发改部门协同城乡建设等部门起草或制定餐厨废弃物收集处理等相关管理政策;环保部门负责餐厨废弃物产生单位、处置单位的环境影响评价审批和环保竣工三同时验收工作,依法监管污染防治设施的运行及排污情况;农业部门负责对以餐厨废弃物余渣为原料加工而成的畜禽、水产饲料产品进行监督管理;卫生部门负责对餐饮服务单位餐厨废弃物的收集、存放、清理等进行监督管理,重点检查食用油等原料进货查验和索证索票情况,防止废弃食用油脂回流餐桌,依法查处餐饮服务单位违反食品安全的行为;质量技监部门负责食品生产环节监管,依法查处以地沟油和餐厨废弃物等非食用原料加工食品的违法行为;食品安全部门负责食品餐饮服务环节的监管,监督餐饮服务单位建立并执行食品原料采购查验和索证索票制度;工商行政管理部门负责食品流通环节的监管,对食品生产经营单位餐厨废弃物收运、处置服务企业和深加工企业凭行政许可依法登记注册,对食用油入市销售流通环节进行监督检查,严厉打击经营地沟油和非正规来源食用油的行为;公安交警部门负责对构成犯罪的制售地沟油案件及收运地沟油、泔水车辆进行立案查处;城管执法部门负责对未取得服务许可而擅自从事收运、处置餐厨废弃物的企业和个人进行查处。

3.2.1.3 中国餐厨废弃物管理政策分析

2000 年 5 月,上海市农委、商委等 6 个部门联合下发了《关于对郊区中小型生猪饲养场、点进行专项治理的通知》(沪农委〔2000〕第 69 号),禁止把未经处理的餐厨废弃物用于养殖家畜,禁止未经环卫部门批准的企业进行泔水油回收和再利用处理。此外,上海市物价局曾出台餐厨废弃物的收费政策,规定餐厨废弃物产生者可自行处置、也可委托处置餐厨废弃物,并对委托收运、处置费暂实行最高限价,收运和处置企业可自行下浮。2005 年 1 月《上海市餐厨废弃物处理管理办法》出台。

2003 年 1 月 1 日,青岛市实施的《青岛市无规定动物疫病区管理办法》规定,"饲养动物不得使用宾馆酒店废弃的食物(泔水)、生活垃圾、过期变质的食品和饲料及国家禁止使用的动物源性饲料",并试行强收制,以 6 元/吨的收费标准向餐饮业收取餐饮业剩余物污染费,对餐厨废弃物进行集中统一处理。

"非典"后,餐厨废弃物的管理得到国家和地方管理部门的高度重视。2005 年,北京市所颁布的《北京市动物防疫条例(草案)》规定,严禁动物养殖场使用饭店、宾馆、餐厅、食堂产生的未经无害化处理的餐厨废弃物饲喂动物。2006

年,北京市又颁布实施了《北京市餐厨废弃物收集运输处理办法》,其中规定:餐厨废弃物不得随意倾倒、堆放,不得排入雨水管道、污水排水管道、河道、公共厕所和生活垃圾收集设施中,不得与其他垃圾混倒;餐厨废弃物的产生者负有对其产生的餐厨废弃物进行收集、运输和处理的责任。而且明确规定,餐厨废弃物的产生者不得将餐厨废弃物交给无相应处理资质与能力的单位和个人,凡准备从事餐厨废弃物的集中收集、运输和处理的企业,应当依法取得"从事城市生活垃圾经营性清扫、收集、运输、处理服务"的行政许可和运输车辆准运证件等相关许可。

2005年11月,《景德镇市餐厨废弃物管理办法》出台,该办法对餐厨废弃物的收集、运输、处置及其相关的管理活动进行了规定。

2006年8月,宁波市出台了《宁波市餐厨废弃物管理办法》,并于12月1日正式施行。该办法明确了宁波市餐厨废弃物行政主管部门为宁波市城管局,发展与改革、工商、旅游、财政、卫生、环保、质检、公安等部门协同管理。办法规定,禁止使用未经无害化处理的餐厨废弃物饲喂动物,而且禁止将餐厨废弃物直接排入下水道。

2007年,《西宁市餐厨废弃物管理办法》《石家庄市餐厨废弃物处理管理办法》《深圳市餐厨废弃物管理办法》等相继出台。并且,2009年11月西宁市将《餐厨废弃物管理办法》上升为《餐厨废弃物管理条例》。迄今为止,已有北京、上海、宁波、西宁、苏州、深圳、兰州、景德镇、石家庄、银川、中卫、克拉玛依、杭州、昆明、三明、乌鲁木齐等30多个市相继出台了餐厨废弃物的管理和处理的相关规定。

2008年12月26日至27日,为了深入学习实践科学发展观,贯彻落实《循环经济促进法》,引导餐厨废弃物资源化沿着高效、安全、健康的轨道发展,促进食品安全和城市生态环境改善,国家发展和改革委员会、住房城乡建设部和商务部在浙江省宁波市共同召开"全国城市餐厨废弃物资源化利用现场交流暨研讨会"。在会议期间,针对餐厨废弃物管理政策机制不健全,垃圾流向不明,资源化利用技术不高,安全隐患突出,环境污染严重,对食品安全、生态安全和人类健康构成极大的潜在威胁等问题,国家发展改革委、建设部、商务部、农业部从本部门工作实际出发,对餐厨废弃物资源化利用的思路、政策措施、面临的主要任务进行了解读,并结合各部门工作实际,对全国餐厨废弃物资源化利用工作提出了具体要求,在全国吹响了餐厨废弃物资源化利用和无害化处理的号角。

2010年7月,国务院办公厅下发了《关于加强地沟油整治和餐厨废弃物管理的意见》(国办发〔2010〕36号)文件,要求全国各省、自治区、直辖市人民政府、国务院各部委、各直属机构按照国务院的统一部署,开展"地沟油"专项整治和加强餐厨废弃物管理工作。一方面,严厉打击非法生产和销售"地沟油"行为,严防"地沟油"流入食品生产经营单位;另一方面,明确分工、落实责任,规范餐厨废弃物处置,加强餐厨废弃物收运管理,建立餐厨废弃物管理台账制度,严肃查处非法收运、非法销售和处理处置餐厨废弃物的违法行为,加强餐厨废弃物的管理和处理工作,推进餐厨废弃物资源化利用和无害化处置。

2010年5月,国家发展与改革委员会、住房和城乡建设部、环境保护部、农业部联合印发了《关于组织开展城市餐厨废弃物资源化利用和无害化处理试点工作的通知》(发改办环资〔2010〕1020号),在全国拟选择部分已出台了相关政策法规并在餐厨废弃物收运、资源化利用、无害化处理等方面具有一定基础的城市,开展餐厨废弃物资源化利用和无害化处理试点,探索中国餐厨废弃物处理问题的有效解决途径。2010年12月,国家发展与改革委员会、住房与城乡建设部、财政部、环境保护部和农业部联合发出《关于印发餐厨废弃物资源化利用和无害化处理试点城市(区)初选名单及编报实施方案的通知》(发改办环资〔2010〕3312号),确定了第一批33个试点城市(区)初选名单,并要求初选试点城市根据各自实际情况编报《试点城市(区)餐厨废弃物资源化利用和无害化处理实施方案》。2011年5月,国家发展与改革委员会和财政部联合发出《国家发展与改革委员会办公厅、财政部办公厅关于印发循环经济发展专项资金支持餐厨废弃物资源化利用和无害化处理试点城市建设实施方案的通知》(发改委环资〔2011〕1111号),由国家财政部拨付专项资金对餐厨废弃物资源化利用和无害化处理的试点城市建设进行资金支持。2011年7月,国家发展与改革委员会、财政部和住房与城乡建设部联合发出《关于同意北京市朝阳区等33个城市(区)餐厨废弃物资源化利用和无害化处理实施方案并确定为试点城市(区)的通知》,最终确定北京市朝阳区等第一批33个城市(区)为餐厨废弃物资源化利用和无害化处理试点城市(区),并予以政策和资金方面的支持。迄今为止,国家发改委、住建部、环保部、农业部和财政部共同开展的餐厨废弃物资源化利用和无害化处理试点城市已经进行了3批,共确定了66个试点城市。

2011年4月,国务院批转住房与城乡建设部等十六部委《关于进一步加强城市生活垃圾处理工作的意见》(以下简称《意见》)(国发〔2011〕9号),《意见》中提出了"到2015年,50%的设区城市初步实现餐厨废弃物分类收运处理"的发展目标。

2012年4月,国务院办公厅印发"十二五"全国城镇生活垃圾无害化处理设施建设规划(国办发〔2012〕23号),该规划提出,到2015年,在50%的设区城市初步实现餐厨废弃物分类收运处理。设置餐厨废弃物专用收集容器和运输车辆,保证餐厨废弃物的单独收集与密闭运输,配套完善的餐厨废弃物收运系统,推广成熟稳定的资源化技术,提高餐厨废弃物的资源化利用水平。完善餐厨废弃物从产生到收运、处理全过程的申报登记制度,有效监管餐厨废弃物及其资源化产品的流向。在全国范围内选择一批有条件的城市(含县城),在已启动餐厨废弃物处理工作的基础上,继续推动餐厨废弃物单独收集和运输,以适度规模、相对集中为原则,建设餐厨废弃物资源化利用和无害化处理设施。鼓励使用餐厨废弃物生产油脂、沼气、有机肥、饲料等,并加强利用。鼓励将餐厨废弃物与其他有机可降解垃圾进行联合处理。"十二五"期间,积极推动设区城市餐厨废弃物的分类收运和处理,力争达到3万吨/日的处理能力。在全国建设242座餐厨废弃物处理厂,餐厨废弃物专项工程投资109亿元,占全国城镇生活垃圾无害化处理设施建设总投资的4.1%。

2013年5月1日,行业标准《餐厨废弃物处理技术规范》(CJJ 184—2012)颁布实施,对餐厨废弃物的收运、处理技术与设施、产品质量要求等进行了规范要求。

3.2.2 国外餐厨废弃物处理现状

3.2.2.1 总体概况

目前,国外餐厨废弃物处理工艺主要有填埋、焚烧、厌氧消化、好氧堆肥、直接烘干做饲料、湿解和微生物处理等几种。国外较先进的餐厨废弃物处理技术主要分布在欧洲国家,日本餐厨废弃物处理技术也较为先进,但是我国餐厨废弃物无论在成分上还是在分选程度上都与国外有较大的差别,国外的处理技术并不适合中国的餐厨废弃物处理,而且国外技术中的大部分关键设备尚未实现国产化,设备成本非常高,国外餐厨废弃物处理技术在国内尚无成功应用的先例。

3.2.2.2 典型案例

(1) 美国

美国餐厨废弃物的产生量为2598万吨/年,占城市固体垃圾总量的11.2%,仅次于纸张(37.4%)和庭院垃圾(12%),而回收率仅为2.6%,远低于城市垃圾回收利用率的平均值30.1%,而且近几年没有升高的趋势。美国在餐厨废弃物产生量较大的单位设置餐厨废弃物粉碎机和油脂分离装置,分离出来的垃圾排入下水道,分离出的油脂则送往相关加工厂(如制皂厂)加以利用。对于餐厨废弃物产生量较小的单位如居民厨房,则将之混入有机垃圾中统一处理或通过安装餐厨废弃物处理机,将餐厨垃圾粉碎后排入下水道。

未来的处理趋势是,采用堆肥工艺将餐厨废弃物制成肥料或加工成动物饲料进行资源化回收利用。美国各个州关于餐厨废弃物的处理政策和方式都略有不同，很多州针对当地的具体情况，建立了自己的餐厨废弃物处理回收体系。

(2) 欧洲

欧洲各国对餐厨废弃物厌氧消化技术开展研究的时间最长，到目前为止，已开发出多种实用化技术，并在世界范围内得到应用。与1950年相比，2000年欧洲的垃圾厌氧消化处理能力增加了近10倍。2000年，欧洲的有机垃圾产生量为10.37万吨，其中1/4是通过厌氧方法处理的。

欧洲每年的厨余垃圾量生产在5000万吨左右，相对来说，欧洲各国特别是德国、法国、英国还有北欧等地区的较发达国家对厨余垃圾的管理和处理都有相对较为完善的系统与体制。例如德国，德国是一个非常重视生态平衡的国家，目前绝大多数垃圾填埋厂已被关闭，很多大企业正在实现厨余垃圾变废为宝的目标；丹麦政府从1987年开始进行填埋税的征收，费率逐年提升，其目的就是鼓励垃圾回收，特别是对厨余垃圾这些可利用的有机垃圾；荷兰从1996年开始就禁止了有机生物垃圾的填埋处理，其厨余垃圾主要是通过好氧处理为主。

(4) 韩国

韩国近年来餐厨废弃物占城市垃圾的比例在30%左右。由于近年来垃圾回收利用率的提高，特别是实施分类收集之后，韩国餐厨废弃物的产生量和所占城市垃圾的比重都有所下降。韩国实施垃圾专用袋制度，一般家庭都将一般垃圾和餐厨废弃物分开包装放在门外，由垃圾车和餐厨废弃物车分别收取。

以往韩国对餐厨废弃物采取的处理方法都是填埋，但是由于高含水率、高挥发性物质含量较高，导致在填埋过程中产生大量的渗滤液、恶臭等，填埋方法不可取，自2005年起韩国所有填埋场不再接受餐厨废弃物。韩国把餐厨废弃物列为可燃垃圾，焚烧的垃圾中餐厨废弃物占30%~50%。但由于燃烧餐厨废弃物会导致二噁英增加、能源浪费等一系列问题，韩国政府将限制餐厨废弃物的焚烧处理。

目前，韩国餐厨废弃物的处理方式以堆肥为主，堆肥处理虽然成本相对较低，而且处理工艺简单，但也存在着很多问题。首先是餐厨废弃物中的杂质太多，无法经堆肥进行分解，又影响堆肥的品质。其次，由于韩国的特殊饮食文化，其餐厨废弃物中的盐分很高，这些盐分主要来自于泡菜，高盐分的堆肥产品将抑制植物的生长，如果长期使用还会导致土壤的盐碱化；最后是气味问题也难解决。韩国目前堆肥所采取的主要技术有生化沼气厌氧消化和两步厌氧消化，对餐厨废弃物处理的研究和趋向是厌氧发酵制生物气。

(5) 日本

据统计，日本每年排出有机垃圾 2000 万吨，其中餐厨加工业排出 340 万吨，饮食业排出 600 万吨，家庭排出 1000 万吨。由于日本餐厨废弃物的倾倒运输费用很高，约为 250～600 美元/吨，因此日本正在推广餐厨废弃物处理机的应用。随着《食品废物循环法》《新能源法实施令》等行政法规的颁布实施，以餐厨废弃物为对象的能量资源化技术在日本得到广泛的开发和应用。目前，日本生物质废物的能量利用率约为 23.3%，生物制气占到其中的 18.8%。日本全国共有食品类废物厌氧消化设施 93 座，焚烧设施 23 座，生物柴油生产设施 88 座，并逐渐向规模化、集中化方向发展。

为了减少餐厨废弃物环境的污染，充分利用其中的资源，日本于 2000 年颁布了《餐厨废物再生法》，该法律规定餐厨加工业、饮食业和流通企业有义务减少餐厨废物的排出量和把其中的一部分转换成饲料或肥料，并且就再生利用对象的饲料和肥料制定质量标准。

3.3 餐厨废弃物处理的关键技术

3.3.1 厌氧发酵技术

3.3.1.1 厌氧发酵技术的发展

在厌氧条件下有机物可以产生沼气的现象早在三百多年前就被人类所发现，而有意识地利用有机物厌氧发酵产生沼气的技术却只有一百多年的历史。1630 年，海尔曼（Van Helmont）首次发现有机物在腐烂过程中可以产生一种可燃气体，并且发现在动物肠道中也存在这种气体。1776 年，C. A. Voltal 认为这种可燃气体的产生量与可降解有机物的量有直接的联系，Hump Hry Davy 于 1808 年认定牛粪厌氧发酵气体中存在甲烷气体。1859 年，印度孟买建成了第一座发酵厂；1896 年，英国小城 Exeter 出现了第一座用于处理生活污水的厌氧发酵池，所产生的沼气用于当地街道的照明。

随着社会和工业的高度发展，二战结束后厌氧发酵技术迎来了发展的高潮。20 世纪 40 年代，澳大利亚出现了连续搅拌的厌氧发酵池，改善了发酵池内的混合状况，提高了处理效率，这一阶段的厌氧发酵技术处理效果差、停留时间长，主要用于污泥和粪肥的消化；50 年代中期出现了厌氧接触反应器，这种工艺创造性地利用污泥回流装置使得污泥停留时间（SRT）第一次超过了水力停留时间（HRT），达到了更高的处理效率和处理负荷；进入 60 年代后，基于微生物固定化技术的发展,高速厌氧反应器得到了发展,Young 和 McCarty 突破性地发明了厌氧滤器(Anaerobic Filter,简称 AF);而 70 年代以来厌氧处理技术最大的突破是荷兰农业大学环境系 Lettinga 等发明的上流式厌氧污泥床(Up-flow Anaerobic Sludge Bed,简称 UASB),这一发明引起了学术界广泛的关注。

厌氧发酵技术广泛应用于污泥和工业污水的处理,而将其应用于城镇有机垃圾的处理却是最近三十几年的事。近些年来,有机垃圾厌氧发酵系统在德国、瑞士、奥地利、芬兰、瑞典等国家发展尤其迅速。餐厨废弃物是城镇有机垃圾的特殊组成部分,它的厌氧发酵工艺源于污泥、农业废物等有机物的厌氧发酵技术。餐厨废弃物特殊的成分和复杂的组成使其厌氧发酵工艺具有特殊性,而中国对于餐厨废弃物厌氧发酵的研究还处于起步阶段,并且还没有出现已经真正运行的餐厨废弃物厌氧发酵处理厂,因此这方面的研究还有很大的空间。在欧洲,餐厨废弃物作为有机垃圾,其厌氧发酵工艺已经形成了比较完善的技术体系,比如 Valorga、Dranco、Kompogas、Linde BRV、BTA 以及 Linde KCA 等工艺在欧洲都有实际工程的例子。

3.3.1.2 厌氧发酵的技术原理

有机物的厌氧发酵过程就是在特定的厌氧环境下,微生物将有机物质进行分解,其中一部分碳素物质转化为甲烷和二氧化碳。在这个转化过程中,被分解的有机碳化合物的能量大部分贮存在甲烷中,仅小部分有机碳化物氧化为二氧化碳,释放的能量满足微生物生命活动的需要。因此,在这一分解过程中,仅积贮少量的微生物细胞。

厌氧发酵两阶段理论在 20 世纪初被人们发现,并延续了 50 年之久,作为一个经典理论如今仍被使用。直到 20 世纪 70 年代末期,三阶段和四阶段理论才被科学家们提出。

(1) 两阶段理论

该理论是由 Thumm、Reichie(1914)和 Imhoff(1916)提出,经 Buswell、NeaVe 完善而成,它将厌氧发酵过程简单分为酸性发酵阶段和碱性发酵阶段两个阶段,如图 3-1 所示。

在第一阶段中,复杂的有机物如糖类、脂肪和蛋白质等,在产酸菌的作用下被分解成以有机酸为主的低分子中间产物,主要是一些低分子有机酸(如乙酸、丙酸、丁酸等)和醇类(如乙醇),并有 H_2、CO_2、NH_4^+、H_2S 等气体产生。由于该阶段有大量脂肪酸产生,它使得发酵液的 pH 降低,故此阶段被称为酸性发酵阶段,又称产酸阶段。

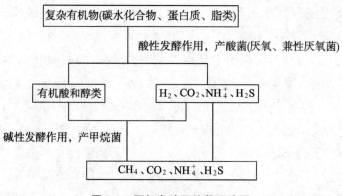

图 3-1　厌氧发酵两阶段理论图

第二阶段中,产甲烷菌将第一阶段产生的中间产物继续分解成甲烷和二氧化碳等。在该阶段中,由于上一阶段产生的有机酸被转化成甲烷和二氧化碳,同时系统中有 NH_4^+ 的存在,使发酵液的 pH 升高,所以该阶段被称为碱性发酵阶段,又称产甲烷阶段。几十年来,厌氧发酵的两阶段理论一直占统治地位,在国内外厌氧发酵的文献和著作中一直被广泛应用。

(2) 三阶段理论

随着厌氧微生物学研究的不断进展,人们对厌氧发酵的生物学过程和生化过程的认识不断深化,厌氧发酵理论得到不断发展。1979 年,M. P. Bryant(布赖恩)根据对产甲烷菌和产氢产乙酸菌的研究结果,在两阶段理论的基础上,提出了三阶段理论。该理论将厌氧发酵分成三个阶段,三个阶段有不同的菌群。该理论认为产甲烷菌不能利用除乙酸、H_2/CO_2 和甲醇等以外的有机酸和醇类,长链脂肪酸和醇类必须经过产氢产乙酸菌转化为乙酸、H_2 和 CO_2 等后,才能被产甲烷菌利用。三阶段理论突出地表明了氢的产生和利用在发酵过程中占有的核心地位,较好地解决了两阶段的矛盾。

第一阶段,水解阶段。该阶段中,发酵细菌主要以纤维素、淀粉、脂肪和蛋白质为基质,大多数是专性厌氧菌,也包括部分兼性厌氧菌,其中产酸细菌起主导作用。蛋白质首先分解为氨基酸,再在脱氨基作用下产生氨和脂肪酸。多糖则先分解为单糖,之后发酵成脂肪酸和乙醇等。脂类先分解为甘油和脂肪酸,再转化为醇类和脂肪酸。

氨基酸的分解需要两种氨基酸同时参与,主要通过偶联的方式进行氧化还原脱氨反应。其中一个氨基酸分子氧化脱氨产生的质子还原另一个氨基酸的两个分子,两个过程都能达到去除氨基酸的目的。

氨基酸的降解过程伴随 NH_3 的产生,因而此过程将会对系统的 pH 产生影响。NH_3 的产生对厌氧发酵过程有着重要的作用,因为氨态氮作为细菌的氮源 NH_3 将为细菌提供营养,另外,高浓度的 NH_3 将会抑制细菌的生长。经多糖分解后的单糖由细胞膜进入微生物体内,首先转化为丙酮酸,之后与不同的微生物分别发酵成为不同的物质,如各种醇、酸、酮等,反应方式如下:

$$C_6H_{12}O_6 \longrightarrow 2CH_3CHOHCOOH(乳酸)$$

$$C_6H_{12}O_6 \longrightarrow 2CH_3CH_2OH(乙醇) + 2CO_2$$

$$C_6H_{12}O_6 \longrightarrow CH_3CH_2CH_2COOH(丁酸) + 2H_2 + 2CO_2$$

$$C_6H_{12}O_6 \longrightarrow CH_3CH_2COOH(丙酸) + HCOOH + CH_3COOH$$

脂肪酸在降解的过程中,分子式末端每次都脱掉两个碳原子,其降解机理为 β 氧化机理。如果脂肪酸碳原子是奇数,将会形成丙酸;如果脂肪酸碳原子是偶数,反应的产物即为乙酸。不饱和脂肪酸的降解途径则是先由氢化作用转变为饱和脂肪酸,再经 β 氧化途径进行降解。如下式:

$$CH_3(CH_2)_{12}COO^- + 14H_2O \longrightarrow 7CH_3COO^- + 14H_2 + 7H^+$$

由上式可以看出:甘油的降解过程与糖的降解过程类似,都是先由 EMP 途径将其转化为丙酮酸,然后丙酮酸再进行厌氧分解。脂肪酸的分解如上式产生了氢离子,能使 pH 下降,可以提高系统的缓冲能力。另外,脂肪酸的降解将产生大量的氢气,但必须保证消耗氢的产甲烷过程一直存在,使得系统中保持较低的氢浓度,才能使如上反应顺利进行。

第二阶段,产酸阶段。水解产物进入微生物细胞后,由产氢细菌、产乙酸细菌在胞内酶的作用下,将水解阶段分解的物质进一步分解成小分子化合物。如低级挥发性脂肪酸、醇、醛、酮、氢、二氧化碳、游离态氨等。其中以挥发性脂肪酸、乙酸比例最大,约占 80%,故此阶段称为产酸阶段,而参与这一阶段的细菌统称为产酸菌。

水解阶段和产酸阶段是一个连续过程,可统称为不产甲烷阶段。这个阶段是在厌氧条件下,经过多种微生物的协同作战,将原料中碳水化合物(主要是纤维素和半纤维素)、蛋白质、脂肪等分解成小分子化合物,同时产生二氧化碳和氢气,这些都是合成甲烷的基质。因此,水解阶段和产酸阶段可以被看成是原料的加工阶段,即将复杂的有机物质转化成可供产甲烷细菌利用的基质,这个阶段为大量产生甲烷奠定了雄厚的物质基础。

第三阶段,产甲烷阶段。产甲烷菌形态各异,产甲烷球菌、甲烷杆菌、产甲烷螺菌、产甲烷八叠球菌等都属于产甲烷菌。它们世代期长,繁殖速率比较慢,所以在一般情况下，控制厌氧发酵的阶段为产甲烷阶段。因为产甲烷菌都是专性厌氧菌，故其很容易受到氧与氧化剂的抑制、毒害作用。在厌氧发酵过程中产生的甲烷少量是由 CO_2 和 H_2 共同合成的，一半以上甲烷都是由乙酸分解生成的。（$H_2 + CO_2$）和乙酸是被甲烷菌利用产生甲烷的最主要基质，其他基质还包括甲胺、甲酸、甲醇等。

典型的产甲烷反应：

甲烷菌利用 H_2、CO_2：$4H_2 + CO_2 \longrightarrow 2CH_4 + 2CO_2$

甲烷菌利用乙酸：$CH_3COOH \longrightarrow CH_4 + CO_2$

沼气发酵过程理论虽分为三个阶段，然而在实际的沼气发酵过程中，这三个阶段是不能完全孤立分开的，各类细菌相互依赖、相互制约，主要表现在以下几点：① 不产甲烷菌为产甲烷菌提供生长、代谢所必需的底物，产甲烷菌为不产甲烷菌的生化反应解除反馈抑制；② 不产甲烷菌为产甲烷菌创造一个适宜的氧化还原条件，为产甲烷菌消除部分有毒物质；③ 不产甲烷菌与产甲烷菌共同维持适宜的 pH 环境。因此，不产甲烷细菌通过其生命活动为沼气发酵提供基质与能量，而产甲烷菌则对整个发酵过程起到调节和促进作用，使系统处于稳定的动态平衡中。

（3）四阶段理论

四阶段理论就是在三阶段理论上增加了同型产乙酸阶段，如图3-2所示。在三阶段理论提出的同时，J. G. Zeikus 在1979年第一届国际厌氧发酵会议上提

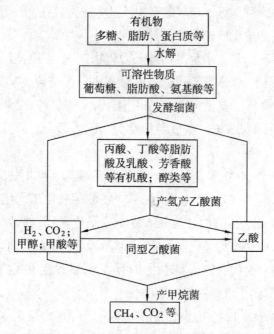

图 3-2　厌氧发酵三阶段（四阶段）理论图

出了四阶段理论。该理论认为在复杂的厌氧发酵过程中,有另外一种被称为同型产乙酸菌的参与。该种群可以利用 H_2/CO_2 等转化为乙酸。厌氧发酵过程分为四个阶段,各类群菌的有效代谢均相互密切连贯,达到一定的平衡,不能单独分开,是相互制约和促进的过程。

(4) 厌氧发酵微生物

① 不产甲烷菌。在沼气发酵过程中,不直接参与甲烷形成的微生物统称为不产甲烷菌,其包括的种类繁多,有细菌、真菌和原生动物三大群。其中细菌的种类最多,作用也最大。已知的细菌有18属,51种,近年来又发现了许多种。这些细菌按呼吸类型分为专性厌氧菌、好氧菌和兼性厌氧菌。其中以专性厌氧菌为主,种类和数量最多。不产甲烷菌的作用主要为:为产甲烷菌提供营养,将复杂的大分子有机物降解为简单的小分子有机化合物,为产甲烷菌提供营养基质;为产甲烷菌创造适宜的氧化还原条件;为产甲烷菌消除部分有毒物质;和产甲烷菌一起,共同维持发酵的pH。

② 产甲烷菌。在原核生物中由于产甲烷菌能厌氧代谢产生甲烷而成为一个独特类群,它们在20世纪70年代后期被分类学家确认。随着科学技术的发展和研究手段的改进,科学家们获得的产甲烷菌纯培养物日益增多,对产甲烷菌进行分类的手段日趋深入和准确。已知的产甲烷菌分为3目,7科,17属和55种。产甲烷菌有5个特点:严格厌氧,对氧和氧化剂非常敏感;要求中性偏碱环境条件;菌体倍增时间较长,有的4~5天才系列繁殖1代;只能利用少数简单化合物作为营养,所有产甲烷菌几乎都能利用分子氢;代谢的主要终产物是 CH_4 和 CO_2。

3.3.1.3 厌氧发酵工艺

(1) 厌氧发酵工艺分类

餐厨废弃物属于有机废弃物,有机垃圾厌氧发酵工艺按固体含量的多少分为湿式厌氧发酵与干式厌氧发酵;按进料方式的不同分为批式厌氧发酵与连续式厌氧发酵;按整个发酵过程是否在一个反应器中进行分为单相厌氧发酵与多相厌氧发酵;按发酵温度的不同分为常温厌氧发酵、中温厌氧发酵以及高温厌氧发酵。

① 干式发酵与湿式发酵

湿式厌氧发酵是指反应物进料的含固量为10%~15%,干式厌氧发酵的含固量为20%~40%。通常,城镇有机垃圾含水率小于80%,从目前的应用情况来看,采用干式发酵可以少加水甚至不加水,且由于干式发酵具有更高的有机负荷率和产气效率,因此近年来在处理城镇有机垃圾方面,干式厌氧发酵逐渐占据主导地位。典型的干式发酵工艺有 Dranco、Valorga 和 Kompogas 等。

餐厨废弃物的干式厌氧发酵技术是一种相对新的技术,应用还不够广泛。国内外利用干式厌氧发酵处理厨余垃圾的研究还不多见,大多是利用干式厌氧发酵处理城市固体废物中的有机成分。干法对于预处理的要求比湿法简单,一般不需要对进料进行稀释,但应用干法时为了满足废物高黏度的需求,所用的设备要比湿法昂贵。由于湿法中的浆液处于完全混合的状态,因此更容易受到氨氮、盐分等物质的抑制。

② 单相发酵与多相发酵

单相发酵是指有机垃圾的所有发酵过程均在一个反应器中完成;多相发酵是指有机垃圾的发酵过程在多个反应器内完成,通常由产酸和产甲烷两个反应器构成,又称为两相发酵。两相发酵将产酸相与产甲烷相分离,使产酸菌与产甲烷菌在各自适宜的条件下生长,以发挥各自最大的活性,提高系统的稳定性与发酵效率。Ghosh 等用试验规模的单相反应器和两相反应器处理未分选的垃圾,结果表明,产甲烷量在用两相处理时大约可以提高 20%。然而,尽管在研究报道上两相发酵多于单相发酵,但在工业应用水平上,欧洲城市有机垃圾单相发酵占了绝对优势,两相发酵仅占 10.6%,这可能是由于现有的两相厌氧发酵工艺在发酵时间和处理效果方面并没有表现出比单相好很多的优势,而在系统操作和维护方面却比单相更加复杂的缘故。

③ 批式发酵、半连续式发酵与连续式发酵

批式发酵是指反应装置一次进料、接种后密闭,待有机物完成发酵过程后,一次清空反应器,并添加新一批物料重复上述过程的工艺。批式厌氧发酵具有工艺简单、造价低的优点,适合于经济技术不发达地区的垃圾处理。半连续进料具有较强的适应性,主要用于有机污泥、粪便、有机废水的厌氧处理。连续式发酵是指反应器连续进料,且被发酵的物料连续从反应器中排出。

④ 常温发酵(自然发酵)、中温发酵与高温发酵

常温发酵的主要特点为发酵温度随自然气温的四季变化规律而变化,装置不需控温及加热系统,节约能源,但只能在气温较高的地区使用,且运行不稳定。一般地,中温发酵的温度范围为 30℃～40℃,主要应用于大中型产沼工程、高浓度有机废水的处理等。高温发酵的温度范围为 50℃～60℃,主要适用于高浓度有机废水、城市生活垃圾和粪便等的处理,其优点为分解速度快,处理时间短,但需要保温及加热装置,建造及运行成本较高。

由于中温发酵系统中菌种种类多,易于培养驯化且活性高,热量消耗少,系统运行稳定,容易控制,因此,在实际厌氧发酵工艺中常采用中温发酵。1992 年

以前,欧洲的有机垃圾厌氧发酵采用的均是中温发酵;之后,高温发酵所占的比例逐渐上升,至2004年,高温厌氧发酵的比例约占25%。当前,有机垃圾厌氧发酵在工业应用方面主要采用的工艺有干式连续厌氧发酵、干式批式厌氧发酵、淋滤床厌氧工艺、湿式连续单相厌氧发酵和湿式连续多相厌氧发酵等。

(2) 餐厨废弃物厌氧发酵的典型工艺

① 餐厨废弃物厌氧发酵综合处理工艺流程

典型的餐厨废弃物的厌氧发酵包括脱水和破碎等前处理过程、厌氧发酵、渗滤液处理、气体净化及贮存等环节。首先是通过离心机等机械进行物料的水分调节。破碎则是指利用破碎机对物料中的粗大物体进行破碎,这一环节有利于后续发酵单元的顺利进行。厌氧发酵阶段,通过投加兼性和厌氧微生物菌种,强化物料中有机组分的分解,使生成较为稳定的发酵产品——以甲烷为主的发酵气体。利用水处理装置对物料脱水形成的有机废水进行处理,防止渗滤液形成二次污染。另外,甲烷是一种有较高经济利用价值的气体,通过净化装置去除发酵气中的 H_2S 等杂质气体,能提高发酵气的利用价值。工艺流程见图3-3。

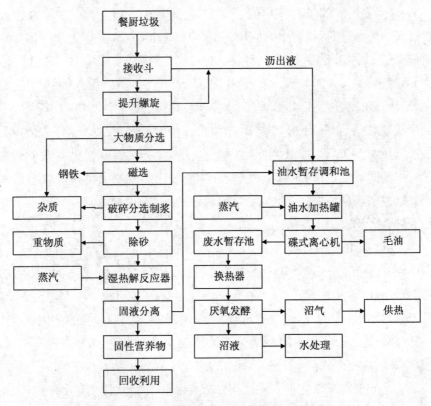

图3-3　餐厨废弃物厌氧发酵处理综合工艺流程

② 美国试验工厂工艺

1979年,美国建立了世界上第一个年处理量为5000t的试验工厂,由于经济原因,该厂运行4年后停转,它在4年中所取得的经验、数据为以后的研究提供了很好的参考;其生产工艺也是以后各种不同工艺的基础。在试验工厂,所处理的垃圾经破碎分选后去除无机成分和塑料等,调节固体含量为25%左右,在55℃高温消化,机械搅拌,在反应器中停留1个月。所产生的沼气在处理后被加以利用,渗滤液经过处理后排放,其余的固体物质加工成肥料或土壤调节剂。

该工艺是以后各种高固体厌氧消化工艺的基础。在此基础上,各国研究人员针对垃圾预处理、搅拌方式、反应温度、进料含量、产物的加工利用、污染控制等提出了许多不同的改进方案,形成了各具特色的工艺流程。试验工厂停转的主要原因是资金困难。之后的工作者们采取各种方法来获取资金,降低运行成本,包括收取垃圾处理费用、沼气发电、废热利用,将固体残余物加工成肥料,渗滤液制成液态肥等。

③ 法国的 Valogra 工艺

Valogra 工艺是20世纪80年代后期开发研制的。由于其具有较好的经济效益和环境效益,取得了较大的成功,在欧洲地区得到了一定的工业应用。垃圾经破碎分选后,有机组分与反应器回流液混合,调成浆状。在中温(35℃～40℃)或高温(55℃～60℃)下继续消化17～25天出料压缩后,进一步加工成肥料出售;渗滤液部分回流,用于调节进料浓度,并起一定的接种作用,多余的渗滤液处理后排放;所产生沼气一部分压缩回流,起搅拌作用,另一部分输出利用。垃圾产气量为149.6立方米/吨,其中甲烷含量为54%,COD去除率为58%。该工艺最主要的特征是:用压缩沼气来进行搅拌,从而避免了机械搅拌带来的泄漏、机械磨损、消耗动力高等缺点。目前,荷兰的提笔可垃圾处理厂、法国的艾门思垃圾处理厂均采用了这一工艺。

④ 丹麦 CarBro 工艺

CarBro 工艺由丹麦 CarBro 公司开发研制,已有了工业应用。该工艺流程为:先将垃圾破碎分选,有机组分进入一级反应器;中温35℃～37℃停留2至3小时,进行酸化,pH为6.5左右;酸化后,固体分离,固体部分进一步加工成肥料,液体部分进入二级反应器;中温不停留1至2天产沼气,气液分离,所产沼气出售给电厂,垃圾产气量150～1756立方米/吨,固体去除率60%以上。

该工艺的主要特点是:两阶段消化,把酸化阶段和产沼阶段分离开来,节约用地并便于管理;将渗滤液加工成液肥出售,不但减少了废水处理量,还有一定的收入。1991年,位于丹麦的世界上第一个工业规模的城市垃圾厌氧处理厂就采用了该工艺。该厂设计处理能力为20×10^4吨/日,初期投资为5500万丹麦克朗,运行费为800万丹麦克朗/年,其中66%的费用来自出售沼气所得;该厂所生产的固体和液体肥料肥效很高,销路很好。

⑤ 厌氧—好氧工艺

该工艺由美国加利福尼亚大学开发研制。由于厌氧消化后的产物中还含有一定量的可生物降解物质以及细菌等微生物,对人体和环境有一定危害,不能直接出售或者排放,因此,研究者们提出,在厌氧消化后进行好氧堆肥处理,以进一步降解有机物质,杀灭细菌。这一工艺的主要流程是:垃圾破碎分选,有机成分进入厌氧反应器,高温(55℃~60℃)停留25至30天,厌氧消化产生沼气;再进入好氧反应器,在55℃下腐熟,彻底杀死各种病菌等微生物,最终产物性质稳定、化学组成合理,有很高的肥效和热值,可用做肥料或电厂燃料。采用这种工艺的垃圾产气量为800立方米/吨。经两级处理后,固体去除率为55%~65%。

该工艺的特点是:产气量高,是目前几种方法平均产量的5倍左右;最终产品生物化学性质稳定,是很好的有机肥料或燃料;产物对人体和环境无害,完全符合环境标准,该工艺目前尚处于中试阶段。

⑥ 矿化垃圾协同产氢工艺

该工艺由同济大学赵由才课题组研制,主要方法是将填埋了一定年限的矿化垃圾筛分粒径至15mm以下。餐厨垃圾经食品破碎机被破碎至粒径10mm以下,与经水洗的污水厂浓缩池污泥以一定比例混合,并采取干热灭菌的方法进行预处理,然后投加一定比例的矿化垃圾,并调节含水率至85%,在恒温条件下于密闭的容器内进行发酵,在5天的反应周期内累计的氢气产率为180ml/gVS以上,最高浓度为50%以上。平均每吨湿泔脚(80%含水率)能产生氢气约25 m^3,具有极大的经济效益和生态效益。

产生的氢气经简单预处理后作为燃料或发电原料使用,发酵残留物可继续作为产甲烷基质或好氧堆肥后农用。

3.3.1.4 厌氧发酵的影响因素

在有机物的厌氧发酵过程中,各个不同反应阶段是相互衔接的,产甲烷菌、产酸菌和水解细菌的活动处于动态平衡状态。当其中的某个环节受到阻碍时,其他环节甚至整个发酵过程会受到影响。因此,为了维持厌氧发酵的最佳运行状态,除了应保持反应系统的厌氧状态外,还应该对以下几种主要因素加以控制。

(1) 有机物组成成分与产气量

为了提高厌氧消化的处理效率,人们首先关心的是如何增加产气量的问题,一般来说,产气量的大小主要取决于物料的组分特性,各种有机组分的产气量及气体组成成分见表3-5。

表3-5　各种有机物组成成分的产气量及气体组成

有机物种类	产气量(L/kg 分解物)	气体组成(%)	热值(kcal/m^3)
碳水化合物	800	50(CH_4)+50(CO_2)	4250
脂肪	1200	70(CH_4)+30(CO_2)	5950
蛋白质	700	670(CH_4)+33(CO_2)	5650

(2) 温度

厌氧发酵过程,与化学反应及生物化学反应一样也受到温度的影响。温度能够影响厌氧发酵过程中微生物的种群结构、生长速率、微生物酶活性的高低、生化反应的速率以及基质的降解速率,还能够影响底物在生物化学反应中的流向,代谢过程中某些中间产物的形成,各种物质在水中的溶解度,也会影响到沼气的产量和成分等。厌氧微生物的温度适应范围比好氧微生物宽得多,但是就其中某一种具体的厌氧微生物而言,其温度适应范围是比较窄的。厌氧微生物可在低温、中温和高温甚至更高的温度(100℃)条件下生存。因此,按温度范围不同可将厌氧发酵分为三种类型:低温厌氧发酵、中温厌氧发酵和高温厌氧发酵。见表3-6。

表3-6　厌氧发酵细菌根据温度的分类

细菌种类	生长温度范围(℃)	最适温度(℃)
低温菌	10～30	10～20
中温菌	30～40	35～38
高温菌	50～60	51～53

根据产甲烷菌对温度的适应性可将其分为两类,即中温产甲烷菌(适应温度为30℃～36℃)和高温产甲烷菌(适应温度为51℃～53℃)。

(3) pH 和酸碱度

厌氧反应器在操作和管理上的难度限制了其应用,其中重要的原因之一就是由于敏感的厌氧菌对 pH 等环境条件要求苛刻,难以保证发酵过程的稳定性,厌氧反应器常常出现 pH 甚至酸化等现象,造成系统性能变坏。因此,适宜的pH、酸碱性及较大的缓冲能力是厌氧系统得以正常运行的重要条件。产酸菌对环境 pH 的适应范围相对较宽,一些产酸菌可以在 pH 为 5~6.5 范围内的环境中生长良好,有时甚至可以在 pH 为 5.0 以下的环境中生长。而产甲烷细菌所能适应的 pH 范围较窄,一般认为其最适 pH 范围为 6.6~7.5。

单相反应器中由于多种细菌并存,一般认为其内部的 pH 应控制在 6.5~7.5 之间。厌氧发酵体系中的 pH 及酸碱平衡是体系中 CO_2、H_2S 等在气液相间的溶解平衡、液相内的酸碱平衡以及固液相间离子溶解平衡等综合作用的结果,并与反应器内所发生的生化反应直接相关。在酸性发酵阶段,高分子有机物在兼性厌氧菌(产酸菌)的作用下被水解和酸化,转化为短链脂肪酸,使 pH 下降;而在碱性阶段,短链脂肪酸被专性厌氧的产甲烷菌分解为二氧化碳、甲烷和氨,从而中和了酸性发酵阶段产生的酸性,使 pH 上升。通常来说,对 pH 的下降应予以足够的重视,而 pH 突然增加的风险很小,这是因为厌氧系统一般能够产生足够的 CO_2 来中和 Na^+ 这样的强碱离子。当产酸过程占有较大优势,酸化产物不能及时通过产甲烷反应消耗时,VFA 的积累会导致厌氧缓冲体系中的 HCO_3^- 碱度与 VFA 反应转变 Ac^- 碱度。此时如果系统没有足够的缓冲能力就会造成系统 pH 的降低。微生物尤其是产甲烷菌对 pH 有一个适应范围,并且对 pH 的波动十分敏感,pH 的细微变化将可能直接影响产甲烷菌的生存与活动,从而使得系统内酸累积现象加剧,最终造成系统酸抑制乃至崩溃。酸抑制现象发生后微生物菌群有可能难以恢复到原有的状态,菌群的结构及代谢产物将有所改变,从而会对后续的产甲烷相的处理效率造成影响。

除 VFA 外,系统 pH 及酸碱平衡还与氨、CO_2 等的含量以及其他因素有关。在厌氧发酵过程中,氨的产生主要来源于氨基酸和蛋白质的发酵以及其他含氮有机物的降解等。各种反应过程和方程式各有不同,但其共同点是氮的终产物是以游离氨(NH_3)的形式存在,并成为厌氧缓冲体系中的一种致碱物质。可见含氮有机物的降解会导致厌氧体系中碱度的增加。此外,发酵反应过程中产生的 CO_2 溶解后会对厌氧缓冲体系的 pH 产生一定影响。

(4) 营养元素和盐分

厌氧反应过程中的有机物质既是为各种厌氧微生物的生长提供营养的营养物质(主要是碳元素和氮元素),又是产甲烷的底料。通常在工程实际应用中主要是通过控制碳氮比来调节。大量试验研究表明:厌氧发酵过程中的碳氮比适宜控制在 (10~20):1。当碳氮比过高时,微生物细胞中氮的含量较少,厌氧发酵体系的缓冲能力不强,厌氧环境中的 pH 较易降低;当碳氮比过低时,细胞中的氮含量太多,pH 容易上升,导致发酵反应过程中的氨盐积累过高,从而对发酵过程产生抑制作用。微生物除需要 C、H、O、N、P 等元素外,还需要 S、Mg、Fe、Ca、K 等元素,以及 Mn、Zn、Co、Ni、Cu、Mo、V、I、Br、B 等微量元素。

餐厨垃圾中含有较高的盐分,而在餐厨垃圾的厌氧发酵过程中,甲烷菌对盐类较为敏感,尤其是当钠盐的浓度突然增加时,厌氧发酵过程的正常运行会受到冲击。低浓度的无机盐促进微生物的生长,但是若浓度过高则会对其生长有抑制作用。无机盐对微生物的生长抑制作用主要表现在微生物外界渗透压较高会造成微生物代谢酶活性降低,严重时会引起细胞壁分离,甚至造成细胞死亡。

(5) 接种菌种

已有很多研究证明接种厌氧微生物能够加快有机物质稳定化的速度,减少有机废物稳定化的时间。接种菌种不同,反应所需的最佳条件也会有所不同,因为各种微生物生长繁殖的最佳温度、最适 pH 都是不同的。另外,单一菌种接种与混合菌种接种又有很大的不同。李春笋和郭顺星在其所进行的微生物混合发酵研究中发现,混合微生物发酵能够进行许多单一菌种所不能进行的生产。

(6) 抑制性或毒性物质

在餐厨废弃物厌氧生物处理过程中,有许多物质能抑制微生物的活性,对厌氧反应有毒害作用,这类物质被称为抑制物。一些含有特殊基团或者活性键的化合物对某些未经驯化的微生物常常是有毒的,但这些有毒的有机化合物本身也是可以厌氧生物降解的。由于微生物对各种基质的适应能力是有一定限度的,一些化学物质超过一定浓度,就会对厌氧发酵产生抑制作用,甚至完全破坏厌氧过程。

一般有毒物质可以分为以下几种:① 金属元素。适量的碱金属有助于厌氧微生物的生命活动,可刺激微生物的活性。但如果含量过多,则会抑制微生物的生长。② 重金属。重金属对细菌的毒害主要是由溶解成离子状态的重金属所致。此外,可溶性重金属与硫化物结合形成不溶性盐类,对微生物无恶毒影响。因此,重金属即使浓度很高,如同时存在着与其相应的硫化物,也不致产生抑制作用。③ 氨氮。当氨氮浓度为 $50\sim200\text{mg/L}$ 时,对厌氧反应器中的微生物有刺激作用;当氨氮浓度为 $1500\sim3000\text{mg/L}$ 时,则有明显的抑制作用。

(7) 搅拌和混合

厌氧发酵是由细菌体内的内酶和外酶与底物进行接触反应,因此必须使两者充分混合。发酵罐内的发酵液通常自然分成四层,从上到下依次为浮渣层、上清液层、活性层和沉渣层。在这种情况下,厌氧微生物活动较为旺盛的场所只局限于活性层内,而其他各层或因原料缺乏,或因不适宜微生物的活动,使厌氧发酵难以进行。对发酵液进行有限制搅拌,可使微生物与发酵原料充分接触,增加原料的分解速度,打破分层现象,使活性层扩大到全部发酵液内,还可以使所产生的沼气容易分离而逸出,提高产气率。

发酵池内必须保持良好的传质条件以及厌氧微生物生存的适宜环境,厌氧发酵过程才能顺利进行。适当的搅拌,可使发酵池内的温度分布趋于均匀,防止局部酸积累,使生化反应生成的硫化氢、甲烷等对厌氧菌活动有阻碍的气体迅速排出,加速物料与微生物的混合,破碎浮渣等。总之,良好的搅拌可以让原料中的有机物与微生物密切接触,加速传质过程。目前根据工程实际规模等条件的不同,主要采用机械搅拌、液体搅拌和气体搅拌三种搅拌方法。

在厌氧发酵过程中除了上述主要的影响因素外,还存在长链脂肪酸、接种率、有机负荷以及反应类型等多种因素,它们都会对厌氧发酵反应产生影响。在整个厌氧反应过程中,很多因素都会影响厌氧发酵,所以不能疏忽任何一个环节。

3.3.1.5 厌氧发酵的主要设备

(1) 升流式厌氧污泥床

升流式厌氧污泥床(Upflow Anaerobic Sludge Blanket, UASB)是20世纪70年代出现的一项新型高效的污水处理厌氧水化技术。升流式厌氧污泥床由污泥床区、悬浮区和澄清区三个部分组成。当污水自下而上径流三个区时,首先由污泥床区和悬浮区的厌氧微生物完成对有机物的转化,使之变成甲烷、二氧化碳和水;或者让硝酸盐及亚硝酸盐为电子受体,释放其中的氮。最后再由澄清区完成气、固、液的三相分离。这样的构造有以下特点:① 污泥浓度高、比活性大,因而有机负荷高、处理效果好。污泥床的污泥浓度高达 1×10^5 mg/L,整体污泥浓度也在 2×10^4 mg/L 以上,通常在 $(4 \sim 5) \times 10^4$ mg/L,是常规浓度的5倍到20倍,且比活性大。因此在常温时:COD有机负荷为4~10千克/(立方米·日),去除率大于85%;中午35℃~37℃时,COD有机负荷为8~16千克/(立方米·日),去除率大于90%;在高温55℃左右时,COD有机负荷为10~20千克/(立方米·日),去除率大于90%。② 耗能低。由于均衡布水器能让水全面匀速地通过床层与污泥接触,因而不需搅拌和循环,只要将水提升就可以了,所以动力消耗少。同时又可以回收沼气,常温下产气率为 $0.4 m^3$/kgCOD,热值为 $2299 kJ/m^3$ 沼气。③ 产泥率低,污泥处理方便。好氧菌的污泥转化率为 $0.4 \sim 0.5 kgBOD$,而厌氧菌的转化率不足 $0.1 kgBOD$,且污泥的稳定性、脱水性都很好,易于干化,可用作肥料或者鱼饲料。④ 生化、澄清为一体,结构紧凑,占地省、投资低。

⑤ 可以间断运行，抗冲击、易管理。升流式厌氧污泥床可广泛应用于酿造、视频、养殖、医药等行业高浓度生化的有机废水处理工程。

（2）厌氧膨胀颗粒污泥床

厌氧膨胀颗粒污泥床（Expanded Granular Sludge Blanket，EGSB）实际上是改进的升流式厌氧污泥床，通常采用较大的高径比和回流比，运行中维持高的上升流速（2.4～6米/小时），远远大于升流式厌氧污泥床所采用的0.5～2.5米/小时，使颗粒污泥处于膨胀悬浮状态，从而保证了进水与污泥颗粒的充分接触，运行效果比UASB好，EGSB类似于厌氧流化床，只是没有填料，上升速度也小于流化床。一般情况下，在低温条件下采用低负荷时，沼气产率低，气体产生的混合强度也会很低，UASB的应用就会受到限制，因而EGSB特别适用于低温和浓度相对低的污水处理。

（3）厌氧内循环反应器

厌氧内循环（Internal Circulation，IC）反应器是荷兰PAQUES公司在1985年建成。该公司人员将两个UASB反应器单元相互重叠，建造出了世界上第一个厌氧内循环中式反应器。

该反应器的运行流程是：废水由反应器底部进入第一反应室，在与来自污水下降管的内循环泥水混合液充分混合后进入颗粒污泥膨胀床进行COD的生化降解，此处的COD负荷很高，大部分有机物在这里被分解并产生沼气。沼气是由第一厌氧反应室的集气罩收集，沼气气泡在形成过程中对槽体所做的膨胀功产生了气体提升作用，使得沼气、污泥、水的混合物沿着提升管上升到反应器顶部的气液分离器，沼气在这里与泥水分离并由导管排出。被分离的泥水混合物则沿着回流管返回到第一厌氧反应室的底部，并与底部颗粒污泥和进水充分混合，从而实现混合液的内部循环。内部循环的结果使得第一厌氧反应室不仅具有很高的生物量和很长的污泥泥龄，并且还具有很大的升流速度，使得该室内的污泥颗粒完全达到流化状态，具有很高的传至速度，提高了生化反应速率，从而使得第一反应室分解有机物的能力大大提高。经过第一反应室处理的污水，再进入第二厌氧反应室进行处理。废水中所剩的有机物被第二反应室内的厌氧污泥颗粒进一步降解，使得废水得到更好的净化，提高了出水的水质。第二厌氧反应室产生的沼气由该室的集气装置收集，通过集气管进入气液分离器并被导出处理系统。第二厌氧反应室的泥水在混合液沉淀区进行固液分离，处理后的上清液由出水管排走，沉淀的颗粒污泥则自动返回第二厌氧反应室，由此完成废水处理的全过程。

(4) 厌氧生物滤池

厌氧生物滤池(Anaerobic Biofilter, AF)是20世纪60年代末美国人研发的高速固定膜厌氧反应器。它是一种内部填充有微生物载体的厌氧生物反应器。其工作过程是厌氧微生物部分附着生长在填料上,形成厌氧生物膜,部分微生物在填料空隙间处于悬浮状态。有机废水流过淹没的填料,有机废水中的污染物被除去,有机物在厌氧微生物的作用下产生沼气。厌氧生物滤池池底填满沙砾、卵石、塑料或纤维作为滤料,使得厌氧微生物附着在填料的巨大表面上,形成厌氧生物膜,废水流经挂有生物膜的滤料时,其中的有机物扩散到生物膜表面,并被生物膜中的微生物降解转化为沼气,净化的水通过排水设备排到池外,产生的沼气被收集利用。

厌氧生物滤池所存在的问题是:反应器内固体的积累以及气体的生成使得大量的悬浮固体被截留在反应器底部,容易造成局部的堵塞,当承受高有机负荷或废水含有难降解悬浮固体时,这一现象将加剧。在反应器的不同高度生长着不同的微生物,从下到上依次是水解菌、产乙酸菌、产甲烷菌,在最上部产生的甲烷气体阻碍了底部与微生物的结合。解决阻塞问题的办法有:① 采用填料塔不同高度进水的方式,与一个单纯底部进水的填料塔作同期比较,在进水10千克COD/立方米、有机负荷为30千克COD/(立方米·日)的条件下,运行410d,复合塔在COD的去除、水力和有机负荷冲击下的稳定性方面均优于单塔,且它的上部和下部微生物种群相似,复合塔有效容积可高达85%,而单塔只有65%。② 在允许的范围内选择较大粒径或大孔隙率的填料也有利于防止堵塞的发生。③ 还可以采用水循环的办法降低进水有机物的浓度,同时厌氧生物滤池内沿着高度分布的污泥浓度差也大大减小,还可提高水流的上升流速,减小滤料空隙中的悬浮物,从而降低堵塞的可能性。同时,出水循环还可以对进水起到中和酸碱度的作用。只要进水悬浮物低于200mg/L,或悬浮物是易降解的,堵塞问题就不是很突出。

填料是厌氧生物滤池的核心部分,可作为厌氧生物滤池填料的材料种类繁多,有砂、碎石、砖块、陶瓷、塑料、贝壳、珊瑚、海绵、活性炭等。对填料的一般要求是:生物膜易附着、比表面积大、孔隙率高、通水阻力小、稳定性高、寿命长、价钱低、货源充足。以碎石、卵石为填料的厌氧生物滤池,由于比表面积不大,孔隙率较低,易发生堵塞和短流,因此有机溶剂负荷不高,通常为3~6千克COD/(立方米·日)。填料的孔隙率和孔径的大小在发挥反应器的性能方面比比表面积的影响更大,有相当一部分的COD是由填料空隙中被阻流的悬浮固体去除的,多孔填料造成的生物量损失比无孔填料少,而且多孔填料的厌氧生物滤池在较高有机负荷时能保持较好的性能,且运行稳定。填料表面的粗糙程度和表面的孔隙率会影响细菌增殖的速率,粗糙多孔的表面有助于生物膜的形成,填料表面孔的大小除容纳微生物个体之外,还必须留有供细胞与基质之间进行扩散和交换的空间,只有当填料表面70%以上的孔径在反应器内最大微生物尺寸的1~5倍范围内时,才能获得最大的生物积累。采用孔隙率较大的空心填料是有益的,因为厌氧生物滤池中的厌氧菌大部分生长在填料之间的空隙中,大孔隙有利于保留更多的污泥,还有利于防止堵塞。适当地减少粒径,增大表面积,有利于生物膜的形成,但若粒径较小,则影响水流的再分布,容易引起堵塞,2~5mm是较适宜的滤料粒径。填料放置方式对厌氧生物滤池的性能有一定的影响,填料与水平面所形成的角度越小,再分配水流的能力越强,微生物和有机物之间的接触越充分,溶解性COD的去除效果也越好。

(5) 厌氧流化床

厌氧流化床(Anaerobic Fluidized Bed, AFB)是效率最高的厌氧反应器。

流化态能使厌氧污泥与废水量最大限度地接触,避免了固定床底部负荷过重的现象;小颗粒载体(粒径一般为0.2~0.8mm,比表面积为3300~10000m^3)为微生物的固定化提供了巨大的表面积,反应器内生物量可高达10~14g/L,去除率高;液体流速高(10~30m/h),使颗粒与流体相对速度高;生物膜薄,传质阻力小,传质速率大;克服了厌氧生物滤池的堵塞和沟流;对水质适应性强,抗冲击性强。填料多采用砂、玻璃球、活性炭作为载体,采用多孔高分子材料作为载体,可以控制其表面积,密度也小,易于流化,回流所耗能量较少,近几年来这一设备得到了广泛应用。

国外对厌氧流化床的研究起步较早,但用于生活污水处理的工业化装置并不常见。用厌氧流化床处理有机废水,采用多孔高分子载体固定厌氧微生物,在35℃±1℃的情况下处理COD浓度为220~250mg/L的城市污水,水力停留时间为2~2.5小时,容积负荷为2.4~2.6g COD/(L·d),远高于活性污泥法曝气池的容积负荷,而且COD去除率也达到了54%~56%。在10℃下用AFB处理城市生活污水,当水力停留时间为2.8h,COD容积负荷为2.4~3.3 g COD/(L·d)时,COD去除率为75%,BOD去除率为85%,出水COD为25mg/L,总悬浮物为25mg/L。

厌氧流化床最突出的特点是:① 需要大量的回流水取得高的上流速度以保证流化态,从而导致能耗大,成本上升;② 流化程度不易控制,必须使生物膜颗粒保持均匀的形态、大小和密度，才能实现良好的流化态，并使污泥和颗粒不至于流失，这几乎是难以做到的。

3.3.2 湿热处理技术

3.3.2.1 湿热处理技术的发展

湿热处理技术(Hydrothermal Process)是一种应用最早、效果最可靠、使用最广泛的灭菌方法，湿热处理可以破坏微生物的蛋白质、核酸、细胞壁和细胞膜，从而杀灭各种微生物，是医疗废物无害化处理的一种主要技术。

湿热处理技术也是一种较为普遍使用的有机废物处理技术。这种技术其实质就是将待处理的物料和水共置于密闭反应器中，在一定的温度和压力条件下使难降解有机物或固体有机物分解为小分子有机物或氧化降解为 CO_2、H_2O 等无机物的化学过程。

研究较多、应用较广的湿热处理技术是湿式氧化，其特点是在高温高压条件下通入空气或氧气作为氧化剂，使液相中的难降解有机物氧化降解为 CO_2、H_2O 等无机物或小分子有机物，所涉及的过程包括水解、裂解和氧化等。影响湿式氧化处理效果的因素很多，主要有反应温度、反应压力、反应时间、处理对象的性质等。反应温度是湿式氧化处理效果的决定性影响因素，温度越高，反应速率越快。通常温度要达到230℃以上才能达到较理想的去除效果，在超临界湿式氧化处理中，温度上限已经上升至700℃。反应压力不是湿式氧化过程中的直接影响因素，其主要作用是保证液相中高的溶解氧浓度，使湿式氧化在液相中进行，总压的下限为该温度下水的饱和蒸汽压。反应时间与温度相关，属于次要影响因素，传统湿式氧化的反应时间通常在2小时左右。湿式氧化的反应条件可根据污染物被氧化的难易程度以及处理的要求确定。湿式氧化技术已经成功用于高浓度难降解有机废水的处理，近年来在污泥处理中也有应用。由于处理对象的物理化学性质不同，其具体工艺条件和产物也有很大差异。用湿式氧化法处理有机废水时，250℃～300℃和10 MPa的条件下可使难降解有机污染物发生开环、断键、加成、取代、电子转移等反应，大分子难降解有机物转变成易降解小分子物质，使废水中的有机物及含N、S等的毒物氧化成 N_2、SO_2、CO_2、H_2O，从而达到无害化目的。对高COD或含生化法不能降解的化合物的各种工业有机废水，COD及 NH_3-N 的去除效果显著。王伟等人研究了在较低的压力下用湿式氧化处理污泥的技术。其温度在220℃～320℃之间，此时污泥中40%～100%的挥发性固体被破坏，大部分有机物被分解为 N_2、SO_2、CO、CO_2、有机挥发

成分和 H_2O 等无机物或小分子有机物。以污泥中的蛋白质为例,蛋白质氧化并转移到水相中形成氨基酸,氨基酸进一步氧化脱氨基形成氨气,这一过程对温度要求较高。硫是组成蛋白质的主要元素之一,在湿式氧化过程中,巯基被氧化为硫酸根,硫的氧化在某种程度上反映了蛋白质的分解程度,硫酸根与温度的变化曲线说明蛋白质的彻底氧化分解需要高温。

近年来,国内研究开发了一种用于城市生活垃圾制肥的湿热处理技术。这种技术与前述的湿式氧化技术有本质上的差异,实际上是湿热水解处理技术(Thermal Hydrolysis Process)。其方法是将生活垃圾或垃圾分选后的筛下物(主要为垃圾中的厨余等有机质)装入密闭的湿解反应器内,在180℃~200℃温度下使其水解2小时,使垃圾彻底灭菌,去除异味,湿解后的物料经过干燥、筛分,可以作为制造肥料的原料。北京博朗、紫光泰合通等多家公司先后利用这种技术建成了几个城市有机垃圾处理厂。虽然这种技术在工程上已有若干成功应用的实例,但学术界对这种技术仍然存在争议,其主要原因除了垃圾制肥面临的产品销路问题之外,由于对湿热水解产物缺乏研究,在湿热水解过程中,有机物中的淀粉、蛋白质、纤维、糖类、脂肪等成分如何变化,小分子有机物质是否进一步缩合成为较大分子量的腐殖酸,产物是否需要二次发酵等问题均存在很大争议。但是,这种湿热处理技术由于具有很好的灭菌效果,其无害化处理效果得到普遍的认同。

显然,餐厨废弃物中的高含水量有利于通过加热实现湿热环境,可有效灭杀病原菌;通过湿热水解反应也可将其转变为肥料或制取肥料的原料。此外,由于餐厨废弃物的组成与常规饲料比较接近,控制湿热水解条件就有可能将餐厨废弃物中含有的固体脂肪熔化和把盐分离出来,得到回收价值很高的废油脂作为化工原料,并将剩余物转化为比肥料价值更高的饲料或制取饲料的原料。

3.3.2.2 餐厨废弃物湿热水解处理技术原理

(1) 湿热灭菌机理

湿热环境下的灭菌与干热灭菌所需要的温度和时间不同。由于微生物的抗热力随水分的减少而增大,即使是同一种微生物,它们在干热环境中的抗热力要比在湿热环境中的抗热力大得多,因此湿热环境下可以在较低的温度实现灭菌。比如肉毒芽孢杆菌的干芽孢在干热条件下的灭杀条件是160℃、120分钟,而湿热条件下只需121℃、20分钟即可。在湿热条件下,100℃以下、短时间内就可以致死的无芽孢细菌及霉菌孢子,在干热条件下则需要100℃或100℃以上、长时间才能获得相同的杀菌效果。表3-7列出了不同菌种分别在湿热和干热环境中的致死条件。

表 3-7　湿热与干热灭菌条件的比较

菌　种	加热致死条件（温度、时间）	
	湿热	干热
葡萄球菌、微球菌、链状球菌	55℃,30～45 分钟	110℃,30～65 分钟
沙门氏菌	57℃,1.2 分钟	90℃,75 分钟
埃希氏菌	55℃,20 分钟	75℃,40 分钟
曲霉菌	55℃,6 分钟	80℃,80 分钟
口蹄疫病毒	煮沸即死	85℃,1 分钟
芽孢杆菌	121℃,20 分钟	160～170℃,2 小时

这种温度上的差异与两种不同环境下的灭菌机理有关。干热对微生物的致死机理有三种：氧化，蛋白质变性，电解质浓缩引起中毒。其中，氧化破坏细胞原生质是导致细菌死亡的主要原因。一方面由于环境干燥，细胞内蛋白质凝固速度就减慢，另一方面氧化所需要的能量高于蛋白质变性。湿热条件下灭菌的主要机理是靠湿热的环境使菌体蛋白质凝固，使细菌致死。微生物从周围介质中吸收水分，对细胞蛋白质的凝固有促进作用，蛋白质就容易凝固变性，因此细菌死亡较快。所以在相同的温度条件下，湿热环境中的杀菌效果高于干热环境。

（2）餐厨废弃物湿热水解处理前后的感官性状变化

湿热处理后的餐厨废弃物明显地分为三层，浮在最上面的颜色最深的一层是油脂，中间颜色稍浅的液体是水，由于混有酱油等色素而呈浅褐色，底层是固体物质。各层分界面较为明显，由此可以看出，湿热处理有利于物料的油脂分离，从而可通过简单的工艺程序将分离出的油脂进行回收利用，同时还可降低餐厨垃圾本身过高的油脂含量，从而改善餐厨垃圾的饲用价值。从外观看，处理后的餐厨垃圾呈粥状，物理性状比较均一，无明显的大块物质，说明湿热处理有利于物料的均一化。

干燥粉碎后的餐厨废弃物原样，由于油脂含量过高，颜色呈黑褐色，而且性状油腻，不易粉碎。湿热处理后的餐厨垃圾经干燥粉碎后，色泽呈黄褐色，易粉碎，具有较好的外观。干燥后样品的颜色呈黄褐色的原因是：由于餐厨垃圾中蛋白质所含的各种氨基酸，如赖氨酸、精氨酸、色氨酸、苏氨酸和组氨酸等在热处理中与还原糖（如葡萄糖、果糖、乳糖）发生美拉德反应，从而使产物带有金黄色或棕褐色。

（3）餐厨废弃物湿热水解过程及产物分析

餐厨废弃物是一种具有多相位、亚稳定、复杂的生物体系，在温度、水和压力的共同作用下会发生一系列复杂的物理化学变化。其中物理变化主要表现为溶解、液化,化学反应包括热水解、致色致香等。其中热水解反应是主要的,它包括:碳水化合物水解成小分子的多糖,甚至单糖;蛋白质水解成多肽、二肽、氨基酸,氨基酸进一步水解成低分子有机酸、氨及二氧化碳;脂类水解生成脂肪酸和甘油。

餐厨废弃物中的淀粉、蛋白质、脂类等主要成分热水解反应如下:

(1) 淀粉热水解

淀粉在热水解过程中,先生成中间产物如糊精、低聚糖、麦芽糖,最后生成葡萄糖。其反应式如下:

$$[\text{COOH-OH}]_n + nH_2O \longrightarrow n/6[\text{低聚糖}] \longrightarrow n[\text{葡萄糖}]$$

(2) 氨基酸水解

$$RCH_2CHNH_2COOH \xrightarrow{+H_2O} RCH_2CHOHCOOH + NH_3$$

进一步脱水或脱氢得到低级脂肪酸:

$$RCH_2CHOHCOOH \xrightarrow{-H_2O} RCH + CHCOOH \xrightarrow{+2H} RCH_2CH_2COOH$$

$$RCH_2CHOHCOOH \xrightarrow{-2H} RCH_2COCOOH$$

$$CH_3CHCH_3CHNH_2COOH \xrightarrow{+2H_2O} (CH_3)_3COOH + CO_2 + NH_2 + 3H$$

丙胺酸、氨基乙酸等直接水解生成乙酸:

$$CH_3CHNH_2COOH \xrightarrow{+2H_2O} CH_3COOH + CO_2 + NH_3 + 4H$$

$$2CH_2NH_2COOH + 4H \longrightarrow 2CH_3COOH + 2NH_3$$

(3) 脂类水解反应

脂类水解生成脂肪酸和甘油,反应式如下:

$$\begin{array}{l} CH_2-O-CO-R_1 \\ CH-O-CO-R_2 \\ CH_2-O-CO-R_3 \end{array} + 3H_2O \rightleftharpoons \begin{array}{l} R_1COOH \\ R_2COOH \\ R_3COOH \end{array} + \begin{array}{l} CH_2-OH \\ CH-OH \\ CH_2-OH \end{array}$$

(4) 餐厨废弃物湿热水解反应产物

餐厨废弃物的湿热水解产物受温度、压力、水分含量、反应时间等多种因素的影响。餐厨废弃物中各主要成分经过湿热水解后的主要产物汇总在图3-4中。其湿热水解产物中,既含有饲用价值较大的各种营养成分(蛋白质、氨基酸、不饱和脂肪酸、糖类等),也含有肥用价值影响较大的成分(总养分为 $N+P_2O_5+K_2O$),因此通过控制餐厨废弃物湿热水解反应条件,既可以制取饲料原料,也可以制取肥料原料。另外,餐厨废弃物中的 Cl^- 存在于溶液中,但不参与反应。

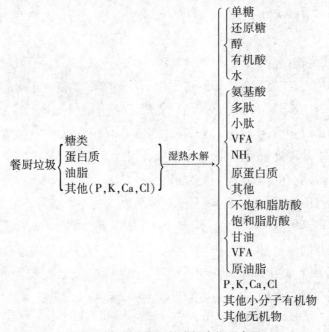

图 3-4 餐厨垃圾湿热水解产物示意图

3.3.3 好氧堆肥技术

3.3.3.1 好氧堆肥技术的发展

(1) 好氧堆肥的定义

堆肥化(Composting)是在人工控制下,在一定温度、湿度、pH、碳氮比和通风条件下,利用自然界广泛存在的微生物,促进固体废物中可降解有机物转化为稳定的腐殖质的生物化学过程。堆肥化制得的产品称为堆肥(Compost)。能用堆肥化技术进行处理的废物包括庭院垃圾、有机生活垃圾、有机剩余污泥和农业废物等。

根据微生物生长的环境可以将堆肥化分为好氧堆肥化和厌氧堆肥化两种。

好氧堆肥化是指在有氧存在的状态下,好氧微生物对废物中的有机物进行分解转化的过程。最终的产物主要是 CO_2、H_2O、热量和腐殖质;厌氧堆肥化是在无氧存在的状态下,厌氧微生物对废物中的有机物进行分解转化的过程,最终产物是 CH_4、CO_2、热量和腐殖质。

通常所说的堆肥化一般是指好氧堆肥化,这是因为厌氧微生物对有机物的分解速度缓慢,处理效率低,容易产生恶臭,其工艺条件也比较难控制。在欧洲,一些国家已经对堆肥化的概念进行了统一,将堆肥化定义为:"在有控制的条件下,微生物对固体和半固体有机废物的好氧中温或高温分解,并产生稳定的腐殖质的过程。"

但是,应当指出的是,堆肥化的好氧或厌氧是相对的。由于堆肥化物料的颗粒较大且不均匀,在好氧堆肥化的过程中不可避免地存在一定程度的厌氧发酵现象。此外,在我国对于堆肥这个名词的理解,与国际上还有一定的差别,在应用时要注意到这一情况。例如,从我国目前的国情出发,堆肥化技术作为城市生活垃圾的主要处理处置手段,国家在很多城市大力推行。其中的所谓简易堆肥化技术,就是建立在厌氧条件下的发酵分解过程。这种堆肥化方法的特点是建设投资与运行成本低,普适性强,易于在经济欠发达地区实行。但是,由于生产出的堆肥化产品质量低,肥效差,因此没有太大的商品价值。而在国内经济较发达地区所推行的则是好氧堆肥化技术。由于需要对原料垃圾进行较严格的分选、强制通风和机械化搅拌,对设备的要求高、运行能耗大,建设费用和运行费用也比前者高得多。但是,它具有发酵周期短和能连续操作的特点,生产出的肥料质量也高,还可以进一步制成有机颗粒肥料。

餐厨废弃物的成分以可降解的有机物为主,主要成分有主食所含的淀粉(聚六糖)、蔬菜及植物茎叶所含的纤维素、聚戊糖、肉食所含的蛋白质和脂肪、水果所含单糖、果酸及果胶(多糖)等,无机盐中以 NaCl 的含量最高,同时还含有少量的钙、镁、钾、铁等微量元素。餐厨废弃物由于具有有机物含量高、营养元素全面、C/N 较低的特点,是微生物的良好营养物质,非常适用于堆肥原料。

(2) 好氧堆肥技术的发展

现代堆肥化技术在发展过程中也曾经出现过低谷。例如,20 世纪 70 年代初期,日本采用堆肥化技术处理的城市生活垃圾量大幅度减少,许多堆肥厂陆续停产倒闭。其原因是工业化的高速发展将大量的有毒化学物质和高分子塑料带入城市垃圾中,严重影响了堆肥化产品的质量。美国的堆肥化产品也在相当长一段时期内由于销路不广而发展缓慢。

工业发达国家应用堆肥化技术发展缓慢的原因，可以归纳为以下几个方面：

① 堆肥的有效肥料成分含量较低。初级堆肥化产品中的氮、磷和钾含量分别仅为 0.5%～1.1%，0.3%～0.7% 和 0.3%～0.6%，在肥效上无法与化肥竞争。

② 堆肥属于缓效性肥料，需要使用相当长的时间才能见效，其主要的作用在于保持地力和提高农产品的质量，在提高产量方面则不如化肥明显。此外，即使经过精细分选，这些肥料中也仍然含有一定数量的碎玻璃、金属、废塑料等杂物，可能会造成一些田间操作的困难。再者，如果施用发酵不完全的未腐熟堆肥，残余有机物在土壤中分解会造成植物根部缺氧，从而导致减产或更严重的危害。

③ 由于堆肥化对固体废物的减量化效果不高，处理后产物体积仍较大，需要较大的堆存场地和较高的运输费用。堆肥化产品施用时的工作量大，有明显的臭味，与现代化农业的要求有一定的距离。

应用堆肥化处理有机废物的历史十分悠久。早在几千年前人类就开始在农业生产中使用这项技术，将秸秆、落叶、杂草、人畜粪便等混合堆积，经过一段时间的发酵后作为肥料使用。这种古老的方式至今还在世界上不少地区使用。进入 20 世纪后，随着人口的增加和城市化进程的加快，城市生活垃圾的产生量急剧增加，一些发达国家开始研究将堆肥化技术用于城市生活垃圾的大规模处理，并不断提高其机械化程度。1920 年，英国人 A. Howard 首先在印度提出了当时称为"印多尔法"的堆肥化技术。到 1925 年，经 Bangalore 改进后，又称之为 Bangalore 法。该法是将垃圾、秸秆、落叶、杂草以及人畜粪便等交替堆置 4 至 6 个月，在此期间多次翻垛以促进好氧发酵。这种方法在印度、非洲和欧美等地均得到了广泛应用。与此同时，还出现了一些类似的方法。如意大利的 Beccari 法，其特点是先将原料在密闭容器中进行厌氧发酵，然后再通入空气以促进好氧分解。此后，Verdlier 又将其进一步改进，采取了将厌氧发酵过程中产生出的渗滤液循环使用的流程，并通过充分供给空气缩短发酵时间。上述这些方法均为厌氧条件下的发酵过程，其共同的特点是周期长，有机物分解不完全，而且发酵时会产生恶臭。

1933 年，在丹麦出现的 Dano 堆肥方法，标志着连续性机械化堆肥工艺的开端。该方法使用一种卧式转筒发酵设备，有机废物的发酵周期可以缩短到 3 至 4 天。1939 年，Earp Thomas 发明的立式多段发酵塔在美国取得专利。该方法是使物料在塔中从上至下逐层移动，并加强了发酵过程的通风和搅拌。该方法由于发酵温度高、周期短,在许多国家得到了广泛的应用。至此,堆肥化技术已经初步形成了现代化生产方式与规模,在城市固体废弃物的治理上起到了重要的作用。

现代堆肥化技术在其发展过程中也曾经出现过低谷。例如,到20世纪70年代初期,日本采用堆肥化技术处理的城市生活垃圾量大幅度减少,许多堆肥厂陆续停产倒闭。其原因是工业化的高速发展将大量的有毒化学物质和高分子有机物带入城市垃圾中,严重影响了堆肥化产品的质量。美国的堆肥化产品也在相当长一段时期内由于销路不广而发展缓慢。进入90年代后,固体废弃物的堆肥化处理从技术到应用方面又重新出现回升趋势。但目前美国发展堆肥化技术的主要目标是向发展中国家推行。

进入20世纪80年代后,由于城市规模的不断扩大和固体垃圾产生量的逐年增加,世界各国都面临填埋处置场地难以确保的严重局面。像日本、瑞士等国土面积狭窄的工业发达国家,其城市生活垃圾的处理逐渐转向焚烧后填埋的方式。但是,焚烧处理的设备昂贵,需要大量的资金投入;焚烧产生的二次污染,特别是焚烧尾气的二噁英问题,也使许多国家对此望而止步。

随着科学技术的进步和人们对废物资源化要求的逐步提高,城市垃圾的堆肥化又重新受到关注。针对上述传统堆肥化技术所存在的问题,相应的技术和设备得到了开发和应用。破碎及分选技术与设备的改进,在客观上提供了高品质堆肥连续化生产的可能性。应用了新兴的颗粒肥料生产技术,除在原有技术上增加了对杂物的精细分离外,还通过添加必要的肥料成分使之形成统一的产品标准,并最终制作成便于运输和施用的颗粒形状。这些技术和设备的改进,使得垃圾堆肥的商品化又前进了一大步。但是,这些设施目前的建设投资与运行费用仍旧较高(1996年价格,设备造价每100t为500万～600万美元,生产成本每吨颗粒肥为15～20美元/吨),在发展中国家推行仍有相当的困难。

进入20世纪90年代后,垃圾堆肥化处理技术的应用又重新出现回升趋势。这一时期垃圾堆肥技术的应用,注意了从源头分拣,从而避免了垃圾中的有害成分进入堆肥中。目前欧美各国强调堆肥技术只能用于庭院修剪物、果品蔬菜加工的废弃物以及养殖场的动物粪便和酿造行业的废弃物。在发酵中又采用了生物发酵技术来提高肥料中的N、P成分,从而保证了堆肥的质量。

我国城市垃圾处理起步较晚,大部分城市直到20世纪90年代仍然采用购地露天堆放的方式。在"七五"国家科技攻关有关垃圾处理处置的项目中,堆肥约占42%,而且机械化程度较高的项目达到了一定的比例,例如无锡、武汉、杭州和上海都建立了较为完整的堆肥化体系,包括前处理、发酵、后处理工艺及设备,堆肥的产品质量、运行操作的可控性、环境指标都达到了一定的水平。此外,还开发了一些机械化程度较低,但在现阶段具有较强实用性的简易堆肥化系统。这些处理技术构成了高、中、低三个技术层次的分布格局。在开发实用技术的同时,堆肥腐熟度的测定、堆肥微生物生长特性和降解能力以及高温堆肥中氧的传递等基础研究也取得了很好的成果。这表明我国城市垃圾堆肥化的处理技术已经进入了开发应用阶段,而且已经具备了进行大规模实用的条件。

我国作为一个农业大国,在当前的农业经济条件下,仍有许多贫瘠的土地需要施用大量有机肥料进行改良,因此,堆肥有着十分广阔的应用前景。农田和果园将是最大的堆肥用户,城市的园林、绿化也有着施肥的潜力。但从大多数地区的现状来看,要为堆肥开辟良好的市场还存在着相当的困难,主要问题在于农民对于堆肥所带来的长久效益还缺乏深入的理解。目前的农业技术体制也尚待进一步调整。在一些发达国家,人们利用堆肥的意识较强,例如德国人家庭的盆赏、街道两旁绿化带的地面上全部铺有一层堆肥,无尘土飞扬,环境特别清洁。荷兰和法国对堆肥的利用率更高。相信随着我国人民环境保护意识的提高,利用堆肥的主动性也将不断提高。

在堆肥利用中也存在不少问题,如堆肥的肥效比较低,一些产品中含有废塑料、玻璃、陶瓷、金属等不可降解物质,会破坏土壤的性能;堆肥中有时存在未被杀灭的病原微生物,易致病;另外,一些难降解的有害物质如 PCB、重金属等可能存在于堆肥产品中,施用后可能造成作物、土壤及地下水的污染;等等。但这些并非是不可解决的技术问题,其主要原因是当前我国尚缺乏完整的堆肥化质量控制和检验的程序与标准。堆肥产品市场营销困难的主要原因是其短期肥效不如化肥。只要将堆肥化技术加以改良,生产出高效颗粒化堆肥,就有可能改变人们对堆肥原有的印象。

对堆肥的发展过程,美国学者 Golueke 将其划分为三个阶段:第一阶段是 1930—1940 年,堆肥化主要用于农业,城市固体垃圾管理还相当薄弱,堆肥化处理技术处于起步阶段,缺乏系统的理论研究和实践应用经验。第二个阶段是 1950—1960 年,堆肥的条件及原理研究透彻,堆料的选择有了很强的针对性,作为一项固体废物处理技术基本成熟。第三阶段是 1970 年至今,堆肥的腐熟度和混合堆肥成为人们关注的焦点,堆肥已成为城市固体垃圾处理的重要技术之一。

我国城市生活垃圾堆肥技术的发展可分为 3 个阶段。① 初始阶段(20 世纪 50—60 年代):本阶段在农村传统堆肥技术基础上进行较为简单的堆肥,从工艺上来说属于一次性堆肥,堆肥方式为野积式堆垛,用土覆盖保温,通风方式主要为自然通风,或厌氧发酵,没有专用的机械设备。总的来说,初始阶段的工艺较为简单,发展缓慢。② 开发研究阶段(20世纪70—80年代):随着城市的发展、人口的增加,城市生活垃圾处理已成为各城市亟待解决的大事。这个阶段是我国城市生活废弃物堆肥技术研究、发展的兴旺时期,新工艺、新技术不断涌现,堆肥专用机械设备得到开发,堆肥机理得到深入研究。③ 推广应用阶段(20世纪90年代以后):城市固体垃圾堆肥化研究被列入国家重点科研计划,使我国城市生活垃圾堆肥技术提高到国际先进水平。

中国目前城市垃圾堆肥化处理存在肥效低、玻璃及塑料等杂物多、堆肥成本高、堆肥产品销售不畅等诸多问题。虽然垃圾堆肥的设备和运行成本都比其他处理方法便宜,但确保堆肥产品的销路是其前提,不能盲目建厂。同时,还必须采取必要的措施,以防止堆肥厂产生二次污染(如臭气、污水等)。

中国城市垃圾堆肥化处理技术的问题主要集中在两个方面:一个是堆肥用的原料的分类收集与分选问题。由于中国尚未完全实施对城市垃圾的分类收集,垃圾中的各类杂质含量较高,除玻璃、金属、塑料、橡胶外,还包括多种有害的化学物质,这些杂质直接影响了堆肥化产品的质量。二是堆肥化设备技术水平低,特别是机械化操作方面存在的技术问题较多,难以保证堆肥化设施的长期、连续、稳定运行,从而影响了堆肥化的效率。今后的研究开发重点应放在堆肥化原材料的定向选择收集、运输和堆肥机械设备的配套方面;同时,要大力推广生物发酵法的生物复合肥技术,缩短发酵时间,提高肥效,稳定产品质量,实现工业化生产规模。为了大力推广高效生物复合肥和有效颗粒肥技术,国家技术管理部门应尽快制定有关堆肥类产品标准和监测方法,政府部门也要制定相应的经济政策,提倡和鼓励农业施用有机肥料,积极扩大堆肥产品市场。

3.3.3.2 好氧堆肥技术原理

在好氧条件下,有机废物中的可溶性有机物透过微生物的细胞壁和细胞膜被微生物所吸收;不溶性的固体和胶体有机物则先附着在微生物体外,然后在微生物所分泌的胞外酶的作用下分解为可溶性物质,再渗入细胞内部。微生物通过自身的生命活动——氧化还原和生物合成过程,把一部分被吸收的有机物氧化成简单的无机物,并释放出能量供微生物生长活动所需,同时把另一部分有机物转化合成为新的细胞物质,使微生物生长繁殖,产生更多的生物体。通过该生物学过程,可以实现有机废物的分解和稳定化(图3-5)。

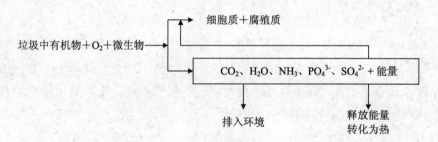

图 3-5 好氧堆肥原理

下列方程式反映了堆肥中有机物的氧化与合成：

(1) 有机物的氧化

1) 不含氮有机物($C_xH_yO_z$)：

$C_xH_yO_z + (x + 1/2y - 1/2z)O_2 \rightarrow xCO_2 + 1/2yH_2O + 能量$

2) 含氮有机物($C_sH_tN_uO_v \cdot aH_2O$)：

$C_sH_tN_uO_v \cdot aH_2O + bO_2 \rightarrow C_wH_xN_yO_z \cdot cH_2O(堆肥) + dH_2O(水) + eH_2O(气) + fCO_2 + gNH_3 + 能量$

(2) 细胞物质的合成(包括有机物的氧化,并以 NH_3 为氮源)：

$nC_xH_yO_z + NH_3 + (nx + ny/4 - nz/2 - 5x)O_2 \rightarrow C_5H_7NO_2(细胞质) + (nx - 5)CO_2 + 1/2(ny - 4)H_2O + 能量$

(3) 细胞质的氧化

$C_5H_7NO_2(细胞质) + 5O_2 \rightarrow 5CO_2 + 2H_2O + NH_3 + 能量$

以纤维素为例,好氧堆肥中纤维素的分解反应如下：

$(C_6H_{12}O_6)_n \rightarrow n(C_6H_{12}O_6)$ （葡萄糖）

$nC_6H_{12}O_6 + 6nO_2 \rightarrow 6nCO_2 + 6nH_2O + 能量$

或 $C_6H_{12}O_{6n} + 6nO_2 \rightarrow 6nCO_2 + 6nH_2O + 能量$

由于堆肥温度较高,部分水以蒸汽形式排出。堆肥成品 $C_wH_xN_yO_z \cdot cH_2O$ 与堆肥原料 $C_sH_tN_uO_v \cdot aH_2O$ 之比为 0.3～0.5,这是氧化分解减量化的结果。通常可取如下数值范围 $w = 5～10, x = 7～17$。

3.3.3.3 典型好氧堆肥化工艺

不同堆肥技术的主要区别在于维持堆体物料均匀及通气条件所使用的技术手段不同,堆肥系统的分类大同小异,根据技术的复杂程度,一般分为三类:条垛式系统、静态通气垛式系统、发酵仓式系统(或称反应器系统)。下面分别介绍这三种堆肥系统的特点及其技术。

(1) 条垛式堆肥系统

条垛式堆肥是系统初期最简单的形式,也是最古老的堆肥系统,即在露天或棚架下,将堆肥物料以条垛状或者条堆状堆置,通过定期翻堆来保证堆体中的含氧量,从而满足微生物降解有机物质对氧气的需求。可以采用人工方式或特有的机械设备进行堆肥物料的翻转和重堆,而且这两种做法也能使所有的物料在堆肥内部高温区域停留一定时间,以满足物料杀菌和无害化的要求。最普通的堆形是梯形条垛,也可以是不规则四边形或三角形。条垛式堆肥一次发酵周期为1至3个月,主要有预处理、建堆、翻堆和贮存四个工序。

对条垛式堆肥系统来说,场地选择是很重要的。不管是为了便于操作和维持堆体形状,还是为了保护周围环境和克服渗漏问题,条垛式堆肥都应堆在空间足够大、建筑材料为沥青或水泥等的坚固地面上,地面应该有坡度,以便于积水快速流走。

建堆方法应随着当地气候条件、物料特性以及是否有污泥、粪便类添加物而异。而形状则主要取决于气候、翻堆设备的类型以及所采用的通风方式。尺寸方面首先要考虑的是发酵条件,其次是场地的有效使用面积以及物料主要组成成分的结构强度等。最普遍的条垛形状是宽3～5m、高2～3m的梯形条垛。

尽管条垛式堆肥系统技术水平低,但它具有以下优点:投资成本低,设备简单;翻堆加快水分散失,使堆肥易于干燥;填充剂易于筛分和回用;堆腐时间较长,产品稳定。

当然条垛式堆肥系统的缺点也很多:占地面积大,堆肥周期长;相对于其他堆肥系统来说,条垛式堆肥系统需要更频繁地监测,才能保证足够的通气量和温度;翻堆会造成臭味的飘散,特别是堆腐生污泥或未经稳定化的污泥的臭味更为严重;条垛式堆肥系统在不利的气候条件下不能进行操作,如雨季、冬季;条垛式堆肥系统所需要的填充剂比例相对较大。

条垛式堆肥系统一直被广泛采用,美国和加拿大等国土面积大的国家使用的比例较高。

(2) 静态通气垛式堆肥系统

静态通气垛式堆肥系统与条垛式堆肥系统的不同之处在于:静态通气垛式堆肥系统在堆肥过程中不是通过物料的翻堆来保持堆体的好氧状态,而是通过在条垛式堆肥系统上增加通风系统来使之成为静态通风垛系统。同条垛式堆肥系统一样,静态通气垛式堆肥系统的整个堆体应在沥青或水泥等坚固质地且有坡度的地面上进行,以利于迅速排出积水和渗滤液。

静态通气垛式堆肥系统的关键技术是通气系统(包括鼓风机和通气管路)。在此系统中,在堆体下部设有一套管路,与风机连接。通气管路可以是固定式的,也可以是移动式的。在固定式通气系统中通气管路可以放入水泥沟槽中或者直接平铺在水泥地面上,上面可以铺一些木屑、刨花等空隙较大的物质作为填充料,使堆肥能够形成多孔气流通路,以达到均匀布氧的效果。在移动式通气系统中,主要简单的管道都是直接放在地面上,这种通气系统易于调整,设计灵活,成本也低,故使用更普遍。

一般通过控制温度或时间来对通气进行控制。比如当堆体内部温度超过55℃时,鼓风机自动开始工作,排出热量和蒸气;或给鼓风机设定时间控制,每间隔20分钟工作10分钟等。

静态通气垛式堆肥系统有如下优点:设备所需的填充料用量少,投资比较低;更好控制通气条件及温度;堆腐时间较短,能更有效地杀灭病原菌和控制臭味,同时得到稳定的产品;占地也相对较小。

静态通气垛式堆肥系统的缺点也和条垛式堆肥系统差不多,都易受气候条件的影响,如雨天、寒天等。当然这个问题可以通过加盖棚顶来解决,但那样同时也会增加投资。静态通气垛式堆肥系统在美国使用得最普遍。静态通气垛式堆肥系统适合于小城镇的污泥处理(每天小于1吨干重污泥产量)。当然,操作运行费用低也是选用静态通气垛式堆肥系统的一个很重要原因。

(3) 发酵仓式堆肥系统

发酵仓式堆肥系统是将物料投放在部分或全部封闭的容器(如发酵仓、发酵塔)内,控制水分和通气条件,使物料在发酵仓内进行生物反应,降解和转化的过程,也称装置式堆肥系统。发酵仓系统与其他两类系统的根本区别在于:该系统是在一个或几个密闭容器内进行,占地面积小;整个堆肥化过程完全自动化、机械化。堆肥的整个工艺包括水分控制、通风、温度控制、无害化控制及堆肥的腐熟等几个方面。系统按物料的流向可分为水平或倾斜流向反应器、竖直流向反应器以及静止式反应器;按物料的流态分推流式和动态混合式,前者又有圆筒形、长方形、沟槽式反应器,后者则有长方形发酵塔和环形发酵塔。

相对于条垛式和静态通气垛式堆肥系统而言,发酵仓式堆肥系统的优点是:在反应过程中产生的废气可以统一进行收集处理,降低了对环境二次污染的程度;堆肥过程参数(水、气、温度等)能得到很好的控制;堆肥过程不受气候条件的影响;可以回收堆肥过程中产生的热量并加以利用。该系统也有一些缺点:发酵仓式堆肥系统机械化程度高、维持整个发酵仓内良好的通气状态,都需要很高的建设投资和运行维护费,若机器发生故障,会对堆肥过程产生影响;堆肥周期相对较短的,堆肥产品会有潜在的不稳定性,几天的堆腐不足以得到稳定的、无臭味的、完全的产品,堆肥的腐熟后期相对延长。发酵仓式堆肥系统在美国、法国等发达国家使用比较普遍。

3.3.3.4 好氧堆肥影响因素

餐厨废弃物中有机物含量高,营养元素全面,C/N 较低,是微生物的良好营养物质,非常适用于作为堆肥原料。餐厨废弃物中含有大量的微生物菌种,易于堆肥过程的正常进行。另外,餐厨废弃物中惰性废物(如废塑料等)含量较少,有利于堆肥产品的农用,但堆肥过程应针对餐厨废弃物含水率高、脱水难、含盐高、pH 低的特性进行调整,以利于堆肥过程的快速、正常进行。

(1) 有机物含量

对于快速高温机械化堆肥而言,首要的问题是热量和温度间的平衡。有机物含量低的物质在发酵过程中所产生的热量不足以维持堆肥所需要的温度,并且产生的堆肥由于肥效低而影响销路,但过高的有机物含量又将给通风供氧带来影响,容易产生厌氧和臭气。一般堆肥原料的有机物含量为 20%～80%。当堆体有机物含量过低时,堆肥过程产生的热量不足以提高堆层的温度而达到堆肥的无害化,也不利于堆体中高温分解菌的繁殖,无法提高堆体中微生物的活性。当堆体有机物含量过高时,高含量的有机物在堆肥过程中对氧气的需求很大,而实际供气量难以达到要求,往往使堆体达不到好氧状态而产生恶臭,也不能使好氧堆肥顺利进行。

(2) 通风供氧量

餐厨废弃物的有机物含量较高,对堆肥过程中的通风供氧有较高要求,供氧不足会产生厌氧和发臭。而通风量过高又会影响发酵的堆温,降低发酵速率。通风供氧的作用主要有三个方面:① 为堆体内的微生物提供氧气。微生物氧化有机物产生能量,需要消耗 O_2 生成 CO_2。如果堆体内的 O_2 含量不足,微生物处于厌氧状态,就会使降解速度减慢,产生 H_2S 等臭气,同时使堆体温度下降。通常认为,堆肥中氧的体积分数以保持在 5%～15% 比较适宜。② 调节温度。堆肥需要微生物反应产生的高温,但对于快速堆肥来讲,必须避免长时间的高温,温度控制的问题就要靠强制通风来解决。③ 散除水分。堆肥的一个目的是降低其水分含量。在堆肥的前期,通风主要是提供 O_2 以降解有机物,在堆肥的后期,则应加大通风量,以冷却堆体及带走水分,达到减少堆肥体积和重量的目的。

通风量要根据堆肥原料有机物含量、可降解系数(分解效率)、发酵装置的形状、堆层的高度、堆肥颗粒、含水率等因素来确定。

通风可以采取抽气或鼓风方式,两种方式各有利弊:抽气的优势在于可将堆体中的废气在排入大气前统一进行处理,减少二次污染;鼓风的优势是利于水分及热量散失。最好的办法是在堆肥的前期采用抽气方式以处理产生的臭气,在堆肥后期采用鼓风方式以利于减少水分。

(3) 含水率

餐厨废弃物的含水率较高,一般在90%左右。在堆肥过程中,水分是一个重要的物理因素,主要作用有:① 为微生物新陈代谢提供必需的水分;② 通过水分蒸发带走热量,起调节堆肥温度的作用。水分的多少,直接影响好氧堆肥反应的速度和堆肥的质量,甚至关系到好氧堆肥工艺的成败,因此,水分的控制十分重要。

一般要求堆肥原料的含水率为40%～60%。当水分超过70%时,温度难以上升,分解速度明显降低。因为水分过多,堆肥物质粒子之间充满水,有碍通风,从而造成厌氧状态,不利于好氧微生物生长并产生H_2S等恶臭气体,减慢了降解速度,延长了堆腐时间。当水分低于40%时,微生物活性降低,有机物难以分解,若堆体中含水率低于12%,微生物将停止活动。餐厨废弃物在堆肥前必须进行水分调节,降低含水率到60%左右,一般采用离心机进行脱水。实际生产中一般用一定量的熟堆肥回流至堆肥原料,以调节水分,并起接种微生物、提高堆肥效率的作用。无论是否使用回流堆肥都可以添加调理剂,若只用调理剂而不用堆肥回流,往往需要消耗大量的调理剂。

(4) 温度

温度是堆肥得以顺利进行的重要因素,温度的作用主要是影响微生物的生长。当嗜热菌大量繁殖,温度明显提高时,堆肥发酵由中温阶段进入高温阶段,并在高温范围内稳定一段时间。正是在这一温度范围内,堆肥中的寄生虫和病原菌被杀死。因此,一般要求堆层各测试点温度均应保持在55℃以上,且持续时间不得少于5天,但发酵温度不宜大于75℃。

在好氧堆肥中,温度一般是通过控制供气量来调节。不同种类微生物的生长对温度有不同的要求。一般而言,嗜温菌最适合的温度为30℃～40℃,嗜热菌发酵的最适合温度为45℃～60℃。高温堆肥时,温度上升超过65℃即进入孢子形成阶段,这个阶段对堆肥是不利的,因为孢子呈不活动状态,会使分解速度相应变慢。此外,在此温度范围内形成的孢子再发芽繁殖的可能性也很小,因此,高温堆肥温度最好为45℃～60℃。

当利用堆肥过程自然升温时,应考虑到餐厨废弃物易结团的特性,原料要加入一定的填充料(木屑、秸秆等),以利于氧的传输和传质作用。

(5) C/N 值

餐厨废弃物的有机物含量较高,控制好碳氮比、碳磷比对堆肥很重要。在微生物分解所需的各种元素中,碳和氮是最重要的元素。碳提供能源和组成微生物细胞 50% 的物质,氮则是构成蛋白质、核酸、氨基酸、酶等细胞生长必需物质的重要元素。在堆肥过程中,碳源被消耗,转化为二氧化碳和腐殖质物质。而氮则以氨气的形式散失,或变为硝酸盐和亚硝酸盐,或被生物体同化吸收。因此,碳和氮的变化是堆肥的基本特征之一。

通常用堆肥原料与填充料混合物的 C/N 值来反映这两种关键元素的作用。C/N 值在堆肥过程中直接影响温度和有机物的分解速度。C/N 值高,碳素多,氮素养料相对缺乏,细菌和其他微生物的发展受到限制,有机物的分解速度缓慢,发酵过程就长。如果堆肥原料的 C/N 值高,容易导致成品堆肥的 C/N 值过高,这样的堆肥施入土壤后,将夺取土壤中的氮素,使土壤陷入"氮饥饿"态,影响作物生长。当 C/N 值高于 35 时,微生物必须经过多次生命循环,氧化掉过量的碳,直至达到一个合适的 C/N 值供其进行新陈代谢,因而 C/N 值高会降低降解速度。但若 C/N 值低于 20:1,可供消耗的碳素少,氮素养料相对过剩,则氮将变成氨态氮而挥发,导致氮元素大量损失而降低肥效。

由于微生物每利用 30 份的碳就需要 1 份氮,故初始物料的 C/N 值的适宜范围为 25:1～35:1。当初始原料的 C/N 值过高时,可加入低 C/N 值的废物(如粪便、生污泥等)调节;当初始原料的 C/N 值过低时,可加入高 C/N 值的废物(如秸秆、木屑、稻壳等)调节。

虽然对 C/N 值的控制目标为 30:1,但这个比例对不同的堆肥原料要进行相应的调整。大部分堆肥原料中的氮是容易利用的,然而在某些有机物中的碳很难降解,因为它们主要是由难利用的木质纤维素类物质组成,所以在使用这些原料进行堆肥时就要考虑较高的 C/N 值。随着堆肥化过程的发展,C/N 值逐步下降,这是因为有机物被微生物消耗,有 2/3 的碳变成 CO_2 释放,只有 1/3 的碳与氮合成细胞物质。成品堆肥的适宜 C/N 值应小于 20:1。

(6) pH

pH 也是影响微生物生长的重要因素之一,对堆肥微生物来说最适宜的 pH 是 5.5～8.5,pH 太高或太低都会使堆肥处理遇到困难。

在整个堆肥过程中,pH 随时间和温度的变化而变化。堆肥初始阶段,由于有机酸的生成 pH 可下降至 5.0～6.0,pH 的下降刺激真菌的生长,并使其分解木质素和纤维素,进一步分解有机酸。而后 pH 又开始上升,至发酵完成前 pH 可达 8.5～9.0,最终成品的 pH 达 7.0～8.0。当用有机污泥作为堆肥原料时,由于污泥经调解压滤成饼后 pH 比较高,须对其 pH 进行调整。此外,pH 也会影响氮的损失,因为 pH 在 7.0 时,氮以氨气的形式逸入大气。但在通常的堆肥过程中,pH 有足够的缓冲作用。如果 pH 降至 4.5,将严重限制微生物的活性。通过曝气能使 pH 回升到正常的区域。

餐厨废弃物的 pH 值偏低,一般可加入一定量的石灰进行调节,投加适量的石灰能刺激微生物的生长。

(7) 颗粒度(孔隙度)

堆肥过程中供给的氧气是通过颗粒间的空隙分布到物料内部的,颗粒尺寸亦即颗粒度的大小对通风供氧有重要影响,因此,对堆肥原料颗粒尺寸有一定的要求。研究结果表明,堆肥物料颗粒的平均适宜粒径为 12～60cm。最佳粒径随垃圾的物理特性而变化,如纸张、纸板等的最佳粒度尺寸为 3.8～5.0cm;材质比较坚硬的废物粒径要求小些,为 0.5～1.0cm;厨房食品垃圾的粒径尺寸要求大一些,以免碎成浆状物料,妨碍好氧发酵。此外,决定垃圾粒径大小时,还应从经济方面考虑,因为破碎得越细小,动力消耗越大,处理垃圾的费用就会越高。

(8) 微生物的接种

餐厨废弃物中的有机物含量与城市垃圾相比很高,为了保证餐厨废弃物堆肥的正常、快速进行,应加入适量的微生物,提高堆肥速率。通常可在堆肥原料中接种下水污泥,也可配以一定量的专性工程菌或熟堆肥。

长期以来,对影响堆肥各种因素的研究主要集中在城市生活有机垃圾、污泥等方面,由于餐厨废弃物具有含水率高、油脂含量高、易腐烂等特点,针对有机固体垃圾的研究成果对其未必适用,因此,要使餐厨废弃物高效好氧堆肥处理技术在大规模工程化处理中得到广泛应用,研究各因素对餐厨废弃物好氧堆肥的影响就变得尤为迫切。吕凡等采用高温好氧消化工艺对餐厨废弃物进行小实验发现,控制反应在高温条件(55℃～65℃)可达到最大减量率,高温运行的最佳参数范围是:pH 为 6.0～6.8,含水率为 45%～55%。韩涛等对餐厨废弃物好氧堆肥工艺条件优化的研究结果表明,最佳堆肥方案为环境温度 40℃、含水率 50%、粒径 30mm、通风量 4 升/分钟。席北斗等对厨余垃圾膨松剂的技术研究表明,添加锯末、树叶、枯枝杆和干马粪等蓬松物后,堆料所能达到的高温及其停留时间、好氧速率和产 CO_2 能力均明显优于对照组,并能很好地控制出口 H_2S 气体含量,特别是添加干马粪和锯末可明显改善堆料孔隙率,吸收多余水分,加速氧和有机物的传输速率,改善好氧堆肥微环境。任连海等对餐厨废弃物高效好氧堆肥过程参数影响因素的研究结果表明,环境温度、通风量、含水率和填料等4种因素对堆肥减量化率的影响显著性顺序为含水率＞环境温度＞填料量＞通风量。

3.3.3.5 好氧堆肥发酵装置

（1）立式堆肥发酵塔

立式堆肥发酵塔通常由5～8层组成。堆肥物料由塔顶进入塔内,在塔内堆肥物通过不同形式的机械运动,由塔顶一层层地向塔底移动。一般经过5～8天的好氧发酵,堆肥物即由塔顶移动至塔底而完成一次发酵。立式堆肥发酵塔通常为密团结构,塔内温度分布从上层到下层逐渐升高,塔式装置的供氧通常以风机强制通风,以满足微生物对氧的需要。

立式堆肥发酵塔的种类通常包括立式多层圆筒式、立式多层板闭合门式、立式多层桨叶刮板式、立式多层移动床式等。

（2）卧式堆肥发酵滚筒

卧式堆肥发酵滚筒又称达诺式。在该发酵装置中废物靠与筒体内表面的摩擦沿旋转方向提升,同时借助自身重量落下。通过如此反复升落,废物被均匀地翻倒与供入的空气接触,并通过微生物的作用进行发酵。此外,由于筒体斜置,当沿旋转方向提升的废物靠自重下落时,逐渐向筒体出口一端移动,这样,回转窑可自动稳定地供应、传送、排出堆肥物。如果发酵全过程都在此装置中完成,则停留时间应为2～5天。当以此装置进行全过程发酵时,发酵过程中堆肥物的平均温度为50℃～60℃,最高温度可达70℃～80℃；当以此装置进行一次发酵时,则平均温度为35℃～45℃,最高温度可达60℃左右。

（3）箱式堆肥发酵池

箱式堆肥发酵池种类很多,应用也十分普遍,其典型装置是矩形固定式犁翻倒发酵池,这种箱式堆肥发酵池设置犁形翻倒搅拌装置,该装置起机械搅拌废物的作用,可定期搅动兼移动物料数次,它能保持池内通气,使物料均匀发散,并兼有运输功能,可将物料从进料端运至出料端,物料在池内停留5至10天,空气通过池底布气板进行强制通风。发酵池采用输送式搅拌装置,能提高物料的堆积高度。

（4）斗翻倒式发酵池

这种发酵池呈水平固定,池内装备翻倒机对废物进行搅拌使废物湿度均匀并与空气接触,从而促进易堆肥物质迅速分解,防止产生臭气,停留时间为7至

10 天，翻倒废物频率以 1 天 1 次为标准。该发酵装置在运行中具有以下特点：① 发酵池装有一台搅拌机及一架安置于车式输送机上的翻倒车，翻倒废物时，翻倒车在发酵池上运行，当完成翻倒操作后，翻倒车返回到活动车上。② 根据处理量，有时可以不安装具有行吊结构的车式运输机。③ 当池内物料被翻倒完毕后，搅拌机由绳索牵引或机械活塞式倾倒装置提升。再次翻倒时，可放下搅拌机开始搅拌。④ 为使翻倒车从一个发酵池移到另一个发酵池，可采用轨道传送式活动车和吊车刮出运输机、皮带运输机或摆动运输机，堆肥经搅拌机搅拌，被位于发酵池末端的车式传送机传送，最后由安装在活动车上的刮出输送机刮出池外。⑤ 发酵过程的几个特定阶段由一台压缩机控制，所需空气从发酵池底部吹入。

(5) 卧式桨叶发酵池

这种发酵设备的显著特点是搅拌装置能够横向和纵向移动，操作时搅拌装置纵向反复移动搅拌物料并同时横向传送物料。而且由于搅拌可以遍及整个发酵池，故可将发酵池设计得很宽，从而增大了处理能力。

(6) 卧式刮板发酵池

这种发酵池的主要部件是一个成片形的刮板，由齿轮齿条驱动，然后再从左向右摆动搅拌废物，从右向左空载返回，然后再从左向右摆动推入一定量的物料。物料量可以调节，池体为密封负压式构造，臭气不外逸。发酵池有许多通风孔以保持好氧状态。

(7) 筒仓式堆肥发酵仓

筒仓式堆肥发酵仓为单层圆筒状（或矩形），发酵仓深度一般为 4～5m，大多采用钢筋混凝土筑成。发酵仓内供氧均采用高压离心风机强制供气，以维持仓内堆肥好氧发酵，空气一般从仓底进入发酵仓，堆肥原料由仓顶加入，经过 6 至 12 天的好氧发酵，达到初步腐熟的堆肥从仓底通过出料机出料。

根据堆肥在发酵仓内的运动形式，筒仓式发酵仓可分为静态和动态两种。静态发酵仓由于结构简单，在我国应用较广。堆肥物由仓顶经布料机进入仓内，经过 10 至 12 天的好氧发酵后，由仓底的螺杆出料机进行出料。筒仓式动态发酵仓在运行时，已经预处理工序分选破碎的废物被输料机传送到池顶中部，然后由布料机均匀地向池内布料，位于旋转层的螺旋钻以公转和自转来搅拌池内废物，防止形成沟槽。产品从池底排出，好氧发酵所需的空气从池底的布气孔强制通入。

(8) 通风机与翻动设备

通风设备有鼓风和引风机。翻动设备主要用于使垃圾和空气充分接触并保持一定的空隙,翻动设备有螺旋钻、短螺旋桨,翻动方式则有刮板式、靶子式以及铲车翻动、滚筒滚动等。

3.3.4 饲料化技术

3.3.4.1 饲料化技术的发展

我国传统的餐厨废弃物处理方法就是直接用餐厨废弃物喂养动物,因餐厨垃圾在存放过程中产生的病毒、致病菌、病原微生物将会造成疾病的传播、交叉感染等隐患,并容易引发新的污染,未经无害化处理直接将餐厨垃圾用作家禽与家畜的饲料,不能达到饲料质量的要求,所以我国禁止将餐厨废弃物直接作为饲料来喂养动物。若将餐厨废弃物经饲料化处理,如用物理法高温消毒和烘干粉碎,然后再制成动物饲料,或将之经微生物发酵处理后制成生物蛋白饲料,便可保证饲料的安全性。

就目前情况来看,我国经济的快速发展以及人口总量的不断增加,决定了我国未来的食品消费将会呈现上升的趋势,尤其是在人民生活水平提高后,肉类消费将在食品消费中占有越来越重要的地位,这样就增加了我国未来的饲料消费。国内市场在未来的一段时期内对饲料将有着巨大的需求量。从人均占有的饲料产量看,世界人均占有配合饲料98kg,而中国仅为45kg。从中美两国比较来看,中国人均饲料占有量仅为美国的1/10左右。如果中国的人均饲料占有量达到世界平均水平,则中国配合饲料还有7000万吨以上的增长空间。从养殖业的结构变化趋势看,随着中国畜牧业生产集约化程度的提高和先进饲喂方法的普遍使用,饲料的需求还将不断增长。我国生猪、家禽饲养业的发展将是影响饲料需求的主要因素,这两种肉类在中国动物性食品消费中占的比重较高,且消耗的主要是以粮食为主的精饲料。餐厨废弃物中含有大量的有机营养成分,如果能在合理处理后对之进行饲料化应用,对解决"人畜争粮"的问题具有重要意义。表3-8和表3-9列出了餐厨废弃物的主要成分和几种饲料原料的常规营养成分。

表3-8 餐厨废弃物的主要成分

成分	干物质含量(%)	87.5%干物质含量(%)
粗灰分	1.77～2.07	1.55～1.81
粗蛋白	10.53～24.37	9.21～21.32
粗脂肪	23.05～31.15	20.17～27.26
粗纤维	2.30～3.68	2.01～3.22

表 3-9　几种饲料原料的常规营养成分分析

项目	玉米	大麦麸	米糠	DDGS
粗蛋白	8.8	12.8	13.0	27.0
粗脂肪	4.5	4.7	14.0	8.0
粗纤维	2.2	11.2	7.5	8.5
灰分	1.4	5.5	12.0	—
钙	0.02	—	0.1	—

对比上两表可以看出，餐厨废弃物所含营养成分可以满足其作为饲料的基本要求，且其来源成本低廉，供应量大，产品具有较强的市场竞争力。

目前餐厨废弃物饲料化技术包括两种，即脱水干燥法和生物处理法。

其中脱水干燥法又分为高温脱水、发酵脱水和油炸脱水。在餐厨废弃物发酵过程中，微生物产热加快体系内水分的蒸发，从而使水分含量降低。干燥法制饲料的技术核心是高温干燥灭菌，不同企业及加热工艺的加热温度和持续时间不同，湿热法一般略高于干热法。

生物处理法的技术核心是微生物利用餐厨废弃物中的营养物质，最终把这些物质转变为自身成长和繁殖所需的能源与物质。其产物一般被认为是由微生物自身及其蛋白分泌物组成的蛋白饲料。

餐厨废弃物成分复杂，含有多种动物的蛋白质，通过简单脱水、粉碎处理制得的饲料可能存在同源性污染，即由某种动物食用以其同种类动物的肉、骨、血液等动物组织生产的动物源性饲料，会产生潜在的、不确定性的传播疾病的风险。此外，当饲料含盐量大于 1.8% 时，对于成年畜禽的生长会有一定影响，而以餐厨废弃物为原料制得的饲料盐分一般是该值的 2 倍以上。以某使用湿热法的企业工艺为例，其干燥灭菌温度为 120℃ 以上加热 30 分钟。根据有关研究，引起疯牛病的朊病毒在 134℃～138℃ 的高压蒸汽中 18 分钟仍不能完全失活[3]。由此可知用以上这种方式得到的饲料产品质量没有保障，安全性不易控制，存在不可逆转的安全隐患。利用生物处理方法来生产和调制菌体蛋白饲料，可提高氨基酸、蛋白质和维生素含量，代替大豆、鱼粉等蛋白饲料，并具有蛋白消化吸收率高、适口性好等优点。因此，利用生物处理法将餐厨废弃物转化为蛋白饲料受到人们的青睐。

目前，国内已经有了少数的餐厨废弃物加工设备提供商，如北京天湖环保设备有限公司。该公司的设备具有餐厨废弃物自动破碎分拣、脱水、烘干灭菌（或生化搅拌发酵）、盐分及含水率调节、剔除饲料内有害物质等功能。主要产品为干燥蛋白饲料、湿式发酵饲料、液态饲料。宁波开诚生态技术有限公司的设备则实现了泔水零排放。该设备的主要工艺为：餐饮垃圾—固液分离—人工捡出固体异物杂质—固液混合并打浆粉碎—微波及高温消毒—接种微生物菌种—液体发酵—加入辅料进行固体发酵—烘干消毒—检验—打包—微生物蛋白饲料成品。

在国外，餐厨废弃物饲料化应用也有很多成功案例。例如，日本康正产业株式会社从2008年1月开始进行将餐厨废弃物转变成养猪用饲料的研究，到2008年11月完成了餐厨废弃物饲料化生产设备的安装，并开始制造饲料。该公司将餐厨废弃物统一收运进行饲料化处理。然后将得到的液态饲料贩卖给雾岛市野上农场养殖黑猪，养殖场养出的猪又卖给康正产业株式会社所经营的餐厅，形成了一个"看得见的循环圈"。在其经营的餐厅内都有由企业统一配备的专用冷柜保管餐厨废弃物，以保证其不会变质，每天早上专用的保温冷藏车到各个店铺进行回收，当天的餐厨废弃物基本上保证当天运走，最晚在第二天上午也就运走了，餐厨废弃物被运送至南荣加工中心后首先投入异物分离机，分拣异物，再通过压送泵送到发酵塔，在发酵罐加入曲霉菌属进行24小时的发酵，最终生产出液态饲料。这些饲料被卖给野上黑猪养殖场，长成的黑猪又被康正产业株式会社买来经营餐厅。这种方式不仅减少了资源浪费，还节约了成本，而且自己发酵制得的饲料在安全上也有保证。吃这种饲料长成的黑猪口味鲜嫩，也使康正株式会社创建了自己独有的品牌。这样一种"看得见的循环圈"使得餐厨废弃物得到了真正意义上的资源化利用。韩国采用微生物菌种集中处理餐厨废弃物来制造饲料。餐厨废弃物收运后，分拣出其中的大骨头、汤勺等坚硬固体杂物，然后进入粉碎机粉碎，高温消毒后，将微生物、碎玉米、糖等添加剂与之充分混合然后装桶直接送往禽畜牧场。一套这样的系统每天可处理餐厨废弃物50吨，靠出售饲料就能维持运转。据了解，这种微生物不仅能分解食物，还能防止饲料变质，韩国正在积极开发"食物残渣加工回收利用"设备，目的是更好地对餐厨废弃物进行回收利用。

就目前情况看，餐厨废弃物饲料化处理具有很大的市场空间，只有保证了饲料的安全性，尤其是使饲料的卫生标准达到相应的要求，才能真正使其具有使用价值，从而实现其价值。利用餐厨废弃物生产蛋白饲料，有助于缓解国内蛋白饲料缺乏的局面，同时可从源头上杜绝"泔水猪"等不良现象的出现，杜绝不法分子利用餐厨废弃物制造有毒有害食品的现象，有利于保护人民群众的食品安全和身体健康。餐厨废弃物饲料化制取蛋白饲料已经开始走向成熟，但是行业内仍然存在一些问题,值得人们深入研究。例如,第一,同源污染风险仍然存在。当前国内利用生物法制蛋白饲料实际上是将脱水和生物发酵结合,缩短微生物作用时间,这样制得的饲料产品中仍有大量未被降解的动物源性成分,将其作为动物饲料使用仍可能存在同源污染的风险。第二,饲料生产周期长。这种方法投资少、操作简单,但发酵周期长。第三,饲料品质受发酵条件影响较大。经生物法制得的饲料质量受接种量、接种方式、发酵基质成分等条件的影响。由于具有以上这些问题,以餐厨废弃物为原料制造生物蛋白饲料的工艺还需要进一步优化。

3.3.4.2 典型饲料化技术

餐厨废物饲料化的基本要求是实现杀毒灭菌,达到饲料卫生标准,并最大限度地保留营养成分。餐厨废弃物来源广泛,但并不是所有的餐厨废弃物都可以制作饲料,进行饲料化的原料需要满足以下条件:① 含有较多蛋白质;② 易于消化;③ 不需做减少盐分处理的化学构成;④ 能够在产生源与运输及饲料化过程中进行卫生管理;⑤ 能够分类回收,并可以在腐败发生前迅速处理;⑥ 饲料化技术中有灭菌工序。只有满足了以上条件的餐厨废弃物才可以进行饲料化处理。进行饲料化处理的技术主要有脱水干燥法(物理法)和微生物发酵法(生物法)。

(1) 脱水干燥法(物理法)

脱水干燥法是指直接将餐厨废弃物脱水后进行干燥消毒,粉碎制成饲料,原理是采用高温消毒杀除病毒,经粉碎后加工成饲料。脱水方法分为常规高温脱水、发酵脱水和油炸脱水。为了吸附脂肪,有时使用麦麸调整水分含量,食品加工业产生的废弃物像豆腐渣类以不混有其他成分的状态排放时,如果通过干燥等简单的工序加工成粉末,将便于用作饲料。

① 高温脱水

高温脱水法是指在对餐厨废弃物进行预处理后(一般为分拣、脱水脱油过程),采用湿热或干热的工艺,将餐厨废弃物加热到一定温度以达到灭菌及干燥的效果,并通过后续处理获得饲料或饲料添加剂。高温脱水生产微生物蛋白饲料一般包括以下步骤:来自原料贮仓的湿原料经过分选槽分拣(部分水分通过槽底部的筛板流出去)后送入蒸煮机。蒸煮机中的夹套蒸汽对物料进行预热,使物料中所含的油分黏度降低,以便于脱离物料。物料经蒸煮后再送入压榨机,使物料脱水、脱油后制成半干料。脱出的油水混合物进入油水分离系统用于生产再生油脂或饲料用油。脱水后的半干料再送入干燥机中,通过高温高压蒸汽进行消毒灭菌和二次脱水,最终使物料中的水分降至10%左右,经过筛分、磁选、粉碎,最后将蛋白粉成品装袋入库。目前,西宁市餐厨废弃物处理厂就采用高温脱水的方法进行脱水饲料化。物理法相对生物法工艺简单,成本低,但存在较大的食物安全隐患。利用该法制得脱水饲料的营养物质含量(59次平行试验的平均值)见表3-10。

表3-10 餐厨废弃物脱水干燥法制得饲料的营养物质含量($n=59$)(%)

有机质	粗蛋白	粗脂肪	碳水化合物
92.2	23.4	9.7	59.1

② 发酵脱水

指将餐厨废弃物通过微生物发酵技术制成发酵饲料,发酵过程中,微生物产热加快体系内水的蒸发,从而使水分含量降低的过程。这种处理工艺一般周期较长,需要对菌种进行选择管理,工艺较复杂。

③ 油炸脱水

油炸脱水是以油为热载体在减压状态下对原料进行脱水、压榨脱油的技术。此种方法可在原料中的蛋白质不发生溶解和变性的条件下,使原料在短时间内脱水。日本主要通过该方法将处理后的垃圾直接作为饲料。比如日本的札幌市餐厨废弃物回收处理中心就利用油炸法生产动物饲料。该中心每日从188个机构(包括学校、医院等)收集50吨餐厨废弃物,用废植物油将原料在减压条件下进行低温油炸(约110℃),生产出脱水饲料。由于2001年日本发现了疯牛病(BSE),随后日本农、林、渔业部长宣布来自于人类消费过程的公共餐厨废弃物如果含有肉类,可以用于喂猪,但是禁止用于喂养反刍类动物。

(2) 微生物发酵法(生物法)

微生物发酵法即利用微生物菌体将餐厨废弃物发酵,利用微生物的生长繁殖和新陈代谢,积累有用的菌体、酶和中间体,经过烘干后将之制成蛋白饲料。这一方法的原理是:在一定的环境条件下将培养出的菌种加入餐厨废弃物密封贮藏,菌种通过代谢活动对饲料原料中的某些物质进行分解和转化,使原料中不易被牲畜和家禽利用的大分子物质转变成为易于消化吸收的小分子物质,同时,微生物菌种得到增殖。由于微生物菌体的单细胞蛋白含量很高,因而提高了成品饲料的蛋白质含量。用这种方法制得的饲料就是广义的微生物蛋白饲料。若微生物菌种群中含有对牲畜和家禽具有益生功能的饲用微生物,则该微生物蛋白饲料就会具有更好的饲喂效果。目前国内外采用的菌种多为芽孢菌、乳酸菌、酵母菌、丝状菌等,用于分解餐厨废弃物中的复杂组分,杀灭或者抑制有害菌,降解毒素,改善物料外观和气味,提高蛋白粉产品的安全性等。微生物菌体可以以毒素为营养成分对之加以吸收和利用,也可以分泌胞外酶作用于这些毒素,还可以产生次级代谢产物与毒素结合而解毒。酶是活性高、特异性强的生物催化剂,目前应用较多的有糖化酶、淀粉酶、蛋白酶、纤维素酶、葡萄糖酶、木聚糖酶等。它们可以各种形式添加在饲料中。目前采用的微生物发酵方式主要有固态发酵和液态发酵两种工艺体系。

① 固态发酵

固态发酵是以气相为连续相的生物反应过程,是指在没有或几乎没有自由水存在的条件下,在有一定湿度的水不溶性固体基质中,用一种或几种微生物进行发酵的生物反应过程。由于固态发酵具有产率高、周期短、能耗低且可把发酵物包括菌体及其代谢产物和底物全部加以利用的特点,既保留了活性成分又没有废液污染之忧,因此是开辟蛋白质饲料资源的一条重要途径。

② 液态发酵

液体发酵是指发酵的介质为液体的发酵过程。液体发酵具有产量大、机械化程度高、深层发酵转化率高、适合工业化生产和易于控制条件等优点,但也存在着投资大、生产成本高等缺点。

表 3-11 固态发酵与液态发酵相比较的优缺点

优点	缺点
培养基换水量少,废水、废渣少,容易处理 能源消耗量低,供能设备简易 培养基原料多为天然基质或废渣,广泛易得 价格低廉,设备和技术简单,较低的投资产物 浓度较高,后处理较方便	菌种限于耐低水活性的微生物,选择性少 发酵速度慢,周期较长 天然原料成分复杂,时有变化,影响发酵产物的质量 工艺参数难以测准和控制 产品少,工艺操作消耗劳力多,强度大

应用微生物发酵法在对物料进行干燥粉碎之前,先接种特定的微生物,通过微生物的厌氧发酵作用,起到杀灭有害微生物、产生有益微生物、浓缩物料蛋白类营养成分的作用。具体做法是,将餐厨废弃物经过除杂处理后,与其他辅料混合均匀后灭菌,再接种特定微生物进行发酵,发酵后再进行干燥处理,粉碎打包。

尽管餐厨废弃物经高温消毒和干化处理后也可以作为动物饲料,但其中某些营养成分如蛋白质的含量可能不符合饲料标准的要求,且这些饲料中的动物蛋白被同种动物食用后可能引起动物疫情的传播,因此餐厨废弃物制饲料技术一般采用生物发酵法生产微生物蛋白饲料。

3.3.4.3 微生物饲料化技术工艺

微生物饲料大体上可分为两类：一类主要是利用微生物的发酵作用改变饲料原料的理化性状，或增加其适口性，提高消化吸收率及其营养价值，或解毒、脱毒，或积累有用的中间产物。这一类微生物饲料主要包括乳酸发酵饲料（青贮饲料）、畜禽屠宰废弃物发酵饲料、发酵脱毒饲料、微生物发酵生产的饲料添加剂等。另一类微生物饲料是指利用各种废弃物、纤维素类物质、淀粉质原料、矿物质等培养的微生物菌体蛋白、藻类等。我们一般说的是后者。

以餐厨废弃物为原料利用微生物的大量繁殖和代谢来生产和调制的微生物蛋白饲料，氨基酸、蛋白质和维生素的含量较高，可代替大豆、鱼粉等蛋白饲料，并且具有蛋白消化吸收率高、营养功能多、适口性好等优点，且连续生产并不受气候、土壤、自然灾害影响，成功率高。

微生物蛋白也叫单细胞蛋白（Single Cell Protein，简称 SCP），是指微生物如藻类、放线菌、细菌、酵母、霉菌以及高等真菌的干细胞，在其生长过程中利用各种基质，在适宜的培养条件下培养细胞或丝状微生物的个体而获得的菌体蛋白（Microbial Protein）。

利用微生物方法生产单细胞蛋白饲料工艺包括预脱水、除杂、破碎、固液分离、油水分离、高温灭菌、混合搅拌、发酵、调制、制粒和烘干。

（1）除杂

餐厨废弃物在进行分选之前应进行预脱水处理，将餐厨废弃物中以自由流动形式存在的水分排出，以便在后续的固液分离工序可以对餐厨废弃物进行更为有效的脱水处理。

餐厨废弃物中含有大量的一次性餐具，如塑料袋、瓶盖等，这些杂质会影响最终产品的质量。将除杂安排在破碎之前，可以避免大块的杂质被破碎之后形成许多杂质碎屑与有用的物质混在一起。餐厨废弃物中杂质的尺寸、密度差别比较大，若只采用一种筛选方法很难达到理想的分选效果。根据餐厨废弃物的这个特点可以考虑采取两步分选的方法。

首先，将餐厨废弃物进行筛选，去除大粒径的杂物。然后将筛选后的餐厨废弃物进行破碎，破碎之后进行二次分选。源头分类往往要比后期分类更具有优势，如果将餐厨废弃物进行分类投放和分类收运则可以大大降低处理难度。

（2）破碎

餐厨废弃物中的碎骨、果皮果核等以固形物存在的物质必须先进行粉碎处理,破碎后的残渣粒度要均匀,这样不仅增强了流动性,便于固液分离,而且残渣破碎后,其相互间空隙变小,密度增加,节约存储空间,便于压缩处理。

破碎方法主要依据待处理废物的类型和希望得到的终端产品进行选择。按照破碎固体废弃物所采用的外力,即消耗能量的形式可分为机械能破碎和非机械能破碎两种方法。机械能破碎是对固体废弃物施力而将其破碎的,包括冲击破碎、挤压破碎、剪切破碎、摩擦破碎等;非机械能破碎是利用电能、热能等对固体废物进行破碎的新方法,如低温破碎、热力破碎、减压破碎及超声波破碎等。根据餐厨废弃物中固形物成分的特殊性,其破碎处理不必使用刀刃切割的方式,可以采用挤压、研磨粉碎等方式。

(3) 固液分离

餐厨废弃物含水量大,过高的含水量会影响后续分拣和发酵工序的处理效果,虽然在前面已经经过预脱水处理,但是预脱水只是除去餐厨废弃物中以流动形式存在的水分,余下的水分依然很多,这时可以通过固液分离法将餐厨废弃物中的水分与餐厨废弃物进行分离。在收集阶段采用具有固液分离装置的专用餐厨废弃物收集车辆的企业,在工艺流程中可减少固液分离装置的配备。

(4) 油水分离

由于废油脂在空气中容易氧化酸败,产生异味,餐厨废弃物饲料化产品中油脂含量不宜过高,否则对产品的贮存和口味均会产生不良影响。也正因为此,在利用餐厨废弃物生产饲料产品时必须尽可能地将其中的废油脂分离出来。餐厨废弃物固液分离后产生的液体为油水混合物,必须进入油水分离装置进行油水分离。关于油水分离技术本书第四章将详细论述,此处不再赘述。

(5) 高温灭菌

自然存放的餐厨废弃物极易变质。去除物料中的水分,并通过高温加热干燥不仅能达到灭菌的目的,而且能保证干燥产品的稳定性,因为物质在绝对干燥的状态下,可以长期保存而不变质。干燥后的物料不但性质稳定,且不含有害成分,既便于储存运输,又确保了其作为饲料原料的安全性。能引起餐厨废弃物变质和食物中毒的常见细菌有芽孢杆菌属、梭状芽孢杆菌属、埃希氏杆菌属、沙门氏菌属、志贺氏菌属、葡萄球菌属、链球菌属等。芽孢杆菌属为革兰氏阳性菌,其中有些具有毒性,能引起食物中毒。链球菌属中的溶血性链球菌会引起疾病,志贺氏菌属又称痢疾菌属,是主要的肠道病原菌。由于餐厨废弃物含有大量的水分,在高温预处理过程中,所产生的湿热蒸汽具有极强的穿透能力,易使蛋白质发生凝固,这是导致杂菌微生物死亡的主要原因。

表 3-12 列出了一些常见的芽孢菌的耐热性，表 3-13 列出了一些常见的对人体或动物有害病菌的耐热性。

从表 3-12 和表 3-13 中可以看出，许多芽孢菌产生的芽孢有很强的耐热性，且生存能力很强，有些芽孢在沸水中 16～18 小时后仍然存活。但是在高温加压条件下，酵母菌对热的敏感性较强，一般超过 90℃ 时就不会有酵母菌存活。而口蹄疫病毒在高压蒸汽下 100℃ 瞬间就失去活力。

就利用餐厨垃圾生产单细胞蛋白饲料而言，可以采用微生物实验常用的 121℃、保温 20 分钟的灭菌方法进行灭菌处理，这样做主要有两方面的好处：第一，餐厨废弃物的病毒及致病微生物大部分被杀灭，很大程度上减少了杂菌与接种菌争食营养的现象，为接种菌的菌体增长创造了良好的条件，也提高了最终菌体蛋白产品的生物安全性；第二，餐厨废弃物中的淀粉糖、蛋白质等大分子有机质被热分解为小分子物质，因而更有利于微生物对营养物质的吸收利用，对后续的微生物发酵极为有利。

表 3-12　一些常见芽孢菌的耐热条件（湿热条件）

菌种	致死温度（℃）	致死时间（分钟）	菌种	致死温度（℃）	致死时间（分钟）
需氧杆菌	100	2～1200*	奢热脂肪芽孢杆菌	100	
巨大芽孢杆菌	100	1～2.1	奢热脂肪芽孢杆菌	121	
枯草芽孢杆菌	100	11.3	地衣形芽孢杆菌	100	
短小芽孢杆菌	100	1.5	蜡装芽孢杆菌	100	
肉毒杆菌	85	18	多粘芽孢杆菌	100	
凝结芽孢杆菌	100	30～270*	环状芽孢杆菌	100	

注：* 指杀灭 90% 该菌种的时间。

表 3-13　一些常见对人、兽有害病菌的致死温度及时间（湿热条件）

名称	致死温度（℃）	致死时间（分钟）	名称	致死温度（℃）	致死时间（分钟）
蛔虫卵	50～56	5～10	结核杆菌	60	30
钩虫卵	50	3	零乱杆菌	55	30
蛲虫卵	50	1	大肠杆菌	55	60
鞭虫卵	45	60	伤害杆菌	66	10
血吸虫卵	53	1	布氏杆菌	55	120
蝇蛆	51～56	1	猪丹毒杆菌	50	15
沙门氏菌	56	10～20	猪瘟病毒	50～60	30
痢疾杆菌	60	10～20	口蹄疫病毒	60	30

(6) 混合搅拌

混合搅拌是指将培养好的菌种和经过处理的餐厨废弃物进行均匀的混合，目的是使菌种与物料充分混合接触。

(7) 发酵

发酵分为固体发酵和深层液体发酵。

① 固体发酵

固体发酵工艺是很古老的技术，很久以前人们就利用固体发酵制作食品、干酪和堆肥。与液体发酵相比，固体发酵工艺虽然存在不易机械化、发热、细菌污染、生长估测和底物含水量控制困难等问题，但是它具有高产、简易、低投资、低能耗、高回收、无泡沫、需控参数少、无或少环境污染等突出优点。当生产某一类产品时固体发酵产品的经济效益一般大大优于液体发酵产品。从成本考虑，以微生物细胞本身为产品的单细胞蛋白固体发酵产品大优于液体发酵产品。

固体发酵可采取规模生产，可以小规模分散生产，亦可以半机械化或机械化集中生产，生产方式主要包括曲盘法、发酵池法、发酵机法，各种生产方法的特点如表 3-14 所示。

表 3-14 各种固体发酵生产方式的特点

生产方式	适用范围	特点
曲盘法	低于 200 吨小规模分散生产	手工操作；投资少，上马快；劳动强度大，产量低
发酵池法	1500～3000 吨的中型生产规模	半机械化，手工操作占相当比重，投资少，产量多；劳动强度依然比较大，难以连续生产
发酵机法	适用于大规模集中生产	机械化强度高，可连续生产，产量大，劳动强度小，但是投资大，建设周期长

② 液体发酵

深层液体发酵有分批发酵和连续发酵两种。连续发酵是指在对数期用恒流法培养菌体细胞，使基质消耗和补充、细胞繁殖与细胞物质抽出率维持相对恒定。该法和分批培养相比，不易染杂，质量稳定。近年来兴起的生物反应器和分离耦合技术在深层液体发酵中的应用已取得了很大进展，发酵罐为菌株提供了一个较理想的生长环境与代谢环境，但对某一产品或菌株都要针对其特点进行优化，包括：物理环境——主要有发酵温度、pH、溶氧量等；化学环境——生长代谢所需各种营养物质的适宜浓度，并降低各种阻碍菌体生长代谢的有害物质浓度。

③ 菌种的选择

在自然界中很难有生物纯种群存在,微生物种群的多样性构成了自然环境的特点。不同生物群落之间生态位的重叠与竞争,有时可以形成超产,即混种后的总产力大于物种单独时产量的简单加和,超产是生物多样性的一种表现,说明多样性有利于增加生态系统的功能。某些时候混菌发酵往往具有单菌发酵所不具有的优势,问题的关键是如何获取这种适合需要的菌种混菌生产配伍。

作为混菌生产配伍的最基本的要求是从生物多样性及不同微生物菌群具有不同的营养生态原理出发,使菌种之间不能相互抑制。此外,菌种的筛选还要符合下列条件:繁殖速度快,菌体蛋白含量高;能较好同化基质碳源和无机氮源;无毒性和致病性;菌种性能稳定,抗杂菌能力强;对环境的适应能力强。

最后,应根据所要发酵的物料的性质,并针对不同的发酵原料进行配伍菌种的筛选,不能机械地照搬套用。

(8) 调质与制粒、烘干

饲料调质是饲料熟化过程之一,它可使生粉料转化为具有一定熟度的粉料,良好的饲料调质工艺和设备有利于饲料制粒和膨化成型。许多研究都表明,饲料的性能可随颗粒料质量的改善而得到提高。

单细胞蛋白饲料制粒是为了使饲料能够耐受潮湿的环境,并能在恶劣条件下保持原样。影响颗粒料质量最重要的因素是饲料配方(40%)、研磨(20%)、调质(20%)、压模选用(15%)以及冷却和干燥(5%)。饲料原料的制粒特性是指原料压制成颗粒的难易程度,而饲料原料的制粒特性很大程度上制约了制粒效率的高低和质量的好坏。单细胞蛋白饲料中蛋白质含量高,受热后黏性增加,制粒效率高、质量好。粉碎粒度决定饲料组成的表面积,粒度越细,表面积越大,物料吸收蒸汽中的水分也就越快,既利于物料调质糊化,也有利于制粒成形。从制粒角度来讲,粉碎过细,制粒强度高,但加蒸汽多,稍不留意易于堵机,且原料粉碎过细会造成粉碎电耗过高。粉碎粒度过粗,会增加环模和压辊磨损,制粒成形困难,尤其是小孔径环模成形更难,并造成物料糊化效果差,导致能耗高、产量低、颗粒含粉率高。因此原料粉碎应适度。

烘干则是为了去除蛋白饲料中的水分,以利于饲料的保存。采用加热烘干之后应用冷空气对蛋白饲料进行冷却,以免包装时因烘干余热长时间难以散发而影响蛋白饲料的质量。需要注意的是,在调质和烘干的过程中应使温度不高于60℃,这样蛋白饲料在发酵中形成的酶物质等不会被全部破坏,酶的存在将有助于饲料的消化和吸收。

3.3.5 其他餐厨废弃物资源化处理技术

3.3.5.1 餐厨废弃物制氢技术

氢气是最理想的能源物质之一,用氢气替代化石燃料可以有效避免大气污染与温室效应等环境问题。但是,要实现经济高效地制取氢气,至今仍存在技术瓶颈,发酵制氢是近年来得到关注的一种新的技术手段。应用这一技术不仅能降解餐厨废弃物,还能产出清洁的能源物质,具有巨大的发展前景。餐厨废弃物中有机物含量非常高,在去除动物骨头、餐巾纸、筷子等少量杂质之后,挥发性固体与总固体含量的比值(VS/TS)达到90%以上就很容易被微生物降解。此外,餐厨废弃物营养成分丰富,配比均衡,十分适合厌氧发酵。

发酵产氢的微生物主要有肠杆菌属、梭菌属、埃希氏肠杆菌属和杆菌属四大类。Fang 等通过对混合菌种反应器中的微生物种群进行研究发现,肠杆菌属和梭菌属微生物是反应器中的主要微生物种群。

目前,产氢微生物的研究工作大致可以分为两类:纯菌种的筛选与混合菌种的培养。从纯菌种的筛选研究现状来看,研究者们对可以从自然界直接获得的产氢菌种(以梭状芽孢杆菌和肠杆菌为主)进行了大量研究,希望通过筛选适合的产氢微生物来提高氢气产量与产生效率。除了从自然界直接筛选高效产氢菌株以外,利用各菌种之间的协同作用来提高产氢效率也引起了研究者的重视。由于不同菌种利用的最佳底物也往往各不相同,因此不同菌种混合培养可以提高如餐厨垃圾这样的复杂有机物的产氢效率。

影响餐厨废弃物发酵产氢效率的因素主要有发酵底物特性、pH、氧化还原点位(ORP)、反应器类型、重金属以及添加剂等,在这方面国内外学者开展了大量的研究工作。表 3-15 列举了相关的代表性研究结果。

微生物发酵产氢的代谢途径主要有三条:第一条是 EMP 途径中的丙酮酸脱羧产氢。第二条途径是在肠道杆菌存在的情况下,丙酮酸脱羧后形成的部分甲酸裂解,形成二氧化碳和氢气。第三条途径是 Tanisho 等对产气肠杆菌发酵产氢进行研究后发现的辅酶 I 的氧化与还原调节平衡产氢假设。研究餐厨废弃物发酵产氢的目的在于提高餐厨废弃物发酵产氢效率、速度及氢气浓度。随着其他相关科学的发展,可以更加直接有效地提高餐厨废弃物发酵产氢效率的技术主要有:① 利用分子生物学的手段对产氢菌种或酶进行改进;② 餐厨废弃物高效发酵产氢反应器的研制;③ 餐厨废弃物产氢过程的动力学模拟研究与优化控制。

表 3-15 餐厨废弃物发酵产氢工艺与产氢效率研究结果

底物组份	接种微生物	实验规模（反应器）	工艺条件	最大产气或转化效率	参考文献
淀粉	混合菌群（以 Termoanoetabocterioce-ae 为主）	280mL 玻璃反应器	间歇,55℃	365mL/gVSS·d	[13]
淀粉	Enterobacter Colistrain NCIMB 10102	1.5L 搅拌反应器	间歇,40℃	17.39mmolH$_2$/L·h	[14]
米饭浆料	100℃处理后的厌氧活性污泥	280mL 血清瓶	pH4.5,37℃	2.1LH$_2$/gVSS·d	[15]
脱油棉籽饼、花生饼	烘干预处理的污水厂厌氧消化污泥	250mL 反应器	间歇, pH7.0, 36±1℃, 稀盐预处理	脱油棉籽:42.4mL/g,营试48.9%;花生饼:15.4mL/g,浓度47.1%	[16]
米饭,卷心菜,胡萝卜	100℃处理 15min 后的厌氧活性污泥	120mL 玻璃瓶	(37±1)℃	米饭:19.3~96.0mL/gVSS;卷心菜:44.9~70.7mL/gVSS;胡萝卜:263~61.7mL/gVSS	[10]
糖蜜,淀粉,乳品废水	实验室培养混合菌群	9.2L CSTR 反应器	(37±1)℃, COD:N:P≈1000:5:1, 连续运行	糖蜜:61.6mL/g;淀粉:87.5mL/g;乳品废水:产气很少	[11]
固体废弃物	混合菌群	10L 消化反应器	间歇,37±1℃	0.18LH$_2$/gTSS [18]	[17]
食品垃圾	混合菌群	3.8L 渗滤床,35℃	19.3% COD 转化		[19]
餐厨垃圾	厌氧污泥	12L 批式厌氧反应器	干发酵,35±1℃	53.5mmolH$_2$/gVSS·d	[19]
餐厨垃圾	100℃处理后的厌氧活性污泥	半连续反应器	37℃,pH6.0左右,稀释率为1.0~4.0d^{-1},回流比为0.8	10.9m2H$_2$/m^2,氧气体积分数65%	[12]

3.3.5.2 餐厨废弃物制乙醇技术

乙醇是一种纯净的燃料,目前,国内外多以粮食为原料生产燃料乙醇,利用餐厨废弃物生产燃料乙醇的研究则鲜见报道。乙醇的生产工艺主要包括酶水解后发酵工艺 SHF 和同步糖化发酵工艺 SSF,这两种工艺都要利用淀粉酶或纤维素酶的水解催化作用,使淀粉、纤维素分子逐级水解为麦芽糖或葡萄糖,再通过酒精酵母将糖分转化成燃料乙醇。

餐厨废弃物的酶解是餐厨废弃物发酵生产乙醇的关键步骤,必须将餐厨废弃物中的淀粉、纤维素等大分子物质水解成小分子物质,才能为酵母菌提供生产繁殖的先决条件。餐厨废弃物中淀粉和纤维素的含量十分丰富,糖化效果的好坏直接影响到糖化液、乙醇的产率。于红艳等人对餐厨废弃物制备乙醇酶促反应的条件进行了研究,实验结果表明,在 100g 餐厨废弃物样品中添加 1.5g 糖化酶、12g 纤维素酶,当 pH 为 4.8~5.6、酶解温度为 42℃~58℃、酶解时间为 60min 时,糖化酶和纤维素酶对餐厨废弃物底物表现出较强的酶活力。

奚立民、张昕欣等人利用米根菌和保藏酿酒酵母进行餐厨废弃物共发酵。米根菌是一种同时具有淀粉酶和纤维素酶活性的新霉菌,其名称为 Rhizopusoryzae TZYI。试验中,首先将餐厨废弃物进行人工分选,以除去骨头、金属和塑料等不能作为发酵原材料使用的物质,然后将垃圾打碎并加入 5% 的氨水进行超声处理,之后加入 3 倍体积的水进行高温灭菌,作为乙醇的培养基。经过对两种菌进行一段时间的培养后发现,大部分的淀粉及纤维素被利用,发酵乙醇产率与糖化发酵结果大致相等,而且经检测发现,淀粉的利用率在 88% 以上,纤维素的利用率在 84% 左右。与糖化发酵相比,这种共发酵的方法不需要外加糖化酶,节约了成本,具有良好的产业应用前景。

3.3.5.3 餐厨废弃物蚯蚓床处理技术

蚯蚓堆肥是指在好氧堆肥的基础上投入蚯蚓,利用蚯蚓自身丰富的酶系统,将餐厨废弃物有机质转化为自身或其他生物易于利用的营养物质,加速堆肥的稳定化过程。蚯蚓堆肥不仅可以降低重金属含量和碳氮比,提高堆肥肥效,同时繁殖出来的蚯蚓还是一种高蛋白饲料、药用材料(中药地龙)和化妆品添加剂原料,蚯蚓粪便亦是高肥效生物肥,因此蚯蚓堆肥技术具有较高的环保效益和经济效益。但在蚯蚓堆肥过程中,蚯蚓对其生长环境的要求较高,需合适的温度、pH、湿度及通风程度,堆肥过程产生的甲烷及其他臭味气体亦不利于蚯蚓生存;蚯蚓的生活周期长且繁殖率较低,如赤子爱胜蚓(Eiseniafetida),从受精卵到成虫平均需要4个月,平均每条蚯蚓每个月的净繁殖率仅为9条。此外,在养殖蚯蚓前,必须预堆肥(约20d)来杀死病原菌和有害微生物,因此,蚯蚓堆肥的周期较长。

马广智等人在利用餐厨废弃物配制蚯蚓的培养基时发现,培养基的纤维素含量较高时有利于蚯蚓的生长,但是过高的盐度和脂肪含量不利于蚯蚓的存活与生长,因此,在对餐厨废弃物进行分选后还要进行脱盐脱脂处理。由于100%的鲜餐厨废弃物的自然发酵时间长且产生刺激性气味,因此实验中利用不同比例的餐厨废弃物、牛粪和甘蔗渣制成培养基进行蚯蚓的饲养,牛粪是蚯蚓高产饲料的因子。实验结果表明,在培养基中加入甘蔗渣既有利于蚯蚓的生长同时也利用了甘蔗渣这种农业废弃物,尽管其纤维素含量略低于牛粪,但是已经达到了饲养蚯蚓的其他常规饲料的纤维素水平。

关于蚯蚓堆肥成品的应用,N. Q. Arancon等人利用经蚯蚓床处理过的餐厨垃圾及纸品垃圾堆肥分别进行大田试验,试验在温室内进行,选种植物为草莓。蚯蚓堆肥经养分测试后施入小区,并补充化肥使总养分含量达到 $85kg/hm^2$,P为 $155kg/hm^2$,K为 $125kg/hm^2$,对照小区施加等养分化肥。试验发现,与纸品垃圾堆肥相比,餐厨废弃物堆肥成品有更高的C、N、Ca、Fe、K、S含量,同时与其他对照小区相比,施用蚯蚓堆肥处理的小区,草莓叶面积最高增加37%,生物量提高37%,开花数提高45%,匍匐茎数量增加36%,草莓产量提高35%。

3.3.5.4 餐厨废弃物饲养蝇蛆技术

餐厨废弃物水分、有机质含量高,容易滋生蚊蝇,不仅影响周边环境卫生,还传播疾病,威胁居民的身体健康。使用杀虫剂虽然可以杜绝大部分蚊蝇的危害,但同时杀虫剂又使餐厨废弃物受到了污染,由餐厨废弃物生产出的饲料或肥料含有一定量的药物残留,使人类的食品安全存在一定隐患。利用餐厨废弃物饲养蝇蛆跳出了防治蚊蝇的思维定势,反而利用苍蝇来处理餐厨废弃物,从而得到蝇蛆蛋白和有机肥。

双翅目蝇类昆虫嗅觉灵敏,能迅速找到环境中的有机废弃物。在生态系统中,蝇类幼虫(蝇蛆)扮演着动植物分解者的重要角色,由于它们具有杂食性,各种腐败发酵的有机物都可成为它们的食物。此外,蝇类昆虫含有丰富的抗菌肽和多种酶类,这些物质在充分分解利用餐厨废弃物的同时还能对有机质中的各种病原微生物、寄生虫卵等进行灭杀。国内已不乏利用双翅目昆虫处理畜禽粪便和白酒糟的报道,如利用蝇蛆处理鸡粪、利用双翅目丽蝇科和水虻科昆虫净化猪场生态环境、利用家蝇幼虫生态转换酒糟生物质等。借鉴蝇蛆处理其他有机垃圾的成功经验,近两年国内也出现了利用蝇蛆生态化处理餐厨废弃物的报道,如浙江省舟山市普陀区某水产饲料公司利用蝇蛆处理餐厨废弃物生产高蛋白食疗蝇蛆和可用于花卉苗木培养的有机肥料;浙江省宁波市的晓塘生态农业科技园利用农村产生的餐厨废弃物、养殖场产生的鸡粪、猪粪以及腐烂果菜等作为主要原料养殖蝇蛆,然后又将蝇蛆用来饲养蛋鸡、肉鸡等,走上了农村生活垃圾减量化、无害化和资源化生态处理的新路子。利用蝇蛆处理餐厨废弃物的优点在于双翅目昆虫能在极短的时间内(4至15天)实现待处理物的转化,一方面将这些有机废弃物转化为植物能够利用的有机肥料,回归大自然,不会造成次生环境污染;另一方面能产生大量优质而廉价的昆虫蛋白,这类蛋白是水产、禽类养殖业优异的鲜活饵料,其价值远优于目前大量使用的鱼粉。饲养蝇类昆虫,可将餐厨废弃物中的有机质转换成蝇类本身的组成物质,再利用蝇类昆虫作饲料或者生物质来源,能从根本上杜绝同源性蛋白的安全隐患。可见,利用蝇类昆虫来处理餐厨废弃物是一项环境友好型技术,可与蚯蚓堆肥技术媲美。

长期以来,国内中山大学有害生物控制与资料利用国家重点实验室一直致力于利用苍蝇实现餐厨废弃物的减量化、无害化和资源化处理。其研究结果表明,大型垃圾填埋场滋生的蝇类中大头金蝇是优势蝇种,该蝇种生长速度快,幼虫夏季生长期只需5~6d,产卵量大,繁殖率高,具有生物转化有机废弃物、实现餐厨废弃物循环利用的潜力。大头金蝇(Chrysomyamegacephala(Fabricius)),属双翅目(Diptera),丽蝇科(Calliphoridae),金蝇属(Chrysomya);在中国,除新疆、青海、西藏外,其他各地均有广泛分布;在国外,如日本、朝鲜、印度尼西亚、马来西亚、斐济、越南、阿富汗、伊朗、毛里求斯、西班牙(加那利群岛)、原苏联境内、非洲热带区和新热带区、东洋区、澳洲区(包括夏威夷群岛)和太平洋南岸诸群岛均广泛分布。以上这些地区的天然气候条件均适合大头金蝇的生长繁殖,可在这些地区探索利用该蝇处理餐厨废弃物。另外,从蝇类幼虫中提取的抗菌肽具有广谱抗菌作用,而且对病毒、肿瘤细胞及原虫具有明显的毒杀作用。因此,大头金蝇不仅能分解餐厨废弃物,还能杀灭餐厨废弃物中的各种病原微生物和寄生虫卵,有利于餐厨废弃物的无害化处理。

利用大头金蝇幼虫处理餐厨废弃物,在5至6天内完成全部转化过程,餐厨废弃物减量达100%,处理车间产生的少量有机废气经吸附处理可以达到零排放。每1t餐厨废弃物在添加适量的辅料后可获得约120kg鲜蛆和300kg左右有机肥(含水量10%)。利用餐厨废弃物饲养的大头金蝇其蛆粉的粗蛋白含量达到50.0%以上,脱脂后粗蛋白含量超过70.0%,明显高于鱼粉的蛋白质含量(约

65%）；所产生的有机肥肥效达到或超过国家有机肥技术指标。

利用蝇蛆处理餐厨废弃物是一项新兴的技术，目前在国内还没有得到大规模推广，在处理过程中可能会遇到一些问题，如：不同来源的餐厨废弃物（如学校食堂餐厨废弃物、酒店餐厨废弃物和家庭餐厨废弃物等）可能在理化性质上有所不同，餐厨废弃物在放置不同天数后，其 pH 和营养成分可能发生较大变化，这些可能会影响蝇蛆转化的效果；餐厨废弃物油脂含量高、盐分含量高这些特点是否会影响蝇蛆的生长繁殖。另外，不同地区适合生长的苍蝇种类不同，因此，若要实现规模化养殖，以上这些问题有待进一步深入研究。

3.4 餐厨废弃物资源化利用及无害化处理的苏州实践

3.4.1 苏州市餐厨废弃物的产生量及成分

3.4.1.1 餐厨废弃物产量

随着苏州社会经济的发展，餐饮业也迅速发展。根据对苏州市区 137 家不同规模餐饮企业的抽样调查，苏州市区每天餐厨废弃物产生量约 400 吨（其中含10%～15% 的地沟油），占到全天生活垃圾总量的十分之一。

3.4.1.2 餐厨废弃物流向

根据 2007 年对苏州市区餐饮企业的抽样调查，在规范管理前约 60% 的餐厨废弃物流向市郊的养殖场被用作猪饲料或被不法人员私炼"地沟油"，另有近40% 混入生活垃圾或由其他途径进行处理。

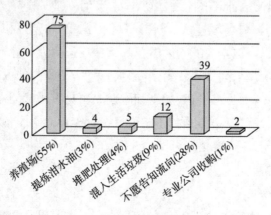

图 3-6　餐厨废弃物流向抽样调查统计图（2007 年，137 家抽样单位）

3.4.1.3 餐厨废弃物成分

苏州市 2010 年 6 个月份餐厨垃圾的组分如表 3-17 所示。由表可知,苏州市的餐厨废弃物含水率普遍较高,蛋白质含量约占 20%,脂肪含量约占 30%。见下表 3-16。

表 3-16 苏州市餐厨废弃物的成分

时间	含水率（湿基%）	蛋白质（%）	低位发热量（湿基 KJ/KG）	脂肪（%）	有机质（G/KG）	灰分（%）
1 月	85.51	21.55	957	30.13	556	12.16
3 月	81.59	20.60	1387	15.72	616	13.57
5 月	84.76	21.23	1223	34.50	576	8.65
7 月	85.10	19.25	1120	34.33	554	8.25
8 月	81.79	19.47	1850	33.27	540	5.86
11 月	87.85	20.62	1282	27.83	531	11.82
均值	84.43	20.45	1303	29.29	562	10.00

3.4.2 苏州市餐厨废弃物管理的"苏州模式"

随着苏州经济的发展,苏州的餐饮业也迅速发展,2000 年至 2013 年期间,苏州市餐饮企业的数量平均年增长幅度约为 20%,至 2013 年,苏州大市范围内的餐饮企业数量近两万家,每天平均常规就餐消费人群约 20 万人次,年消费总额近 200 亿元。数量众多的餐饮企业产生了大量的餐厨废弃物,为了规范管理餐厨废弃物,苏州市从 2007 年开始制定《苏州市餐厨废弃物管理办法》(以下简称《办法》),并自 2010 年 3 月 1 日起正式实施。《办法》的实施为苏州市的餐厨废弃物管理提供了法律依据,大大推进了苏州市餐厨废弃物资源化利用的进程。与此同时,苏州市从 2007 年开始建设餐厨废弃物终端处置厂,2009 年年底,该厂建成并投入试生产。在 2010 年初,为了配合《办法》的正式实施,经政府部门授权,该终端处置设施厂在苏州市三城区范围进行餐厨废弃物收集、运输和处置一体化营运试点,苏州市的餐厨废弃物管理和处理开始走上资源化的循环经济之路,并形成了"属地化两级政府协调管理,收运处一体化市场运作"的餐厨废弃物处理"苏州模式"。该模式具有以下特点。

(1) 苏州市对餐厨废弃物的重新定义

《苏州市餐厨废弃物管理办法》中的餐厨废弃物是指:除居民日常生活以外的食品加工、餐饮服务、单位供餐等食品生产经营活动中产生的食物残余、食品加工废料和废弃食用油脂,其中废弃食用油脂是指餐厨废弃物中的油脂以及油水混合物和经油水分离器、隔油池等分离处理后产生的油脂等。

苏州市餐厨废弃物管理办法中的餐厨废弃物包括了废弃食用油脂,这是因为将废弃食用油脂也纳入餐厨废弃物管理的范畴一并管理和处置,既有利于从源头上控制防止"地沟油"重返餐桌,也有利于整个餐厨废弃物资源化处置和管理体系的构建。废弃食用油脂处置工艺相对较成熟,终端处置成本相对较低,且可以产生有较高回收利用价值的副产品,如生物柴油等,而普通餐厨废弃物处置工艺相对复杂,处置成本高,如将两者的终端处置作为整体由同一终端处置企业处置,可以大为降低单独处置普通餐厨废弃物的成本,从而大为降低在市场化模式下,餐厨废弃物收集、运输和处置各环节总体成本的支出,有利于推进整个餐厨废弃物资源化处置和管理体系的建设。

(2) 通过试点摸索管理措施

在《苏州市餐厨废弃物管理办法》出台以及终端处置设施建成的前提下,为了解餐厨废弃物收集、运输和处置各个环节中的具体情况,同时也为采用市场化模式建立餐厨废弃物收集和运输体系提供基础数据,结合目前国内其他城市餐厨废弃物管理的现状,苏州市对现有生活垃圾管理模式进行创新,委托终端处置企业进行为期半年的收集、运输和处置一体化试点。试点期间对餐厨废弃物产生单位暂免收取餐厨废弃物处理费,并由政府给予收运成本的补贴。

(3) 分步提出餐厨废弃物资源化利用目标

由于餐厨废弃物管理的复杂性,最终管理效果不可能一蹴而就,根据国内城市餐厨废弃物管理的现状,结合苏州的实际,苏州市的餐厨废弃物管理目标分成近期目标和远期目标。近期目标:通过《苏州市餐厨废弃物管理办法》及其他配套措施的实施,在苏州市古城区和周边四个区开展餐厨废弃物规范管理的试点和推进工作,建立并完善三个体系——建立和完善市、区两级属地化管理体系;建立和完善以"政府主导、市场化运作"为基础的餐厨废弃物收运和处置体系;建立和完善各部门执法配合、经费投入和人员配置等其他管理保障体系。中远期目标:在建立和完善以上三个体系的基础上,用2至3年或更长时间的规范管理,实现基本以市场化模式收集并集中处置市区90%以上的餐厨废弃物;基本杜绝餐厨废弃物用于饲养"垃圾猪"和提炼"地沟油"等非法利用现象,最终实现餐厨废弃物处置的减量化、无害化和资源化。

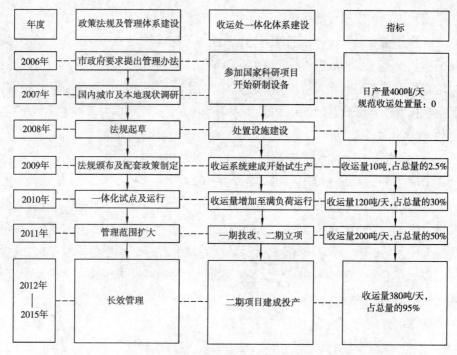

图 3-7　苏州市餐厨废弃物管理流程及设想

3.4.3　苏州市餐厨废弃物资源化利用和无害化处置的管理体系

3.4.3.1　苏州市餐厨废弃物管理体系的构成及工作机制

（1）管理体系的建立及运行情况

目前苏州市餐厨废弃物的管理体系采用的是市、区两级属地化管理体系：市市容环境卫生行政主管部门负责本行政区域内有关餐厨废弃物的监督管理工作；县级市、区市容环境卫生行政主管部门根据管理权限，负责本辖区内有关餐厨废弃物的监督管理工作。

苏州市建立了餐厨废弃物资源化利用和无害化处理的市长负责制，在政府层面建立了协调机制，市政府领导多次召开各有关部门参加的协调会议；苏州市市容市政管理局、公安城管治安分局、交巡警支队等有关部门还根据各自工作的重点，联合召开了多次管理工作推进会议，市发改委、市财政局、市环保局、市卫生局、市农委等有关部门也按照各自的职责开展了大量工作。发改、经信、公安、财政、水利(水务)、农业、商务、卫生、环保、食药监、物价、工商、质监等行政主管部门按照各自职责，做好餐厨废弃物的监督管理工作。

（2）执法队伍建设情况

目前苏州市餐厨废弃物的执法体系采用综合执法体系：苏州市市容市政、环保、卫生、食药监、公安、农委等有关执法部门，按照各自的执法职能，从各自的管理范畴加强对餐厨废弃物管理的执法工作；对于比较集中的违法地段和时段，分别由苏州市市容市政管理部门和卫生部门牵头，不定期地展开多部门联合整治行动，加强执法力度。

（3）监管及执法的实施情况

① 源头行政指导和宣传引导

市区两级环卫管理部门广泛借助各种平台和途径进行宣传，制定了《苏州市餐厨废弃物管理宣传手册》及宣传单（页）、光盘、致餐饮企业的一封信等，免费向市民发放，市、区环卫部门上门对餐饮商家进行宣传并指导规范管理，通过新闻媒体对餐饮企业的不规范行为进行曝光，还通过社会力量来监督非法收运、处置餐厨废弃物的行为。

② 整治非法收运

在前期大量宣传教育的基础上，苏州市市容市政管理局联合公安治安和交警等有关职能部门对路面非法收运行为进行集中整治，暂扣非法收运"黑车"，截获餐厨废弃物和地沟油。苏州市卫生监督部门也联合有关部门对非法加工提炼地沟油的窝点进行突击整治，多次和持续的打击非法收运整治行动较好地遏制了餐厨废弃物不规范收运行为。

③ 终端处置监管

苏州市餐厨废弃物的终端处置具体监管工作由苏州市环境卫生管理处生活固体废弃物监管中心负责，根据项目的试点以及正式运行情况，监管中心先后组织开展了《餐厨废弃物临时收集、运输和处置监管协议》《苏州市区餐厨废弃物收集、运输和处置受托企业责任书》的签订工作，向餐厨废弃物处置企业派驻了专职的监管员，通过定期开展集中考核和24小时在线实时监控相结合的考核方式，对餐厨废弃物的终端处置情况、资源化产品产量、安全运行、环境影响、社会责任等方面实施全面的监管，每月依据考核结果支付政府的收运补贴。

3.4.3.2 苏州市餐厨废弃物管理的主要措施

（1）召开餐厨废弃物管理工作推进会

政府分管领导不定期召开工作会议，统一布置管理工作各条块工作任务。苏州市环境卫生主管部门每月都召开由市、区两级环境卫生主管部门、交巡警及公安城管治安分局等有关部门参加的推进会，要求各区对所在区的餐饮企业进行上门宣传教育,布置对非法收运餐厨垃圾的集中打击。

(2) 进行餐厨废弃物非法收运集中整治

由苏州市环境卫生行政主管部门组织协调各区环境卫生行政主管部门、公安、交警、城管和环卫等部门联合协同行动,在城区范围进行阶段性的餐厨废弃物非法收运集中整治。

(3) 加强源头管理

苏州市环境卫生行政管理部门统一印制了《苏州市餐厨废弃物管理办法》单行本和有关的宣传材料,由城区市容市政管理部门对餐饮企业进行上门宣传,指导餐饮企业与政府授权的收运处一体化企业签订规范的收运合同。此外,目前还正在与卫生部门协调将餐饮企业是否签订餐厨废弃物收运合同及签订合同后的餐厨废弃物收运量作为卫生许可证年检通过的必要条件,从源头上加强餐厨废弃物的管理。

3.4.4 苏州市餐厨废弃物资源化利用和无害化处置的收运体系

苏州市实行收运处一体化运营,由终端处置企业直接负责对全市餐厨垃圾和地沟油统一进行收集、运输、处置及深度资源化利用。苏州市市容市政局负责对收运处理工作进行监管。收运流程如图3-8所示。

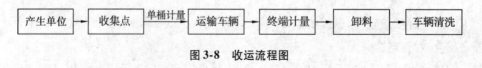

图3-8 收运流程图

3.4.4.1 餐厨废弃物油水分离装置、收集装置的配备

自2004年《苏州市城市排水管理条例》实施以来,特别是《关于印发苏州市城市排水户分类管理办法的通知》(苏府〔2007〕114号)下发后,苏州市环保部门和水务部门就餐饮企业管理工作进行了明确的分工,由苏州市排水管理处负责对餐饮企业的餐厨废弃物油水分离装置(隔油池)进行监督管理,餐饮企业的油水分离装置(隔油池)由餐饮企业按照要求进行建设,只有在通过排水部门的验收后才能获得环保局的环境评估。因此苏州目前新建、改建、扩建和规模性餐饮企业的油水分离装置(隔油池)的设施率基本保持在100%,完好运转率也基本保持在95%。

3.4.4.2 专用收集设施设备及车辆的配备

根据现有的收运处一体化模式,餐饮企业的收集装置将由洁净公司负责配置,根据苏州市生活垃圾分类的要求,逐步采用灰色120L或240L餐厨废弃物专用收集桶。收运车辆采用全密闭车型,以避免收运环节对环境产生影响。

3.4.4.3 收运体系配套管理制度的建设

(1) 餐厨废弃物台账制度

餐饮企业和收运处一体化运作企业建立规范的基础台账,翔实记录餐厨废弃物的来源、种类、数量、收集时间、去向等明细情况,每月向各区环卫管理部门申报。

各区环卫管理部门每季度将各区餐厨废弃物收运、处置等情况汇总后报送市环境卫生行政主管部门。

各区环卫管理部门发现餐饮企业申报的情况不实的,由区环境卫生行政主管部门责令限期改正,逾期不改正的根据情节对之进行处罚,并将处罚情况汇总上报至市环境卫生行政主管部门。

(2) 餐厨废弃物申报制度

餐饮企业每年度向所在区环卫管理部门申报本单位餐厨废弃物的种类和产生量。新开业单位应当在开业后15个工作日内进行申报,变更餐厨废弃物排放计划的,在变更计划前15个工作日内办理变更手续。申报数据由各区环卫管理部门汇总后上报市市容市政管理局备案。

各区环卫管理部门根据申报单位的营业面积大小以及上年的台账数据,对申报单位申报的数据进行核实并确认,并以此作为和餐厨废弃物收集运输单位签订收运合同的前提。

餐饮企业的申报经环卫管理部门确认后,应与管理部门确定的餐厨废弃物收运单位签订收运合同,明确双方权利义务,接受相关部门的监督检查。

市、区两级城市管理行政执法部门不定期组织联合检查和执法行动,通过媒体监督和行政处罚等手段,减少餐饮企业不申报、少申报以及申报以后偷排、乱排等行为。

3.4.5 苏州市餐厨废弃物资源化利用和无害化处置的处置体系

3.4.5.1 终端处置设施概况

苏州市主城区餐厨废弃物处理工程位于吴中区静脉产业园,由江苏洁净环境有限公司负责建设和运行管理。项目总建设规模350吨/日,总占地面积40亩,总投资约1.8亿元。二期工程已于2013年初建成投产,目前日处理350吨。二期工程在一期工程的基础上,通过对部分主要设备升级,取代了原有的人工分选,实现了机械化、自动化生产处置,车间密闭通过负压吸风的方式将产生的臭气经过生物处理后排放,以减少对厂区周围环境的影响。

3.4.5.2 工艺流程

苏州市餐厨废弃物处理厂主要采用"湿热水解+高中温厌氧发酵"的工艺技术,其中,分选及湿热水解、厌氧发酵等主要核心设备均为江苏洁净公司自主研发设备。具体流程如图3-9所示。收运来的餐厨废弃物进入处理车间,分选出杂物,并将油和固性物分别分离出来,固性物制成饲料添加剂,废油经过炼制,制成生物柴油。产生的污水经过厌氧发酵,产生的沼气用于锅炉燃烧产生蒸汽,蒸汽用于废油炼制热源。

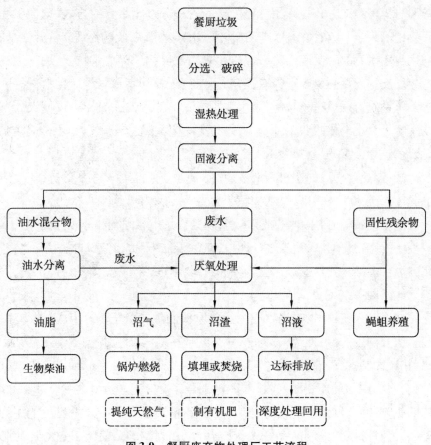

图3-9 餐厨废弃物处理厂工艺流程

从餐饮单位收运来的餐厨剩余物含有一部分生活垃圾,如塑料、筷子以及金属物等,它们会对后续的生产设备造成损害,必须将之分选取出。分选后的餐厨废弃物进入预处理阶段的关键环节——湿热处理系统。湿热处理一方面能够有效杀灭病原菌,另一方面又能够将大分子有机物水解为易于微生物分解的小分子有机物,利于后续厌氧发酵。该工艺能够将餐厨废弃物中的固相油脂大量溶出,提高餐厨废油的回收效率,同时消除油脂对厌氧发酵的不利影响。湿热处理后的餐厨废弃物进入分离系统,油脂被提取出来送入生物柴油系统,其他有机物进入二级厌氧发酵系统,通过二级厌氧发酵,绝大部分有机物被微生物分解转化为清洁能源沼气,沼气再通过提纯系统,制成高附加值的压缩天然气。

筛选:本项目采用机械振动筛筛选,主要用于将固体杂质与(有机)固液物分离。本过程虽使用振动筛,但其主要是筛选湿物料,基本无噪声产生。

湿热处理系统:该系统由进料仓、提升机、分选机、破碎机、湿热罐、储料罐、卧螺离心机等组成。首先利用机械分选与人工分选相结合的方式,分选出餐厨废弃物中的筷子、一次性餐盒、啤酒瓶、废塑料、废钢铁、废陶瓷等非营养性杂物。再利用自主研发的餐厨废弃物破碎机将餐厨废弃物破碎成浆状,利用管道输送至湿热反应釜。湿热反应釜带有搅拌装置,内设蛇形管通蒸汽对物料进行间接加热。该系统有以下三项功能:可以实现杀灭病原菌,去除异味;可使大分子有机物水解为易于消化吸收的小分子有机物;可改变油脂形态,促进固相油脂浸出、液化、上浮,改善分离特性。

冷却:湿热处理后的有机固液物通过反应釜的夹套冷却系统冷却,使反应釜中的温度降至90℃~100℃。冷却系统所使用的冷却液为水。

固液分离:本项目采用螺旋挤压机,在其作用下将固相和液相分离。

油水分离:本项目采用碟式分离机,在密闭条件下的离心力的作用下将油脂与水分离。分离出的油脂进入生物柴油系统,水进入厌氧发酵系统产沼气,固形物进入蝇蛆养殖系统。

生物柴油系统:生物柴油生成系统的原料油主要由三部分组成:地沟油、餐厨废水中分离出的油、外购原料油。该系统包括地沟油预处理、餐厨废水油水分离、生物柴油制备三个部分。地沟油在经过预处理取出其中的杂质后再进行油水分离,将其中的油脂资源回收,然后进入酯化反应工序得到含有甘油、甲醇等杂质的生物柴油,再经过甲醇回收、甘油提取、精馏等工序,制成高纯度的生物柴油产品,同时得到甘油副产品。先将废弃食用油脂加温,使其中的动物油脂融化,保持良好的流动性,再经过碟式分离机将加温后的废弃食用油脂中的油脂和含油脂废水分开。之后再进行物理净化处理,处理后的油脂既可作为再生油酸原料,也可作为生物柴油原料。本项目的生物柴油生产工艺采用硫酸和甲醇作催化剂的酯交换反应法。用酯交换法生产生物柴油,是指采用油脂(脂肪酸甘油酯)与甲醇在酸性催化剂(一般采用硫酸等强酸性催化剂)存在下进行酯交换反应(又称醇解反应),产生脂肪酸甲酯和甘油。

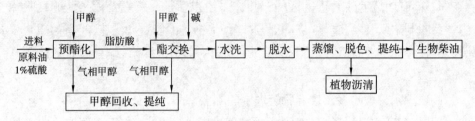

图 3-10 生物柴油制备流程图

3.4.6 城市餐厨废弃物管理的几点思考

(1) 有关法规及配套措施的制定是餐厨废弃物管理的基础

餐厨废弃物的管理涉及环境卫生、城管、公安、工商、食药监、卫生、环保、农林等多个部门,协调管理的难度很大,各个城市的管理部门也还有各自不同的具体情况,仅仅靠城市环境卫生行政主管部门很难管好餐厨废弃物。餐厨废弃物管理的前提是制定有关的法规,并根据不同城市各自的具体情况,出台配套的管理措施,细化各职能部门的工作分工,从管理、执法、监督、宣传、经费保障等多方面形成合力,实现餐厨废弃物的长效管理。

在制定餐厨废弃物管理办法的过程中,对城市餐厨废弃物产生量及流向的调查十分必要,因为通过调查不但能够确定餐厨废弃物终端处置设施的规模,还能够为管理措施的制定提供基础数据,提高管理效率。

(2) 经费保障体系是餐厨废弃物管理成功的关键

如果采用市场化的模式进行餐厨废弃物的收集和运输,就必须明确承担餐厨废弃物收运成本的主体。按照普通生活垃圾"谁污染,谁付费"的原则,单独收集和运输餐厨废弃物的这些费用应该由餐厨废弃物产生单位来支付;但同时餐厨废弃物的处置也是一项公益事业,有利于保障公众食品安全,满足社会公众利益的需要,根据建设部 2002 年印发的《关于加快市政公用行业市场化进程的意见》中的有关规定"若为满足社会公众利益需要,企业的服务定价低于成本时,政府财政部门还应给予相应的补贴",因此,地方政府在餐厨废弃物管理工作中,特别是在管理的初期应当是餐厨废弃物收运处成本承担的主体,在经过一段时间的规范管理,直接用餐厨废弃物饲养"垃圾猪"和提炼"地沟油"的现象大为减少以后,政府可以逐步减少对收运成本的补贴,在整个收集、运输和处置的市场化完全成熟以后,再用餐厨废弃物产生者和终端处置企业缴纳的费用来平衡整个收集运输体系的成本。

此外,餐厨废弃物管理的经费保障体系还包括了对终端处置企业的税收优惠体系的制定以及落实产业导向等,这些经济措施的制定和实施,将有效减轻餐厨废弃物终端处置企业在税收和融资等方面的负担,保障终端处置企业的正常运行。

(3) 源头管理是餐厨废弃物管理中的难点

餐厨废弃物管理特别是对源头的管理难度大,各个城市餐厨废弃物的管理应该突出对源头的管理。环卫、环保、城管、卫生、工商、公安、农林等有关的职能部门都应该各尽其责,建立有效的协同管理机制,如卫生部门可以将餐厨废弃物处置的情况纳入卫生许可证年检的范畴,环保部门将餐厨废弃物处置情况纳入环境影响评价范畴等;此外,执法部门应该配合有关的管理单位,加强执法力度。通过突出对源头的管理,控制餐厨废弃物的非正规流向,合理安排餐厨废弃物处置物流,为终端处置企业提供足够的原料,减少因管理环节有效性下降而产生的政府对末端处置企业补贴的上升。

(4) 采用收运处一体化运作有利提高管理效率

餐厨废弃物的收集、运输是餐厨废弃物规范管理中的又一个重要环节,收集运输的质量把握和效率高低直接影响到终端处置企业的正常运行。目前国内进行餐厨废弃物规范管理的城市其收运体系多是单独建设,由收运单位收集餐厨废弃物以后运至终端处置设施进行处置。苏州在试点的过程中,创新性地采用了收运、运输和处置一体化的模式,餐厨废弃物的收集、运输和处置均由一家单位完成。这种收运模式能够提高餐厨废弃物收运单位的积极性,同时终端处置企业可以根据处置的需求与餐厨废弃物产生单位进行直接沟通协调,提高收运餐厨废弃物的质量,便于后续的资源化处置。这种收集、运输和处置一体化的模式也减少了政府的监管对象,有利于提高政府的监管效率。

(5) 加强技术研究是推进餐厨废弃物管理的重要途径

目前国内的餐厨废弃物资源化技术还不是十分成熟,对餐厨废弃物资源化和无害化的技术展开研究,可以提高餐厨废弃物的资源化程度,降低餐厨废弃物处置成本,提高餐厨废弃物终端处置产品的附加值,既提高了企业经济效益,又有助于降低政府的补贴投入,还可以吸引更多的企业参与餐厨废弃物处置,有利于餐厨废弃物处置的全面市场化。

加强技术研究还包括了对餐厨废弃物资源化产品应用范围及相关标准的研

究,通过这些研究明确这些产品的用途,有利于为资源化后的产品提供更明确的市场范围。

　　此外,对餐厨废弃物的技术研究还包括了对居民产生的厨房垃圾的研究,这部分厨房垃圾占了城市居民生活垃圾的相当大部分,加强对这部分厨房垃圾的资源化处置技术和分类回收技术的研究,有利于在下一步拓宽餐厨废弃物管理的范畴,推动城市生活垃圾分类工作,促进环卫行业的整体发展。

第四章

建筑垃圾资源化利用和无害化处理

4.1 建筑垃圾的概念及特性

4.1.1 建筑垃圾的概念

建筑垃圾来源广泛,其成分复杂,且常常与城市生活垃圾混杂在一起,因此目前国内以及国际上关于建筑垃圾还没有统一、明确的定义,不同国家与地区对建筑垃圾的解释和定义也不尽相同。

美国环保署对建筑垃圾的定义是"在建筑物新建、扩建和拆除过程中产生的废弃物质",这里的建筑物主要包括各种形式的建筑物和构筑物等。而根据建筑活动性质的不同,建筑垃圾又可划分为以下五类:交通工程垃圾、挖掘工程垃圾、拆卸工程垃圾、清理工程垃圾和扩建工程垃圾。

在日本,建筑垃圾被定义为"伴随拆迁构筑物而产生的混凝土破碎块和其他类似的废弃物",属于稳定性产业废弃物中的一种。

我国香港环保署将建筑垃圾分为两类:新建过程中的垃圾和拆除过程中的垃圾。新建过程中的建筑垃圾包括报废的建筑材料、多余的材料和使用后抛弃的材料等。

我国建设部于2003年6月颁布了《城市建筑垃圾和工程渣土管理规定(修订稿)》,其中提出了工程渣土的概念,该法规认为:建筑垃圾、工程渣土,是指建设、施工单位或个人对各类建筑物、构筑物等进行建设、拆迁、修缮及居民装饰房屋过程中所产生的余泥、余渣、泥浆及其他垃圾。这里对建筑垃圾的定义更加详尽,明确了建筑垃圾在建设施工、装饰装修、拆迁整个过程中都会产生,并将余泥、泥浆也归入其中。

2005年3月,建设部发布《城市建筑垃圾管理规定》,对建筑垃圾进行了说明:建筑垃圾是指建设单位、施工单位新建、改建、扩建和拆除各类建筑物、构筑物、管网等以及居民装饰装修房屋过程中所产生的弃土、弃料及其他垃圾。

4.1.2 建筑垃圾的理化特性

4.1.2.1 建筑垃圾的成分

建筑垃圾因为来源广泛,并且国内不同时期建筑物的结构形式以及建筑材料的种类不同,所以产生的建筑垃圾的组成成分也存在很大的差异。

20世纪60年代以前,由于经济条件以及建筑水平的限制,我国建筑结构材料主要是砖、石、木材,砌筑和抹面材料主要为石灰砂浆。这一阶段的建筑垃圾成分都比较简单,处理和利用也要相对简单很多。

60年代至90年代期间,随着我国城市化建设进程的加快,建筑的主体结构材料是以烧结黏土砖和混凝土预制构件为主;屋面材料则是以预制混凝土空心楼板加沥青油毡防水材料为主;门窗以木门窗和钢门窗并重;砌筑抹面以水泥砂浆、水泥石灰砂浆为主。目前,这部分建筑垃圾是旧建筑拆迁垃圾的主体部分。

90年代以后,随着我国建筑技术水平的大力提升,建筑结构和材料均发生了质的变化。除多层砖混结构外,混凝土结构和钢结构建筑逐渐发展为主流。建筑垃圾主要由渣土、碎石块、废砂浆、砖瓦碎块、混凝土块、沥青块、废塑料、废金属料、废竹木等的废弃混合物组成。其中,废砂浆和混凝土块中含有的大量水合硅酸钙和氢氧化钙使渗滤水呈强碱性;废石膏中含有的大量硫酸根离子在厌氧条件下会转化为硫化氢;废纸板和废木材在厌氧条件下可溶出木质素和单宁酸并分解生成挥发性有机酸;废金属料可使渗滤水中含有大量的重金属离子。

4.1.2.2 建筑垃圾的分类

建筑垃圾按施工过程(阶段)和废弃物种类分为建筑拆除垃圾、建筑施工垃圾以及工程弃土三类。

(1) 建筑拆除垃圾

建筑拆除垃圾是拆除各种建筑物而产生的建筑垃圾,主要有各种碎砖块(混有砂浆)、混凝土块、废旧木料(主要是门窗)、房瓦、废金属(如钢筋、铝合金等)及少量装饰装修材料(如陶瓷片、玻璃片等)。建筑拆除垃圾相对建筑施工单位面积产生的垃圾量更大,旧建筑物拆除垃圾的组成成分与建筑物的结构有关。因为建筑拆除垃圾一般是产生于旧砖混结构建筑的拆除过程中,且多来自砖混结构的居民住房,因此砖块、瓦砾的比例相对较大,其次为木料、碎玻璃、石灰、渣土,以及废弃框架、玻璃等。随着时间的推移以及建筑水平的越来越高,旧建筑拆除垃圾的组成会发生变化,主要成分由砖块、瓦砾向混凝土块转变。

通过对苏州市的调研发现,苏州市建筑拆除垃圾的主要组成成分有废旧混凝土块、废砖块、门、窗、钢筋、废木料、废旧装饰材料和少量生活垃圾等。下图4-1为苏州市历年拆除建筑垃圾产生量。

(2) 建筑施工垃圾

建筑施工垃圾由建筑土建施工过程中产生的建筑垃圾和建筑装饰装修过程中产生的建筑垃圾两部分组成。

① 建筑土建施工过程中产生的建筑垃圾(建筑土建垃圾)

建筑土建垃圾主要来源于不同结构类型的建筑物,这一类垃圾的产生量与施工管理人员的管理水平、房屋的结构形式及特点、施工技术等多方面因素有关,并牵涉到业主、设计、承包商等各方面。这一类建筑垃圾虽然各种成分的含量有所不同,但其主要成分基本一致,主要包括砖石、混凝土碎块、砂浆、混凝土泥浆、桩头、钢材、废金属料、竹木材、渣土以及各种包装材料。

② 建筑装饰装修过程中产生的建筑垃圾(建筑装修垃圾)

建筑装修垃圾具有其特殊性,突出表现在成分的复杂性。随着人民生活水平的提高,房屋装修档次逐年提高,材料品种多样,成分相应复杂,其中含有一定量的有毒有害成分,如胶黏剂、灯管、废油漆和涂料及其包装物、壁纸、人造板材以及一些人工合成化学品等,建筑装饰装修垃圾大致可以分为可回收物和不可回收物两大类,其中可回收类建筑装修垃圾包括天然木材、纸类包装物、少量砖石、混凝土、碎块、钢材、玻璃、塑料等;不可回收物类包括胶黏剂、胶合木材、废油漆和涂料及其包装物等。可回收物类占建筑装修垃圾的大部分。

(3) 工程弃土

工程弃土来源于两部分:一部分来自于新建建筑时的土方开挖;另一部分来自于城市轨道交通建设产生的弃土。

4.1.2.3 建筑垃圾的来源

通过对施工过程和建筑废料进行调查分析发现,建筑废料的产生主要发生在以下几个环节:

(1) 设计:设计不当与错误,施工开始时,合同和设计文件不完善,设计变更。

(2) 材料采购:订购错误(错订、多订等);发货、运货错误;材料质量差。

(3) 材料处理:运输损坏(工地内外);运输存储方法不当造成损坏。

(4) 施工操作:工人操作不当引起;使用不合适材料要求拆换。

(5) 剩余:材料现场加工产生的边角料;由于要求不明确造成的材料过剩。

几类建筑垃圾产生的主要原因如下:

（1）碎砖块：砖（砌块）主要用于建筑物承重和维护墙体。产生碎砖块的主要原因是：由于组砌不当、设计不符合建筑模数或选择砖（砌块）规格不当、砖（砌块）尺寸和形状不准等原因，在砌筑过程中不得不进行砍砖；运输破损；设计变更造成的拆除和开凿。

（2）砂浆：砂浆主要用于砌筑和抹灰。产生砂浆废料的主要原因有：在施工操作过程中不可避免的散落，其他如拌和过多、运输散落等也是造成砂浆废料的原因。

（3）混凝土：混凝土是重要的建筑材料，用于基础、构造柱、圈梁、梁、柱、楼板和剪力墙等结构部位。施工中产生混凝土废料的主要原因有：浇筑时散落和溢出、运输时的散落、商品混凝土订货过多、设计变更造成的开凿和拆除等。

（4）模板：模板是新浇混凝土成型用的模型。施工中产生模板废料的主要原因有：模板拼接时切掉的多余边料；管理混乱，工人随意裁切整模板。

（5）钢筋：施工中产生钢筋废料的主要原因有：将钢筋切割成设计尺寸时产生的钢筋头；工人操作不当造成的废料。

4.1.3 建筑垃圾利用处置不当的危害

4.1.3.1 侵占土地，降低土壤质量

目前我国建筑垃圾的处理及资源化利用相对还不够完善，大部分的城市建筑垃圾并没有经过处理就被直接运往郊外或农村进行堆放。据估计，每堆积1万吨建筑垃圾约需占用67平方米的土地。建筑垃圾的堆放占用了大量的土地资源，会造成人地相争的现象，必然导致不小的土地压力。而且随着我国经济的发展、城市建设规模的扩大以及人们居住条件的提高，建筑垃圾的产生量会越来越大，建筑垃圾侵占土地的问题会变得更加严重，甚至已经出现了随意堆放的建筑垃圾侵占耕地、航道等现象。

此外，堆放建筑垃圾对土壤的破坏是极其严重的。垃圾中的有害物质（其中包含有城市建筑垃圾中的油漆、涂料和沥青等释放出的多环芳烃构化物质）通过垃圾渗滤液渗入土壤中，从而发生一系列物理、化学和生物反应，如过滤、吸附、沉淀，或为植物根系吸收或被微生物合成吸收，造成郊区或农村土壤的污染，从而降低了土壤质量。建筑垃圾中重金属的含量较高，它们在多种因素作用下会发生化学反应，使得土壤中的重金属含量增加，引起附近农作物中重金属含量增高。

4.1.3.2 污染水体

建筑垃圾在堆放和填埋过程中，由于发酵和雨水的淋溶、冲刷以及地表水与

地下水的浸泡而产生的渗滤液或淋滤液,会对周围地表水和地下水造成严重的污染。很多建筑垃圾含有金属、有机物等污染物,它们会使被污染的水质成分变得复杂,例如:废砂浆和废混凝土块含有的水合硅酸钙等成分会使渗滤水呈现强碱性;一些金属建材或装修用材等会造成金属离子析出,可使地表浅水增加大量的重金属离子等。同时废纸板和废木材自身发生厌氧降解产生木质素和单宁酸并分解生成有机酸,若进入水体,同样也会造成地表水和地下水的污染,从而对环境造成二次污染,并危害人类身体健康。

4.1.3.3 影响空气质量

建筑垃圾成分复杂,难免会含有一些有机物质,在堆放过程中在适宜的温度、水分等环境条件下,这些有机物质会发生化学反应分解产生有害气体,影响空气质量,造成对大气的二次污染。例如:废石膏中含有大量硫酸根离子,硫酸根离子在厌氧条件下会转化成具有臭鸡蛋味的硫化氢;废纸板和废木材在厌氧条件下可溶出木质素与单宁酸并分解生成挥发性的有机酸。随意堆放的建筑垃圾会产生大量的扬尘,其所含的细菌、粉尘随风吹扬飘散,会造成对空气的污染。

4.1.3.4 影响市容美观

在外界因素的影响下,随意堆放的建筑垃圾会出现崩塌,阻碍道路交通,甚至冲向其他建筑物的现象也时有发生。这些建筑垃圾往往成为城市的卫生死角。混有生活垃圾的城市建筑垃圾如不能进行适当的处理,一旦遇到雨天,脏水污物四溢,恶臭难闻,不仅会成为细菌的滋生地,还会严重影响城市的容貌和景观,对构建良好的城市整体形象影响极大。可以说,城市建筑垃圾已成为损害城市绿地的重要因素,是市容的直接或间接破坏者。

4.2 国内外建筑垃圾资源化利用及无害化处理的现状

4.2.1 国内建筑垃圾资源化利用及无害化处理的现状

随着经济社会的快速发展和城市化进程的不断加快,我国正处于高速建设时期,城市建筑垃圾产量剧增。目前我国年拆除建筑产生的固体废弃物达3亿吨以上,年新建建筑产生的建筑固体废弃物有1亿吨,建筑固体废弃物占人类活动产生废弃物总量的40%,但我国建筑垃圾资源化处理工作相对滞后,建筑垃圾资源化水平较低(资源化率不足5%),处理方式主要以露天搁置和填埋为主。未得到资源化利用的建筑垃圾会占用土地,降低土壤质量,影响空气质量,对水域产生污染,并会破坏市容,恶化环境卫生,甚至可能产生安全隐患。加之建筑垃圾的资源化利用涉及源头管理、运输管理和终端处置等多个环节,管理难度大,建筑垃圾的资源化利用已经成为困扰城市发展的一个问题。因此对城市建筑垃圾的现状及存在的问题进行分析,并提出相应对策,对促进建筑垃圾资源化利用具有重要的意义。

4.2.1.1　国内建筑垃圾处理的总体现状

从 2000 年左右开始,针对城市建筑垃圾处理体系不完整和资源化利用率低的现状,我国的一些企业、科研院所和政府人员开展了许多探索性的研究与尝试。例如,建设部将"建筑废渣综合利用"列入了 1997 年科技成果重点推广项目;同年,中国建筑材料科学研究总院承担了国家"十五"科技攻关项目专题"建筑垃圾的循环再生及其应用技术研究";2000 年,秦皇岛冶金设计研究总院开始了"建筑垃圾的处理及再生利用研究"课题,该课题对再生骨料的材性、再生混凝土的性能进行了较为全面的研究,对再生混凝土灌注桩进行了施工及性能评价;同济大学在再生骨料、再生混凝土领域也已做了较为深入的研究,该校材料科学与工程学院将绿色建材列入重点建设发展的学科领域之一,正在系统、深入地开展绿色建材的研究;华中科技大学的李惠强、杜婷等人设计了建筑垃圾作为循环再生骨料的工艺流程,并评价了建筑垃圾作为再生骨料的技术经济性;肖建庄、孙振平等完善了利用建筑垃圾生产再生骨料的生产工艺;国内学者邢振贤等将废弃混凝土用作再生混凝土骨料,与配合比相同的标准混凝土相比,得出前者的抗压强度降低 9%、抗拉强度降低 7% 的结论;在汶川地震发生后,同济大学的张雄教授协助灾区建成了两个建筑垃圾资源化示范生产基地,每个基地的生产线可生产再生骨料 100 万吨/年,并已申请国家专利;厦门大学的石建光等也对震后建筑垃圾的再利用途径作了探讨。

4.2.1.2　国内一些城市的建筑垃圾处理的现状

(1) 北京

北京市垃圾渣土管理处负责全市渣土日常管理工作,受理跨区、县工程以及国家和市级重点工程渣土的消纳(回填)申请等;区、县渣土管理部门主要负责管辖区内渣土消纳申报管理、渣土消纳场管理等。2006 年 12 月起,北京市规定渣土砂石运输车辆必须持有绿色环保标志,并安装符合《流散物体运输车辆全密闭装置通用技术条件》规定的机械式全密闭装置,施工单位要优先选用有绿色环保标志的车辆承担渣土砂石等的运输工作。北京市每年设置 20～30 个建筑垃圾消纳场。这些消纳场大部分设在五环以外,主要是将现有大坑、窑地等经过整理而成,并在其内设置照明等设施。消纳场由企业经营,并按照市场化的物价标准向运输单位收取费用。

(2) 上海

1992年,上海市人民政府第10号令发布了《上海市建筑垃圾和工程渣土处置管理规定》,并于1997年以上海市人民政府第53号令进行了修正。2005年起,建筑垃圾的日常管理和监管由区(县)负责,市渣土管理部门主要负责全市建筑垃圾的规划、协调、政策研究、检查考核等宏观管理。上海市建筑垃圾运输以车辆运输为主、车辆运输加船舶转运为辅,车、船均采用了GPS定位、IC智能卡监控技术,以有效实施建筑垃圾运输车船作业状态监控管理。建筑垃圾末端处理通常采取回填标高、围海造田、堆山造景等方式。2003年至2005年,以标高回填、工程回填、绿化用土等方式处理的建筑垃圾约占年产生量的60%;以围海造田方式处理的建筑垃圾占年产生量的30%;其余10%以临时堆放、弃置等方式处理。上海还有1座利用废弃混凝土块制作砌块和骨料的资源化处理厂,年处理能力为20万吨。

(3) 深圳

深圳市每年建筑垃圾产出量约4800万吨,按照国际测算法,每万吨建筑垃圾占用填埋场的土地约1亩,深圳每年产生的建筑垃圾填埋占地面积就要上千亩,用地资源情况日渐紧张。在市政府的推动下当地建立了建筑废弃物综合利用厂,并于2008年9月开始建设。该厂占地面积约4万平方米,生产厂房约3000平方米,处理能力约为140立方米/小时,日产免烧砖15万~16万块。一年可以消化建筑废弃物100万吨,生产标砖150万立方米、砂浆25万立方米,对拆迁建筑废弃物中的无机废弃物基本实现了全量消纳。

深圳市环境卫生管理部门主要负责制定建筑垃圾管理的具体实施办法,并指导、协调、监督检查各区建筑垃圾的管理等工作;区环境卫生管理部门主要负责清理辖区内市政道路及小区范围内的无主建筑垃圾。深圳市在强化渣土运输规范管理方面,率先对近5000辆泥头车实施了密闭加盖;在防止道路污染方面,对全市施工工地实行地毯式、24小时监督管理,规定运输车辆运行线路和运输时间,实行全过程管理。深圳市建筑垃圾的处理方式大体分2种:一是未经任何处理直接填埋,约占98%;二是轻度分拣出废金属、废混凝土,约占2%。现有3个建筑垃圾填埋场均即将填满封场,其余建筑垃圾由各街道自行消纳。深圳市拟在塘朗山填埋场内建设1座处理能力为1600吨/天的建筑垃圾制砖厂,预计每年可处理建筑垃圾40万吨。

就建筑垃圾处理工序来讲,我国已具有一定的技术基础。目前建筑垃圾破碎和筛分工艺已经成熟,各种成套的机器设备也已经研制成功,值得大面积推广使用。对破碎混凝土作为再生混凝土骨料使用的实验室研究工作也已经成功,配合比设计成熟,可以配置 C20～C80 之间不同等级的混凝土。利用砂浆、砖瓦制造填充砖、墙体材料的实验室研究也已经成功。利用旧混凝土磨细后重新回炉生产水泥的研究工作正在进行中。

4.2.1.3 国内建筑垃圾处理存在的问题

综合我国城市建筑垃圾处理的现状,国内城市建筑垃圾的无害化处理和资源化利用还面临着不少问题,具体有如下几个方面:

(1) 管理体制不健全

目前我国对建筑垃圾的管理体系基本沿袭了计划经济时期的模式,即建筑垃圾的管理部门承担资质审批、事物承办等具体工作,同时肩负监督、检查和执法的任务等,而应有的法律、法规、计划、政策等制定的宏观管理职能明显削弱,这种管理体制不健全主要体现在三个方面:① 建筑垃圾管理的法律、法规、政策不完善。我国开展资源综合回收利用虽然已经有十多年的历史,但主要还是针对建筑垃圾运输、倾倒和填埋过程中进行控制,对建筑垃圾产生的源头管理只是做了原则上的说明,对建筑垃圾的综合回收利用没有强制性措施,难以贯彻执行。② 行业技术规范和标准较为缺乏。作为建筑材料用量最大的水泥及混凝土的原材料资源在逐渐减少,对建筑垃圾进行资源化循环利用的研究尤为重要,长期以来,我国在这方面的科研投入始终不足,目前仍然无法建立一些相应的技术标准和指标参数,如指导建筑垃圾循环再利用的建筑垃圾的结构、强度、力学等方面的特性指标,建筑垃圾代替原材料的技术、方法、安全系数等。③ 管理及运作部门协调约束机制尚不健全。政企不分、政事不分及管理与执法混淆的非正常状态,限制了管理工作的发展,既不利于及时发现问题、纠正问题,更无法调动各方面的积极性。

(2) 源头控制不力

目前,国内大部分城市建筑垃圾受纳量远远低于排放量。广州市中心城区 1990 年至 2004 年建筑垃圾的总受纳量只占总排放量的 32.78%,还有 67.22% 主要通过偷倒乱倒的途径进行处理,不仅占用了大量的土地资源,而且阻碍了交通,危害了人体健康。此外,建筑垃圾收集点设置不合理或与生活垃圾中转站合建也导致部分建筑垃圾没有进入受纳程序。

发达国家从 20 世纪 60、70 年代就开始实行"建筑垃圾源头削减策略",如在废弃物产生的过程中就对之给予源头上的控制,即对废弃物进行分类堆能资源化回收、再生利用等方面的管理和开发等。而目前我国的废弃物管理仅仅是从城市市容环境卫生的角度出发,目标是解决乱堆乱弃的现象,这是远远不够的。

(3) 处理方式相对落后

目前,我国的经济发展模式仍然是粗放型发展,只注重产出的经济成果,而无暇顾及垃圾的回收利用,"三化"(减量化、无害化、资源化)处理率较低。我国建筑垃圾处理及资源化利用技术水平落后,缺乏新技术、新工艺开发能力,设备落后。垃圾处理多采用简单填埋和焚烧,既污染环境又危害人们健康。有些城市甚至不做任何处理,导致环境问题加剧。与发达国家相比,我国在开展建筑垃圾再利用方面还存在很大的差距。但随着我国经济建设速度的不断加快以及城市化进程的不断推进,建筑垃圾问题会日益凸显出来,成为城市发展的一大障碍,那时建筑垃圾回收的课题将会越来越受到重视。

4.2.2 国外建筑垃圾处理现状

建筑垃圾处理是一个全世界都面临的问题,一些发达国家在建筑垃圾再利用方面已经取得一些成功的经验,并做了大量基础性研究工作,各种管理方式、处理技术设备都已经成熟,处理效果也比较好。

苏联学者 Glushge 于 1946 年首先提出了建筑垃圾再生利用的概念,并对再生混凝土的基本性能进行了研究。由于废弃混凝土和砖瓦是建筑垃圾的主要成分,此后国内外许多学者主要围绕废弃混凝土作为骨料制备再生混凝土的课题做了大量研究工作,并完成了有关标准规范的制定。荷兰代夫特工业大学(TU Delft)着重研究了掺有再生骨料的无机结合料基层的特性与级配、混合料组成等因素的关系。土耳其奥斯曼加济大学着重研究了再生混凝土的配合比设计以及新拌再生混凝土的特性。自 20 世纪 80 年代起,澳大利亚墨尔本和悉尼等城市开始利用再生骨料。德国将再生混凝土大量应用于公路路面工程,并于 1998 年 8 月提出了《在混凝土中采用再生骨料的应用指南》。北欧各国如丹麦、芬兰、冰岛、挪威、瑞典等于 1989 年实施了统一的北欧环境标准。比利时建筑研究协会(CSTC)长期以来一直关注建筑垃圾的再生利用,并在 20 世纪 80 年代末建立了专业学术组织,以促进对建筑垃圾回收利用的研究。

(1) 美国

美国是最早进行建筑垃圾综合处理的发达国家之一,其在建筑垃圾处理方面形成了一系列完整、全面、有效的管理措施和政策法规。在建筑垃圾管理政策方面,已经演变了"三代"。第一代是基于政府主导的命令与控制方法,通过行政手段实现污染控制;第二代是基于市场的经济刺激手段,强调企业在建筑垃圾产生方面的源头削减作用;第三代是在进一步完善政策的基础上实现政府倡导和企业自律的结合,提高广大公众的参与意识和参与能力。

美国的建筑垃圾综合利用大致可以分为3个级别:低级利用,即现场分拣利用,一般性回填等,占建筑垃圾总量的50%~60%。中级利用,即用作建筑物或道路的基础材料,经处理厂加工成骨料,再制成各种建筑用砖等,约占建筑垃圾总量的40%。美国的大中城市均有建筑垃圾处理厂,负责本市区建筑垃圾的处理。高级利用,如将建筑垃圾加工成水泥、沥青等再利用(这部分利用的比例不高)。

不同于我国对城市生活垃圾处理所采用的"减量化、无害化、资源化",美国对建筑垃圾实施"四化",即减量化、资源化、无害化和综合利用产业化。

产业化:美国还把处理建筑垃圾作为一个新兴产业来培育,深入探讨如何使建筑垃圾处理形成新的产业。在美国,建筑垃圾的再生资源产业已经达到一定的规模。

减量化:美国对减量化特别重视,从标准、规范政策、法规,从政府的控制措施到企业的行业自律,从建筑设计到现场施工,从优胜劣汰建材到现场使用规程,无一不是限制建筑垃圾的产生,鼓励建筑垃圾"零"排放。这种源头控制方式可减少资源开采,减少制造和运输成本,减少对环境的破坏,比各种末端治理更为有效。美国政府制定的《超级基金法》规定"任何生产有工业废弃物的企业,必须自行妥善处理,不得擅自随意倾卸",从源头上限制了建筑垃圾的产生量。

资源化:美国建筑垃圾再生利用率接近100%。美国在混凝土路面的再生利用方面成绩斐然,1984年至1985年间,仅8个州就拆除和再生混凝土路面257公里。美国每年拆除的混凝土大约为6000万吨。同时,美国也具有100%回收利用旧沥青混凝土废料的先进技术。美国住宅营造商协会正在推广一种"资源保护屋",这种建筑的墙壁是用回收的轮胎和铝合金废料建成的,建筑屋架所用的大部分钢料是从建筑工地回收来的,所用板材是锯末和碎木料加上20%的聚乙烯制成,屋面的主要原料是旧报纸和纸板箱。这种住宅不仅积极利用了废弃的金属、木料、纸板,而且比较好地解决了住房紧张和环境保护之间的矛盾。此外,美国的CYCLEAN公司采用微波技术,可以100%地回收利用再生旧沥青路面料,且其质量与新拌沥青路面料相同,而成本可降低1/3,同时节约了垃圾清运和处理等费用,大大减轻了城市的环境污染。对已经过预处理的建筑垃圾,则运往"再资源化处理中心",采用焚烧法进行集中处理。

(2) 日本

由于国土面积狭小,资源十分匮乏,因此日本十分重视资源的再生利用,将建筑垃圾视为"建筑副产品",不是随意丢弃,而是将其作为可再重生资源而重新开发利用。其再生材料被用于建材的原材料、道路路基、扩展陆地围海造田的填料等等。从1974年起日本在建筑协会中设立了"建筑废弃物再利用委员会",在再生集料和再生集料混凝土方面取得了大量研究成果。目前在住宅小区的改造过程中,已实现建筑垃圾就地消化,经济效果显著,其中废弃混凝土利用率更高。目前,日本已经掌握了成熟的建筑垃圾处理技术。日本在各地建立了以处理混凝土废弃物为主的再生加工厂,生产再生水泥和再生骨料,生产规模最大的工厂生产量达到100t/h。

日本也是对环境保护、资源再生利用立法最为完备的国家,该国从20世纪初就开始制定建筑垃圾处理的相关法律。1977年日本政府制定了《再生骨料和再生混凝土使用规范》,并相继在各地建立了以处理混凝土废弃物为主的再生加工厂,生产再生骨料。1991年日本政府又制定了《资源重新利用促进法》,规定建筑施工过程中产生的渣土混凝土块、沥青混凝土块、木材、金属等建筑垃圾,必须送往"再资源化设施"进行处理。日本对于建筑垃圾的主导方针是:尽可能不从施工现场排出建筑垃圾,对建筑垃圾要尽可能地重新利用;对于重新利用有困难的则应适当予以处理。东京都在1988年对于建筑垃圾的重新利用率就已经达到了56%。经过几十年的努力,日本建筑垃圾的再生利用取得了明显的效果,1995年时再生利用率已超过65%,在2000年时达到了90%的利用率。

综合美、日等国的成功经验我们可以看出:这些国家均实行"源头削减策略",即通过有效的管理方法和严格的法律手段控制建筑垃圾的产生,这是从源头上控制建筑垃圾的最有效的方法;其次是利用成熟的回收技术和政府的积极导向使得已经产生的建筑垃圾达到最大化的重生利用。所有这些行之有效的手段都是建立在对建筑垃圾再利用的重视上,相关标准、规范的制定都花费了大量的人力、物力,经过了长期深入的调研、讨论,这些国家的成功经验值得我国借鉴。

4.3 建筑垃圾处理的关键技术

4.3.1 建筑垃圾处理的原则

4.3.1.1 减量化原则

建筑垃圾的减量化是指通过先进的工程管理手段或采取改进的建筑技术从源头上减少建筑施工工程中的建材浪费,以减少建筑垃圾的数量、体积、种类和有害物质的过程。它不仅要求减少建筑垃圾的数量和体积,还包括尽可能地减少其种类、降低其有害成分的浓度、减少或消除其危害特性等。减量化是防止建筑垃圾污染环境优先考虑的措施,是直接有效的减少城市建筑垃圾产生量的方法。要实现建筑垃圾的减量化,就要在建筑的各个阶段都进行仔细的计划和组织,尤其要在设计和施工的组织方面采取措施。

(1) 优化建筑设计过程

由于建筑设计过程的不完善,存在边设计、边施工、边修改的问题,必然会导致大量建材的浪费,产生更多的建筑垃圾,因此,优化建筑设计过程必然是实现减量化非常重要的一方面。在这一部分中,优化建筑设计过程,首先需要考虑到保证建筑物有较长的使用寿命,延长其生命周期,自然减少建筑垃圾、减少建筑物,并保证建筑物的质量,减少劣质工程,科学安排施工进度,避免抢工期和抢施工进度给工程留下质量隐患,减少因为维护修缮等产生的建筑垃圾和因建筑施工质量返工引起的建筑垃圾。其次,要有一个整体的设计概念,对建筑材料尺寸和建筑构件有准确的认识,减少因建筑预算不合理等造成的建筑垃圾。最后,在选用建材的同时必须考虑到建筑物拆除之后建筑垃圾的再利用性。

(2) 加强施工的组织和管理

避免因管理不善而产生不必要的建筑垃圾,因为那样不仅浪费建材,建筑垃圾的处理也是一个存在的问题。在建筑材料的运输、储存、安装过程中还应避免因损伤和破坏所导致的建筑垃圾。在施工过程中,需要提高施工的准确度,避免因为施工错误而产生的垃圾。例如,凿除或修补往往会产生垃圾。同时应该建议在施工现场对建筑垃圾进行分类收集管理,从而提高这些建筑垃圾的再生利用率。

4.3.1.2 资源化原则

建筑垃圾资源化是指采取管理和技术从建筑垃圾中回收有用的物质和能源。它包括以下三方面的内容。① 物质回收:指从建筑垃圾中回收二次物质不经过加工直接使用。例如,从建筑垃圾中回收废塑料、废金属、废竹木、废纸板、废玻璃等。② 物质转换:指利用建筑垃圾制取新形态的物质。例如,利用混凝土块生产再生混凝土骨料;利用房屋面沥青作沥青道路的铺筑材料等。③ 能量转换:指从建筑垃圾处理过程中回收能量。例如,通过建筑垃圾中废塑料、废纸板和废竹木的焚烧处理回收热量。作为除减量化(源头控制)之外的解决建筑垃圾快速增长的一个良好途径,建筑垃圾资源化在成为新的经济增长点的同时,还可以解决中国现阶段低收入人群的就业问题。

4.3.1.3 无害化原则

建筑垃圾的无害化是指通过各种技术方法对建筑垃圾进行处理处置,使建筑垃圾不损害人体健康,同时对周围环境不产生污染。建筑垃圾的无害化主要包括两方面的内容:分选出建筑垃圾中的有毒有害成分;建造专用的建筑垃圾填埋场,对分选出有毒有害成分后的建筑垃圾进行填埋处置。

4.3.1.4 建筑垃圾处理的经济原则

我国目前在用经济手段管理建筑垃圾方面的力度不大,这里介绍几项国外比较普遍采用的经济政策,其中排污收费政策和建筑垃圾填埋收费政策已经在我国广泛实施,而生产者责任制和税收、信贷优惠政策还暂未施行。

(1) 排污收费政策

排污收费是指根据固体废物的特点,征收总量排污费和超标排污费。固体废物产生者除了须承担正常的排污费外,如超标排放废物,还须额外负担超标排污费。目前,我国尚未对不同建筑类别建筑垃圾的产出和排放量进行统计与分析,缺乏建筑垃圾的产出和排放标准。

(2) 生产者责任制政策

生产者责任制是指产品的生产者(或销售者)对其产品被消费后所产生的垃圾的管理负有责任。建筑施工垃圾中废包装材料占 $25\% \sim 30\%$,由此可见,如果严格实行生产者责任制,建筑垃圾尤其是建筑施工垃圾的产量就可以大大减少。

(3) 税收、信贷优惠政策

税收、信贷优惠政策是指通过税收的减免、信贷的优惠,鼓励和支持从事建筑垃圾管理规划和资源化的企业,以促进环保产业的长期稳定发展。建筑垃圾资源化是无利或微利的经济活动,政府要建立政策支持鼓励体系:一方面,对从事垃圾资源化的投资和产业活动免除一切税项,以增强垃圾资源化企业的自我生存能力;另一方面,政府对从事垃圾资源化投资经营活动的企业给予贷款贴息的优惠。

(4) 建筑垃圾填埋收费政策

建筑垃圾填埋收费政策是指对进入建筑垃圾最终处置的建筑垃圾进行再次收费,其目的在于鼓励建筑垃圾的回收利用,提高建筑垃圾的综合利用率,以减少建筑垃圾的最终处置量,同时也是为了解决填埋土地短缺的问题。目前我国的建筑垃圾处置收费普遍过低,如上海市建筑垃圾处置收费标准为每吨1～2元;北京市收费标准为每吨1.5元。如此低廉的排污收费标准,很难达到鼓励建筑垃圾回收利用、提高建筑垃圾综合利用率的目的,因此提高建筑垃圾填埋处置收费标准是当务之急。

4.3.2 建筑垃圾的处理技术

4.3.2.1 建筑垃圾预处理技术

预处理是指建筑垃圾在制成再生产品之前的一系列准备措施,一般包括粗分、破碎和分选等几个阶段。

(1) 粗分

由于装饰装修工程日益复杂,产生的建筑垃圾成分日益增多,这就增加了后续处理工作的难度。建筑垃圾混杂收集在一定程度上加大了后续处理设备的投入,降低了效率。如果在源头上对建筑垃圾进行分类收集,可以大大提高主要成分的回收利用价值。如建筑垃圾大致可分为混凝土块、钢筋、玻璃、塑料、木材等几类,可以在现场将它们分开堆放,在施工过程中也可以在现场放置不同的垃圾桶以作区分。我国的人力资源丰富,劳动力比较廉价,可以使用人力对以上成分进行简单分拣,这是最简单有效的方法。我国一些大城市已经出现了一些专业的拆房公司,这些公司可以进行建筑垃圾的分类收集,这也是一项很有前景和潜力的工作。

由于我国没有强制执行建筑垃圾回收利用的措施,建筑垃圾的分类工作也就更无从谈起,市民将建筑垃圾进行分类的观念也就没有深入。政府应该在这方面加大宣传力度,同时转变建筑垃圾粗放处理的传统方式,出台相应政策促进建筑垃圾的分类收集,鼓励建筑商开展这方面的工作或鼓励从事分类收集的企业出现。可以将建筑垃圾分类收集处置方案作为建筑工程招投标中的一项参考内容,同时对混合排放建筑垃圾的企业采取高收费,对已分类处理的企业采取低收费,从而加快建筑垃圾分类的步伐。

(2) 破碎

通过人力或机械外力的作用,克服固体废物质点间的内聚力而使大块的固体废物分裂成小块的过程称为破碎。如果要求进一步细化,使小块固体废物颗粒分裂成细粉状的过程称为磨碎。破碎是固体废物预处理技术之一,通过破碎对固体废弃物的尺寸和形状进行控制,有利于固体废弃物的资源化和减量化。

建筑垃圾的破碎作业是建筑垃圾处理过程中的重要辅助作业之一。破碎作业的对象主要是混凝土材料和石材。

对建筑垃圾进行破碎的目的有如下几点:破碎作业能使建筑垃圾的粒度变小、变均匀,在垃圾物料间的空隙减小,容量增加,因而节省储存空间,运输时增加运量,并有利于垃圾的压缩;在对破碎后的建筑垃圾进行筛选、风选、磁选等分离处理时,由于建筑垃圾的粒度均匀,流动性增加,因而能较大地提高分选效率和质量;破碎处理后的建筑垃圾还有利于高密度的填埋处理,节省填埋场空间;为后续处理和资源化提供合适的尺寸。总之,建筑垃圾的破碎就是把废物转化为有利于进一步加工或能够更加经济有效地进行处理、处置所需要的形状和合适的尺寸。

破碎方法主要有干式破碎、湿式破碎和半湿式破碎三种,干式破碎为通常所指的破碎,建筑垃圾的破碎通常采用干式破碎。

干式破碎包括挤压破碎、剪切破碎、冲击破碎和摩擦破碎等类别。

挤压破碎:固体废物在两个沿垂直切面方向相对运动的硬面之间受挤压作用而发生的破碎。

剪切破碎:固体废物在剪切作用(包括劈开、撕破和折断等)下发生的破碎。

冲击破碎:当一个物体撞击另一个物体时,前者的动能迅速转变为后者的形变能,形变来不及扩展到撞击物的全部,就在撞击处发生相当大的局部应力,使被撞击物破裂。

摩擦破碎:废物在两个沿切面的方向相对运动的硬面摩擦作用下发生的破碎。

选择破碎方法时,需要视固体废物的硬度以及机械强度而定。

破碎处理要用到破碎机,由于破碎方法不同而且处理的物料性质也有很大的差异,为适应实际工作的需要,破碎机形式是多种多样的,按照它的作业对象或结构及工作原理,可分粗碎机、中碎机、细磨机三种。

粗碎机:用于大块物料的第一次破碎,能处理的最大物料块直径允许达1米以上,主要以压碎的方式工作,粉碎比不大,一般小于6。

中碎机:处理的物料粒径通常不大于350mm,主要以击碎或压碎的方式工作。这一类破碎机通常包括细碎的作业在内,粉碎比比较大,一般为3～20,个别可达 30 以上。

细磨机：用于磨碎粒径在 2～60mm 的物料颗粒，其产品尺寸不超过 0.1～0.3mm，最细可达 0.1mm 以下，粉碎比可达 1000 以上。

常见的破碎机有颚式破碎机、圆锥式破碎机、滚式破碎机、锤式破碎机、轮碾机等。其中颚式破碎机属于挤压型破碎机械，是一种古老的破碎设备。由于构造简单、工作可靠、维修方便而使用得最为广泛。它以电动机为动力，通过电动机皮带轮，由三角带和槽轮驱动偏心轴，使动颚按预定轨迹作往复运动，从而将进入由固定颚板、活动颚板和边护板组成的破碎腔内的物料予以破碎，并通过下部的排料口将成品物料排出。

颚式破碎机可以有两种工况——移动式和固定式。可将破碎机与筛分机集成装备到轮式或履带式拖车上，制成移动式破碎站，将其运送至作业地点。因为无须装配时间，所以设备一到作业场地即可立即投入工作。此设备均可达到工作场地的任意位置，这样可以减少对物料的运输操作，并且方便全部辅助机械设备的协调，十分高效。

（3）分选

分选就是主要利用物理的方法将固体废弃物中的不同物质分离开来。分选是固体废物回收与利用过程中的一道重要工序，通过分选能将固体废弃物分类回用于不同的生产过程，或者不同的后续处理、处置工艺，是实现固体废物资源化、减量化、无害化的重要手段。

建筑垃圾分选是实现其资源化、减量化的重要一环，通过分选将有用的垃圾充分选出来加以利用，将有害的充分分离出来，还有一个重要功能就是将建筑垃圾分成不同的粒度级别，供不同的再生利用工艺使用。

分选的方式主要有筛分、重力分选、磁力分选及人工分选等。

① 筛分

筛分是根据固体废物的粒度差异，利用筛子将物料中粒度小于筛孔的细粒物料透过筛面，而大于筛孔的粗粒物料则留在筛面上，完成粗、细物料分离的过程，该分离过程可看作是有物料分层和细粒透筛两个阶段。在建筑垃圾处理中常用的筛分设备有固定筛、振动筛和滚筒筛三种类型。

固定筛：固定筛是最简单的筛选设备，筛面由许多平行排列的筛条构成，可以水平安装或倾斜安装，筛条由横板连接在一起。其特点是构造简单、不好用动力，设备费用低和维修方便，故在分选过程中得到了广泛运用。固定筛又可分为格筛和棒条筛两种。格筛一般安装在粗碎机之前，作用是确保入料粒度适宜，对不能通过格筛的块度较大的物料需要进行破碎。棒条筛用于筛分粒度大于 50mm 的粗粒废物,一般用于粗碎和中碎之前,安装时倾角应大于废物对筛面的摩擦角,一般为 30°～35°,以确保物料沿筛面下滑。棒条筛筛孔尺寸为要求筛下物料粒度的 1.1～1.2 倍,其筛条宽度应大于固体废物中最大粒度的 2.5 倍。格筛和棒条筛都较易发生堵塞,需要经常清扫,筛分效率较低,仅有 60%～70%,多用于粗筛作业。

振动筛:振动筛是利用机械带动筛面运动而实现物料筛选的一种设备。作为在固体废物处理中广泛应用的一种设备,它的特点是振动方向与筛面垂直或近似垂直,振动次数 600～3600r/min,振幅 0.5～1.5mm,物料在筛面上发生离析现象,密度大而粒度小的颗粒进入下层达到筛面。振动筛的适宜倾角一般为 8°～40°,倾角小会使物料移动缓慢,倾角太大又会使物料移动过快而被筛漏。振动筛由于筛面强烈振动,消除了堵塞筛孔的现象,有利于湿物料的筛分,且振动筛结构简单、零部件少,能耗小。

滚筒筛:也称作转筒筛,其筛面为带孔的圆柱形筒体或截头圆锥筒体。在传动装置带动下,筛筒绕轴缓慢旋转(一般转速控制在 10～15r/min),筛筒轴线倾角一般为 3°～5°安装,最常用的筛面是冲击筛板,也可以是用各种材料编织成的筛网,但不适用于筛分线状物料。筛分时,物料由稍高一端送入,随即跟着转筒在筛内不断翻转,细颗粒最终透过筛孔面透筛。滚筒筛的倾斜角决定了物料的轴向运行速度,而垂直于筒轴的物料行为则由转速决定。

② 重力分选

重力分选是根据固体废物中不同物质颗粒间的密度差异,在运动介质中受到重力、介质动力和机械力的作用,使颗粒群产生松散分层和迁移分离,从而得到不同密度产品的分选过程,重力分选的介质有空气、水、重液(密度比水大的液体)、重悬浮液等。重力分选的方法有很多,按照其作用原理可分为风力分选、跳汰分选、重介质分选、惯性分选等。

垃圾进行重力分选的条件:固体废物中颗粒间必须存在密度的差异;分选过程都是在运动介质中进行的;重力、介质动力及机械力综合作用,使颗粒群松散并按密度分层;分好层的物料在运动介质流的推动下互相迁移,彼此分离,并获得不同密度的最终产品。重力分选最常用的方式是风力分选和惯性分选。

风力分选:是以空气为分选介质,其基本原理是使物料通过向上或水平方向的气流,轻物料被带至较远的地方,而重物料则由于不能被向上气流支承或是由于有足够的惯性不被水平气流改变方向而沉降。风力分选分为竖向气流分选和水平气流分选。风选方法工艺简单,作为一种传统的分选方式,它可将城市垃圾中以可燃物为主的轻组分和以无机物为主的重组分分离,以便分别回收或处置。按气流吹入分选设备内的方向不同,风选设备可分为两种类型:上升气流风选机和水平气流风选机。水平气流分选机构造简单,维修方便,但分选精度不高,一般很少单独使用,常与破碎、筛分、上升气流风选机组成联合处理工艺。

惯性分选:惯性分选又称为弹道分选,是基于混合固体废物中的质量差异而分离分选物料的一种方式。惯性分选是通过用高速传输带、旋流器或气流等水平方向抛射粒子,利用由密度、粒度不同而形成的惯性不同差异,粒子沿抛物线运动轨迹不同的性质,达到分离目的的方法。普通的惯性分选器有弹道分选器、旋风分离器、振动板以及倾斜的传输带、反弹分选器。

③ 磁力分选

磁力分选(简称磁选)是利用固体废物中各种物质的磁性差异在不均匀磁场中分离物料的一种方法。固体废物被输入磁选机后,其中的磁性颗粒在不均匀磁场作用下被磁化,受到磁场吸引力的作用而被吸附到圆筒上,并随圆筒进入排料端排出。非磁性颗粒由于所受的磁场作用力很小,仍然留在废物中而被排出。

通常采用的磁力分选设备是磁选机,磁选机工作时,物料从进料口落到磁筒上,随着磁筒的转动,物料进入磁筒的磁场作用区,非磁性矿物质受惯性和重力的作用,在进入磁选区的前端切线方向时便被离心力抛出,再通过分隔板的适当隔离,便可以得到除铁后的产品。在磁场力作用下铁及其氧化物随着磁筒逐渐离开磁场作用区,铁及铁的氧化物落入收集料斗,从而实现除铁的全过程。

磁选机中常用的磁铁有两类:电磁,用通电方式磁化或极化铁磁材料;永磁,利用永磁材料形成磁区。其中永磁较为常用。现将最常用的几种磁选设备介绍如下:

CTN 型永磁圆筒式磁选机:可回收建筑垃圾中的铁和粒度 $\leq 0.6\text{mm}$ 的强磁性颗粒。

磁力滚筒:这种设备主要用于建筑垃圾的破碎工序之前,以除去废物中的铁器,防止损坏破碎设备。

悬吊磁铁器:它的作用也是除去建筑垃圾中的铁器,保护破碎设备。

除上述介绍的几种分选方法以外,还存在摩擦分选、跳弹分选、光电分选等几种方式,应根据需要灵活布置。

4.3.2.2 建筑垃圾预处理系统工艺[112]

以上都是单个设备的工作原理与特点,而建筑垃圾预处理通常都是由几种设备组成联合处理工艺流程,以达到最大程度利用的目的。这种破碎、筛分、分选的系统工艺,直接关系到处理效率、处理成本和效果。目前国内外典型的分选工艺流程有如下几种。

(1) 俄罗斯工艺

俄罗斯是较早进行建筑垃圾分选系统工艺研究的国家,其设计的分选流程比较典型,考虑到建筑垃圾中混有大量钢筋、玻璃和轻质的木料、塑料等,该国在分选工艺流程中设置了磁选和风选分离工序,以除去铁质材料和轻质材料,其设计流程如图4-1所示。该处理过程需要配置两台颚式破碎机,以进行混凝土块的粗碎和二次破碎。比较特别的是该流程使用了双层筛网筛分机,效率较高,初次筛分采用5mm和40mm筛网,将骨料分为0～5mm、5～40mm、40mm以上三种粒径,其中40mm以上骨料进入二次破碎、一次筛分循环;5～40mm粒径骨料进入二次筛分,二次筛分使用10mm和20mm两种筛网,将骨料分为5～10mm、10～20mm、20～40mm三种粒径。该工艺流程分选效果良好,各级别颗粒分离细致,缺点是使用设备较多,投资规模较大,不利于在中小企业推广。

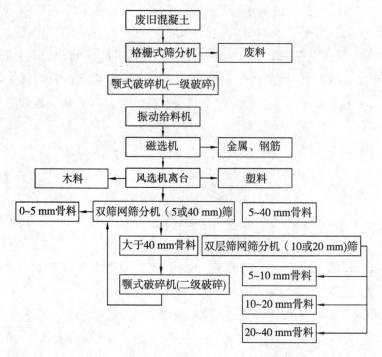

图4-1 俄罗斯建筑垃圾分选工艺流程图

(2) 我国的工艺

我国华中科技大学提出了如图 4-2 所示的分选工艺。在该工艺中,混凝土块体的破碎、初级筛分等成熟工艺得到了应用,比较特别的是在一级筛分后使用了填充型加热烘干装置,经过加温烘干后,二级破碎、二级筛分可以获得品质较好的再生骨料。二次破碎使用的是转筒式或球磨式碾压机,可将经过 300℃ 烘干程序的骨料外包的一层有损伤的水泥石脱落,得到强度较高的粗骨料,但是经过加温和二次碾压、二次筛分无疑也会带来成本的增加。该流程总共设置三道筛分程序:一级筛分可以得到 0～5mm 骨料;二级筛分得到 5～20mm 骨料;三级筛分得到 0～0.15mm、0.15～5mm 两种细骨料,分选效果也较好。

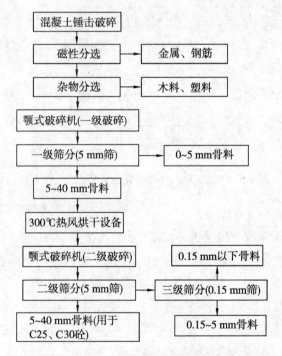

图 4-2　华中科技大学设计的建筑垃圾分选工艺流程图

同济大学的肖建庄教授等人设计了另外一种分选流程,如图 4-3 所示,该流程充分考虑了我国劳动力资源丰富的特点,由于机械设备不宜处理大块的杂质,所以采用人工方法对建筑垃圾进行初级筛选,除去大部分钢筋、木材和塑料杂质。由于目前国内对粒径小于 5mm 的细骨料研究较少,因此该工艺直接使用筛分机将这部分骨料当杂质剔除。该工艺使用了磁选机剔除铁屑、剩余钢筋等;使用了风选分离台除去木屑、塑料等轻杂质。为得到较纯净的再生骨料,该工艺设置了冲洗程序,对二级筛分后的粗骨料进行清洗,以除去泥浆等影响强度的杂质。该工艺共有两道筛分程序,均采用5mm筛网,最终得到0～5mm、5～40mm粒径的骨料。但对于二级筛分程序如何实现40mm以上及以下粒径骨料的分离尚存在疑问。

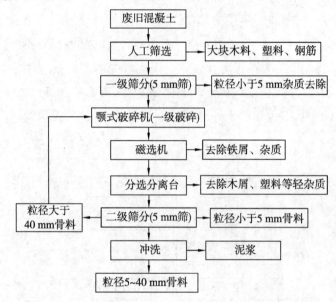

图4-3　同济大学设计的建筑垃圾分选工艺流程图

(3) 改进的工艺

结合我国建筑垃圾的处理现状,对于城市小批量的建筑垃圾,如家庭装修垃圾,一般都是经过袋装后运至分选中心的,这部分的垃圾在分选前必须进行破包处理,否则容易使筛分机堵塞,所以破包机是一道必需的程序。华南理工大学提出了一种改进建筑垃圾分选的工艺,工艺流程如图4-4所示。对于非袋装的垃圾和经过破包后的袋装垃圾,首先应进行粗分选,然后进行细分选。粗分选的目的是将可回收的大块木料、纸板和塑料进行分离回收。粗分选一般采用人工分选的方式。我国人口众多,有很多闲散劳动力,这是中国的特色,应充分利用这一优势,将人工分选与机械分选结合起来,既可保证建筑垃圾处理的量,也可保证分选的精度。细分选一般采用滚筒筛和风力分选设备,这两种设备运转简单,而且筛分效率高,细分选得到的轻组分主要是木料、纸片和塑料等,重组分是混凝土、砖、瓦和碎金属料等。轻组分可以直接焚烧或填埋处理,重组分则应再进行磁选,以回收其中的金属料。所以在进行细分选前,必须对大块的混凝土进行破碎。

滚筒筛和风力分选设备对垃圾含水率的高低很敏感,垃圾含水率一旦过高,滚筒筛的筛孔就容易堵塞,风力分选设备的风力也很难将粘在一起的湿垃圾分开,因此在细分工艺之前垃圾必须经过烘干处理;同时,烘干设备应该布置在粗选和破碎之后,这样既可避免在回收前对大块木料、纸板和塑料等进行不必要的烘干,尽量减少烘干垃圾所需要消耗的热量,又可避免大块建筑垃圾对烘干设备的损坏。

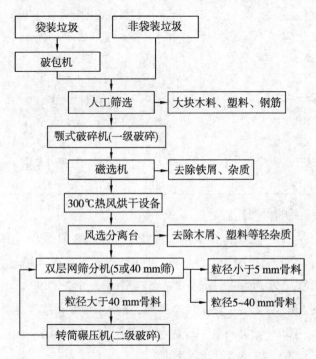

图 4-4　华南理工大学设计的建筑垃圾分选工艺流程图

4.3.2.3　建筑垃圾的再生利用

建筑垃圾用途广泛,既可以被分离成单一组成成分使用,也可以混合使用,表 4-1 是其中的主要成分的再生利用方法:

（1）旧木材、木屑的再利用

从建筑物拆卸下来的废旧木材,一部分可以直接当木材重新利用。对于建筑施工产生的多余木料(木条),在清除其表面污染物后,可根据尺寸大小直接利用,而不用降低其使用等级。可加工成楼梯、栏杆(或栅栏)、室内地板、护壁板和饰条等,也可加入黏合剂制成复合板材。建筑垃圾中的碎木、锯末和木屑,可作为堆肥原料和侵蚀防护工程中的覆盖物。不含有毒物质的碎木、锯末和木屑,比如没有经过防腐处理的废木料、无油漆的废木料,可直接作为燃料利用其燃烧释放的能量。废木料用于生产黏土—木料—水泥复合材料,与普通混凝土相比,具有质量轻、导热系数小等优点,因而可作为特殊的绝热材料使用。

表 4-1　建筑垃圾主要成分的再生利用方法

垃圾成分	再生利用方法
开挖泥土	堆山造景、回填、绿化用
破砖瓦	砌块、墙体材料、路基垫层
混凝土块	再生骨料、路基垫层、碎石桩、行道砖、砌块
砂浆	砌块、填料
钢材	再次使用、回炉
木材、纸板	复合板材、燃烧发电
塑料	粉碎、热分解、填埋
沥青	再生沥青
玻璃	高温熔化、路基垫层
其他	填埋

(2) 旧砖、瓦的再利用

20 世纪五六十年代兴建的砖混结构和中小城镇的砖瓦结构房屋现在被大量拆除,产生了废旧黏土砖和陶瓦材料,这些材料如果混在混凝土中使用会明显降低强度。可在粗分之后将其破碎,充当轻型砌块骨料。1998 年,朱锡华研究开发利用碎砖和砂浆生产多排孔轻质砌块,获得了成功。实验采用各种原材料配比如下:水泥 10%～20%;建筑垃圾(碎砖、瓦)60%～80%;辅助材料 10%～20%。生产了标准块和辅助块两种类型。

袁运法和张利萍等人采用旧建筑拆下来的碎砖块和碎砂浆块作为骨料生产混凝土小型空心砌块,产品质量符合国家标准 GB15229—94 的要求。

旧砖瓦还可制成地面砖材料、做免烧砌筑水泥原料、水泥混合材,或者在黏土砖碎粒中加入石灰,在道路路基工程中使用。

(3) 旧沥青的再利用

在屋面拆除和道路翻修后会产生大量的沥青、混凝土混合物,经过分选分离之后,沥青材料还可以循环使用。旧沥青路面经过破碎筛分,和再生剂、新骨料、新沥青材料按适当比例重新拌和,可以形成具有一定路用性能的再生沥青混凝土,用于铺筑路面面层或基层。而屋面沥青材料也可回收应用于路面沥青的冷拌和热拌施工,使所需的纯净沥青大大减少。沥青屋面材料含有高等级的矿质填料,它们能替换冷拌、热拌沥青中的一部分骨料。另外,沥青屋面材料中含有纤维素类结构,有助于提高热拌沥青的性能。

国外对沥青路面材料再生的研究始于1915年的美国,到20世纪80年代末美国再生沥青混合料的用量几乎为全部路用沥青的一半,并且在再生剂研发、再生混合料的设计、机械设备方面的研究也日趋深入,沥青路面材料的再生利用在美国已经非常常见,重复利用率高达80%。我国在早期曾不同程度地利用废旧沥青料来修路,但都是作为废料利用来考虑,一般只用于轻交通道路、人行道或道路垫层。近几年来,国内一些公路养护单位尝试将沥青混合料简单再生后用于低等级公路或道路基层,取得了一定效果。但由于缺乏必要的理论指导、合适的再生剂以及机械设备,因此沥青再生技术并没有在实际工程中得到大量的应用。

(4) 旧混凝土的再利用

混凝土块占建筑垃圾总量的30%左右,是其重要组成部分,也是回收利用价值较大的组分,混凝土块经过破碎后,可用于生产再生混凝土、再生水泥,或作为路基材料,或与碎砖、石灰混合用于夯扩桩。旧混凝土的回收利用研究目前已经比较成熟。这里主要讲述生产再生混凝土和再生水泥这两种回收利用方法。

① 生产再生混凝土

再生混凝土技术是将混凝土块破碎、清洗、分级后,按一定比例混合形成再生骨料(WCA),部分或全部代替天然骨料的配置新混凝土的技术。再生骨料按来源可分为道路再生骨料和建筑再生骨料;按粒径大小可分为再生粗骨料(粒径$5\sim25mm$)和再生细骨料(粒径$0.15\sim5mm$)。利用再生骨料作为部分或全部骨料配置的混凝土,称为再生混凝土。

对于开发再生混凝土的研究,始于二战后的苏联、德国和日本。日本政府在1977年就制定了《再生骨料和再生混凝土使用规范》,并相继在各地建立了旧混凝土的加工工厂,根据日本建设省的统计,1995年的混凝土再生利用率为65%,要求在2000年达到90%。日本对再生混凝土的吸水性、强度、配合比、收缩、冻胀性等进行了系统的研究。目前德国将再生混凝土主要用于公路路面工程,德国钢筋委员会在1998年8月提出了《在混凝土中采用再生骨料的应用指南》,要求采用再生骨料配置的混凝土必须完全符合天然骨料混凝土的国家标准。我国对再生混凝土的研究较晚,不过已经对再生混凝土的开发利用进行了立项,也取得了一定的研究成果,但是截至目前,还没有一套完整的再生混凝土规范出台,从而影响了它的大规模推广使用。

邢振贤和周日农通过实验研究得出结论：采用WCA生产的再生混凝土抗压强度、抗拉强度、抗压弹模、抗拉弹模全部随着WCA参量的增加而有不同程度的降低。全部使用WCA作骨料的再生混凝土比采用天然骨料的基准混凝土抗压强度低8.9%，抗拉强度低6.9%，抗压弹模降低37.6%，抗拉弹模降低34.4%。由此可见，采用WCA的混凝土强度降低少，而弹模降低比较多。不列颠哥伦比亚大学的Nemkumar Bathia和Cesar Chan教授对28天龄期的WCA骨料混凝土和天然骨料混凝土的压应力—应变曲线作了研究，发现天然骨料混凝土的应力峰值明显高于WCA混凝土，但在曲线峰值后，天然骨料混凝土的荷载会大幅度下降，而WCA混凝土则是缓慢平稳地下降。这一发现说明与天然骨料混凝土相比，WCA混凝土在压应力—应变曲线的后峰值部分具有较强的变形能力和延性。

② 生产再生水泥

目前将废弃混凝土磨细后作为生产水泥的部分原料的研究工作也已展开，据广州市余泥渣土管理处介绍，广州市正在引入该技术生产再生水泥，以代替日益减少的天然矿物原材料。将废弃混凝土与石灰石按一定比例混合，磨细后入窑烧制可得到不同标号的再生水泥。据有关学者的研究，随着废弃混凝土使用比例的增高，水泥（熟料＋石膏）的强度逐渐降低。以废弃混凝土为原料生产水泥，可节省大量的石灰石、天然矿石以及铁粉资源，还可少燃烧煤炭，但需要大量人力对废弃混凝土进行分拣，以除去其中的杂物。

4.3.2.4 建筑垃圾混合使用

建筑垃圾除上述几种主要成分单独使用外，还可混合使用，不需要经过复杂的分拣程序，使用方便。

(1) 建筑垃圾用作渣土桩填料

建筑垃圾具有足够的强度和耐久性，置于地基中，可不受外界影响，不会产生风化而变为酥松体，能够长久地起到骨料的作用。建筑渣土桩是利用吊机将重锤提升一定的高度后，使之自由下落夯击原地基，在夯击坑中填充一定粒径的建筑垃圾（其主要成分一般为已除去有机杂质、大块混凝土的碎砖、土、和生石灰的混合料），然后夯实，最后在面层做30cm的三七灰层，以起到加固地基的作用。碎砖粒径一般为60～120mm，土料可使用原槽土。这种建筑垃圾渣土桩造价低，工期短，施工设备及工艺简单，具有较高的经济效益、社会效益和环境效益。

（2）建筑垃圾作夯扩桩填料

建筑垃圾夯扩桩，是采用细长锤（直径250～500mm，柄长为3～5m），在护筒内边打边下沉，到达设计标高后，分批向筒内投入碎石、碎砖、混凝土块等建筑垃圾，用细长锤反复夯实、挤密，在桩端处形成复合载体，放入钢筋笼，浇注桩身混凝土而成。这种桩由上部混凝土桩身和下部复合载体构成，下部复合载体因受到强大的夯击能量而挤密周围的土体，使土体得以密实，变形模量得到提高，所以能大幅提高地基承载力。建筑垃圾夯扩桩具有以下优点：该桩具有桩基的承载特性，结构形式简单，竖向承载力高，施工工艺简单，不需要场地降水，且可消纳大量的建筑垃圾，变废为宝，保护环境。

4.3.2.5 建筑垃圾的填埋处理

建筑垃圾量非常大，除极少部分如经防腐处理的废旧木材、含有汞的日光灯管等有害外，其他均可进行再生利用。所以从理论上讲，只需将建筑垃圾中的有害成分分离出来送往危险废物处置中心，即可对剩余的绝大部分无毒无害的建筑垃圾进行循环利用。但目前我国大多数城市对建筑垃圾是采取填埋处理。虽然建筑垃圾对环境的危害性小于生活垃圾，但是也不能将其简单的一埋了之。在建设填埋场前应对场地的水文和地质条件进行评估，根据填埋场的环境影响、交通、土地征用、运输距离、封场后的土地开发等因素，对场地进一步地进行筛选。合理的选址可以尽量减少甚至避免建筑垃圾对空气、水、土壤资源的污染，以及对与填埋场相毗连的产业和土地利用所产生的不利影响。

填埋场地的选择要考虑以下多方面的因素：根据建筑垃圾的来源和数量确定填埋场的规模；上覆土壤要易取得，易压实，防渗能力要强；运输和操作设备的噪声不易影响周围居民；运输距离适宜，位于城市的下风向和地下水的下水位。填埋场封场后应采取覆盖措施，以最大限度地阻止降水向下渗透，上覆土层可以采用植被土，营造人工林，还原自然地貌，也可建公园和娱乐场所，修造停车场，建设储备仓库等。

4.4 苏州市建筑垃圾资源化利用现状及对策

4.4.1 苏州市建筑垃圾产生量及预测

建筑垃圾通常是指建设单位、施工单位新建、改建、扩建和拆除各类建筑物、构筑物、管网等以及居民装饰装修房屋过程中所产生的弃土、弃料及其他废弃物。苏州市将建筑垃圾分成建筑拆迁垃圾、建筑施工垃圾（含装修垃圾，下同）

和工程弃土三类,2008年至2014年全市的建筑垃圾产生量及2015年至2017年的预测产量如表4-2所示。

表4-2 苏州市建筑垃圾产生量及预测表(单位:万吨)

年份	建筑拆迁垃圾	建筑施工垃圾	工程弃土			总计
			新建建筑	轨道交通	合计	
2008	797.275	6.371	419.872	173.152	593.024	1396.670
2009	756.499	14.749	404.421	310.576	714.997	1486.245
2010	833.575	8.183	422.508	137.424	559.932	1401.690
2011	762.964	14.939	408.989	137.424	546.413	1324.316
2012	552.788	18.299	494.444	464.094	958.539	1529.626
2013	640.657	18.231	489.244	859.629	1348.873	2007.761
2014	668.106	21.198	517.823	859.629	1377.453	2066.757
2015	714.461	24.642	549.165	764.701	1313.866	2052.969
2016	784.245	28.626	583.193	669.746	1252.939	2065.810
2017	883.362	33.231	619.894	669.746	1289.640	2206.233

4.4.2 苏州市建筑垃圾管理现状

苏州市建筑垃圾管理的主要依据是苏州市政府发布的《苏州市城市建筑垃圾管理办法》以及配套的《苏州市建筑垃圾(工程渣土)处置管理办法》《苏州市建筑垃圾(工程渣土)运输管理办法》等规范性文件。

建筑拆迁垃圾由市、区两级土地征收出资主体按集中处置的要求,统一进行拆迁招标合同管理,运输费用包含在拆房报价内,纳入到房屋拆迁、土地开发等建设成本,并委托有处置许可证的运输企业运输至终端处置场所进行资源化利用。

建筑施工垃圾由各区环卫部门统一组织有偿收集,并运至各区临时归集点分类存放处置,可利用部分统一收集处置,其中建筑工地的建筑垃圾须由产生单位向环卫部门进行申报。

工程弃土由产生单位委托有资质的企业进行运输,并按照就近就地处置的原则进行消纳,主要用于提高建筑工地的工程标高,宕口、交通工程复绿,低洼地回填,堆山造林等。

4.4.3 资源化利用体系

苏州市从2011年开始在各区利用闲置地块分别设置建筑垃圾临时堆场,用于暂存收集到的建筑垃圾。2014年建成了一座年处理100万吨的建筑垃圾资源化利用处置中心,用于处置建筑拆迁垃圾,即将建筑拆迁垃圾经过破碎、磁选、风选、筛分等预处理后,资源化利用生产再生建筑材料,其工艺流程如图4-5所示。

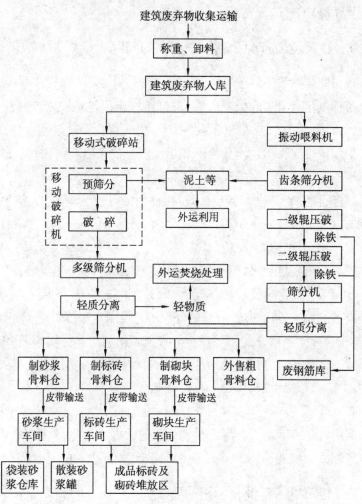

图4-5 建筑拆迁垃圾资源化利用工艺流程图

建筑垃圾进场经称重后进入原料堆放区卸料堆放,原料经料斗和输送机输送至预处理车间。预处理工艺为破碎—磁选—风选—筛分。预处理后将建筑垃圾按照5个不同等级的粒径规格集料:≤4.75mm粒径、4.75mm～9.5mm粒径、9.5mm～20mm粒径、20mm～31.5mm粒径、≥31.5mm粒径。不同粒径规格的集料分别被送至分隔的贮料坑。≤4.75mm粒径属于细骨料,主要用作生产再生砂浆的原料;4.75mm～9.5mm粒径属于粗骨料,主要用作生产再生砌块和再生砖;9.5mm～20mm粒径、20mm～31.5mm粒径、≥31.5mm粒径为粗骨料,主要用于路基材料,作为人行道下的水稳层或者路基的下垫层使用。分选出来的塑料、木材、金属等优先进行再生资源利用,不能利用的部分则进入城市生活垃圾终端处置设施处置。

4.4.4 建筑垃圾资源化利用中存在的问题

(1) 政策法规体系不完善

苏州市建筑垃圾管理的主要依据《苏州市城市建筑垃圾管理办法》为2006年颁布执行,该办法的相关规定已经滞后于建筑垃圾资源化管理的现状。与之配套的其他规范性文件中对源头管理和运输管理的条款相对较多,缺少对终端资源化利用的相关规定,如对资源化利用的优惠扶持政策等。此外,因建筑垃圾管理涉及多个部门,部门之间各自为政,执行任务时缺乏沟通,会造成监管效率降低,协调管理效果不佳。

(2) 资源化利用体系不完善

苏州市目前的建筑垃圾终端资源化利用设施仅能对拆迁垃圾进行资源化利用,按照2014年苏州市拆迁垃圾产量计算,处置能力仅为产生量的约1/6。零星的终端处置利用设施设备陈旧落后,处理工艺技术水平落后,资源化利用效率低下,大量工程弃土未得到资源化利用。未资源化利用的建筑垃圾多采取简单的露天堆放方式处理,在占用了土地资源的同时还对环境造成扬尘等二次污染。

(3) 建筑垃圾源头控制和收运管理措施不完善

没有针对建筑垃圾的产生源头建立相关的政策法规,鼓励源头产生企业减少建筑垃圾的产生量。对于已经产生的建筑垃圾及收运缺乏有效的管理手段,造成建筑垃圾的偷倒乱倒严重,清理偷倒的建筑垃圾需要投入大量资金。

4.4.5 建筑垃圾资源化利用的建议

(1) 完善建筑垃圾管理的政策法规体系

对原有的政策法规进行修订,建立涉及建筑垃圾源头减量、收集运输和资源化利用全过程的政策法规体系,为建筑垃圾的资源化管理提供依据。在产生环节,建立和完善建筑垃圾处理收费机制、税收补贴激励机制和产生申报制度等,通过经济作用促进产生企业减少建筑垃圾产生;在收运环节,建立和完善运输企业的准入制度和信用考核制度,规范收运过程;在终端资源化利用环节,制定资源化利用的激励政策,鼓励建设工程领域使用建筑材料再生资源利用产品。此外,还应建立对市、区两级不同部门的考核监督制度,建立起多部门协作的联席会议制度。

(2) 建立市、区两级属地化协同管理机制

进一步明确市、区两级不同部门的责任,按照属地管理原则,由市级部门统筹协调,区级政府具体负责所辖区建筑垃圾的管理和资源化利用工作。公安、规划、建设、交通、水务、环保、房管、卫生等部门结合自身的职责协调管理。

(3) 应用物联网技术提高资源化利用全过程监管效率

综合应用 RFID、3G 无线通信、传感器等核心物联网技术,对建筑垃圾的产生、收运和处置环节进行全过程的监管,把运输企业信息、车辆信息、运输车辆、建筑工地、资源化处理厂、消纳与归集点信息等统一纳入基础数据库,建立资质申报、产生源监管、运输监管、终端监管、在线交易、考核执法、视频监控等在线信息系统,提高监管效率。

(4) 从源头控制减少建筑垃圾产生

在设计环节,提高建筑物耐久性,优先选用建筑废弃物再生产品及可以回收利用的建筑材料;结合地形地貌进行充分设计优化,充分优化总图中竖向设计,优先考虑工程区域内的挖填土石方平衡,减少建筑余土的产生。在施工环节推广绿色施工理念,优化施工组织管理措施,减少材料浪费,积极推广预拌砂浆、建筑工业化技术等新产品和新技术的应用,对于已经产生的建筑垃圾要进行分类存放。

(5) 提高建筑垃圾资源化利用能力和水平

加强建筑垃圾终端资源化利用处置设施的建设,特别是提高对工程弃土的资源化利用能力,具体包括建立网上信息交易平台,鼓励工程弃土与用土单位区域调剂;对现有砖瓦厂进行升级改建,将工程弃土制成建筑用砖;等等。此外,开展技术研究,提高建筑垃圾的分选、破碎等预处理分选水平与资源化产品的品质和质量,并探索建筑垃圾的其他资源化利用途径,如再生混凝土及制品的开发,用于 3D 打印建筑的"油墨"开发等,提高建筑垃圾资源化利用水平。

第五章
园林绿化垃圾资源化利用和无害化处理

5.1 园林绿化垃圾的概念及特性

5.1.1 园林绿化垃圾的概念

园林废弃物主要指在城市园林绿化建设管理工作中产生并抛弃的植物垃圾，包括枯枝落叶、修剪的树枝、草坪修剪物、杂草、种子和残花等废弃物，是城市有机废弃物的重要组成部分。随着城市园林绿化的发展，城市园林绿地的面积快速增加，加上园林部门推行精细化管理，使日常修剪、卫生保洁等工作更加常态化，以上因素均使得园林废弃物产生量逐渐增加。据估算，2012年我国园林废弃物产生量超过5000万吨，资源化处理和利用园林废弃物逐渐被重视。我国传统的园林废弃物处理处置方式是填埋或焚烧，这不仅造成了资源浪费，也带来了环境污染。园林废弃物体积大，储存和运输困难，如就地焚烧处理会污染周边环境。目前，我国很多城市都存在园林垃圾处置的问题。

5.1.2 园林绿化垃圾的特性

园林废弃物作为有机废弃物具有可资源化利用的良好特性，根据绿化废弃物的原料特点和产出情况，其主要有以下特点：① 绿化废弃物的主要成分为可降解的纤维素、木质素等，降解率约占固体比例的66%，进行资源化利用的基础好。② 绿化废弃物若由园林绿化部门单独收集，不需要增加分类费用，在管理模式上有利于堆肥处理的实施。③ 绿化废弃物相比城市污泥和其他生活垃圾，原料污染少，不含重金属等有毒物质，资源化利用的安全性好，公众易于接受。④ 绿化废弃物体积大、重量轻，填埋、运输费用高，进行资源化处理节约效果好。⑤ 绿化废弃物处理处置过程基本没有臭味污染，对周边环境影响小，处理场建设的制约因素少。

园林废弃物的性质存在地区和季节的差异，这会对处理过程和处理工艺产生影响,加上由于不同季节的修剪物树种构成不同,植物不同器官的理化性质也存在明显差异,这些都会对园林废弃物的处理过程和处理工艺产生影响。国外有统计数据提供了不同植物材料的性质,可供堆肥等处理实践参考。我国城市园林废弃物理化性质的调查数据散见在不同地区的堆肥等处理研究文献中,见表5-1。不同研究中园林废弃物的性质存在差别,所研究的处理工艺和试验结果往往是与原料性质相对应的。

表5-1 我国城市园林废弃物的理化性质

原料	pH	含水率%	有机碳	TN%	C/N	来源
修剪枝	5.44	40.1	-	0.654	80	郑卫聪
秋季修剪枝	6.64	10	46	0.8	57.5	郝利锋
香蕉茎秆	-	91.47	44.56	0.81	55.15	韩丽娜
梧桐香樟枝叶	6.33	39	51.7	1.1	47.05	吕子文
春季杨柳枝叶	5.78	20.1	-	0.88	43	张婷婷
小叶榕、黄葛等枝叶	6.3	43.2	42.8	0.43	99.5	陈祥

总体上,园林废弃物的物质组成和特性与厨余垃圾等易降解有机物不同。厨余等生活垃圾易分解成分含量高,易生物降解,进行堆肥时升温速度快,堆肥腐熟时间短。园林废弃物因含有大量的木质素、纤维素、半纤维素等难降解的物质,即使在调节C/N比的条件下,堆体温度通常在30℃~40℃持续时间较长,接近环境温度一般需要40天以上的时间,堆肥腐熟时间较长。

5.2 国内外园林绿化垃圾资源化利用和无害化处置的现状

对于营养成分含量较高的园林绿色废弃物,填埋意味着营养元素的浪费,焚烧可利用绿色废弃物的热能但建设投资和运行费用过高。对园林绿色废弃物进行堆肥处理等循环利用方式具有保护环境、节约能源、投资少、运行费用低、回报高等优点,因此国外大多对园林绿色废弃物进行资源化利用,主要是采用堆肥方式处理。园林绿色废弃物在可控条件下被微生物降解,最终堆肥产品易碎、带有土味,外观与土壤相似。

5.2.1 国外绿化废弃物堆肥化处理的实践

一些发达国家较早就开始对绿化废弃物进行堆肥处理,利用现代堆肥技术各种工艺系统和配套设备,规模化和产业化程度高,宣传力度大,公众认知度广,其经验和做法值得我们借鉴。如加拿大、美国等国,由于地广人稀,经常采取地面铺设的循环方式让庭院废弃物自然降解,也就是将树枝类粉碎处理后进行地面直接覆盖,对落叶也可以同样处理。但在纽约等城市中心绿地和城区,庭园有机废弃物的堆肥处理仍被大力宣传,如由纽约市环境卫生局发起、纽约植物园支持的"布朗克斯行政区绿色垃圾堆肥项目",目的是教育居民了解堆肥制作、庭院废弃物处理的方法,减少城市固体垃圾中有机物所占比例,并建立永久示范中心来展示各种堆肥箱。纽约植物园建立的永久性堆肥场面积达 $2787m^2$,使交送环卫局处理的垃圾减少了一半。

欧洲对城市有机废弃物的管理有严格的法规控制,如欧盟的《土地填埋法》对可降解的有机废弃物进入填埋场的比例有严格控制,并逐年降低比例;而《氮素法》严格规定了单位土地面积的化肥使用量,从而有力促进了有机堆肥的市场发展。布鲁塞尔等较大城市的绿化服务机构较早就开始用混合堆肥的方式处理绿地有机废弃物,城市建有多个大型露天堆肥场和安置场,处理绿化废弃物达20万吨,由非营利组织 VLACO 进行组织和控制质量并进行促销;城市的整个堆肥系统实行质量控制的整体化,更有利于市场的销售;此外,比利时政府也鼓励家庭堆肥,市民可以按生产的堆肥量从当局获得补贴。在英国、葡萄牙等国,植物园成为绿化废弃物堆肥处理最好的宣传阵地,如邱园植物园、葡萄牙马德拉植物园等。

日本采取多种堆肥方法来处理绿化废弃物:使用树皮堆肥发酵制作肥料,使用可移动的粉碎设备将树木的剪枝等就地粉碎后堆肥,鼓励家庭制作活性堆肥。日本的各类发酵剂和小型堆肥配套机械种类齐全,不少园林绿地都建有配套的堆肥场。

5.2.2 我国绿化废弃物堆肥化处理的实践

现在我国部分城市对绿化产生的园林废弃物采用堆肥处理,主要以条垛式发酵和槽式发酵工艺为主。如广州市绿色废弃物处理中心采用条垛式发酵工艺建成大型堆肥场,每年约处理广州市 40% 的绿化垃圾;北京东坝苗圃基质生产车间和华南植物园堆肥场均采用槽式发酵工艺建成小规模的室内堆肥处理场。此外,还有利用静态通风工艺进行发酵的堆肥场,但应用不广泛。

现有堆肥处理工艺的研究也多以条垛式发酵和槽式发酵工艺为主。孙向阳等研究了木酢液、炭化物、糠渣等外源添加物对园林废弃物堆肥过程中温度、pH、C/N 比等参数变化以及产品植物毒性等的影响;吕子文等研究了园林废弃物和污泥混堆的最优工艺条件；郑卫聪等研究了调节 C/N、添加菌剂等措施对堆肥过程和产品养分和性质的影响。以上研究多在已有处理场的基础上开展，堆体均具备一定的规模，能满足堆肥过程中热量集聚和堆体温度上升的要求。

条垛式和槽式发酵堆的工艺简单，能耗低。尤其是对园林废弃物，由于木质素等成分含量高，有机物的分解缓慢，对氧气供应的要求相对不高，定期翻堆就能满足物料分解对氧气的需求。另一方面，园林废弃物堆肥过程中的渗滤液、臭气等环境影响较小，露天的堆肥工艺也不会对周围环境有太大影响。

将园林废弃物与其他易腐有机废弃物进行混合堆肥时，露天的堆肥工艺就会产生较大的环境影响，如产生渗滤液和臭气，再加上混堆的氧气需求量大，往往需要采用封闭式的容器堆肥工艺。国内针对生活垃圾和污泥的堆肥装置及工艺也有一些研究与进展。江苏常州环卫厂在静态仓式工艺的基础上发展出间歇式好氧堆肥工艺，使初发酵时间缩短至 5 天。在生活垃圾和污泥处理中，回转窑式堆肥装置（达诺系统）的研究和应用较多，田宁宁等研究了卧式螺旋式好氧动态堆肥装置以及卧式旋转型好氧堆肥装置的污泥堆肥工艺。园林废弃物与其他易腐有机废弃物混合堆肥是城市有机废弃物资源化利用的重要途径，而我国对此专门的堆肥工艺研究还比较少。

5.3 园林绿化垃圾资源化利用和无害化处置的关键技术

5.3.1 地面直接覆盖

有机覆盖物是近年来迅速发展的一种新型城市绿化地表覆盖材料，能在改善生态、保育土壤、促进树木生长的同时实现园林绿化废弃物循环再利用，就是将城市绿化废弃物经加工后使之回归到城市绿地中，实现资源的循环再利用。在发达国家，有机覆盖物应用于城市绿化已有几十年的历史，近年来其应用得到了快速的推广与普及。

将各种生物体材料通过粉碎、加工处理后制得有机覆盖物并将之铺设于栽植植物周围，可起到保持土壤湿润、增加土壤肥力、抑制杂草、促进植被生长等作用。有机覆盖物的取材广泛，包括碎树皮、木片、粉碎枝叶、堆肥、松针、锯木屑、麦秆、稻草及果壳等。国外城市绿化中应用的有机覆盖物材料多达十几种，最主要的是树皮块和碎木片这两种。有机覆盖物的来源主要有两类，一类是利用森林采伐剩余物生产的覆盖物产品，常见的如松树皮、碎木片、松针等，这类覆盖物经过部分发酵和加工、分级等处理，材料基本相同，规格一致，有的还被染成各种颜色,可作为商品出售;另一类是将城市公园、道路、庭园等绿地管理中产生的枝叶等各种废弃物,经现场粉碎后直接用于城市绿地覆盖。

(1) 有机覆盖物的加工处理

作为有机覆盖物的树皮、木片等材料的粒径应达到 2.5cm 以上,粒径 <1.0cm 的颗粒含量不超过 25%。细颗粒的含量太多,易在浇水或雨水冲刷后结壳形成一层不透水层,阻止水分的渗透,滋生地下害虫。因此,应该对粉碎物进行过筛处理,<1.5cm 的颗粒不宜作为覆盖物,可以作为堆肥材料。对于新鲜的枝叶、木片、树皮等粉碎物,在少量应用时,可以直接覆盖于树木周围,但也要注意保持通气性,不能覆盖得太厚。在大量应用时,新鲜的枝叶、树皮、木片等有机材料粉碎后最好先堆放一段时间,在有氧条件下经过部分分解后再使用,防止新鲜植物体在使用过程中发生厌氧反应发酵产生酒精、有机酸等有害物质,对树木生长造成不利影响。粉碎物堆放处理时,堆放高度和宽度不应超过 1.5m,每月翻动 1~2 次,雨天潮湿时可增加翻动次数,以保持良好的通气性,发热温度宜控制在 55℃~60℃。材料放置 5 个月左右,可形成具有泥土芳香的有机覆盖物材料,也可用植物染料将之染成各种颜色,以提高覆盖物的装饰效果。

(2) 有机覆盖物的应用范围

有机覆盖物主要应用于城市新建绿地栽植的树木及庭园花圃灌木周围,树木根部的覆盖范围应达到树冠的范围,并连续使用 5 年以上。有机覆盖物还可以应用在一些立地条件很差、暂时不宜绿化的贫瘠土壤的覆盖装饰,如城市公共绿地园路、小径的铺装(减少硬质铺装对生态的破坏),通过多种色彩的搭配,达到良好的景观效果。有机覆盖物还可铺设于儿童游乐场地周围作为缓冲材料,以提高儿童游乐场地的安全性。

(3) 覆盖时期与方法

覆盖厚度是有机覆盖物实际应用中的一个关键因素,覆盖物太薄,就达不到保湿和控制杂草的作用;覆盖太厚,又会引起透水性差或土壤过度潮湿、通气不良,影响树木的生长。研究证实,5~10cm 是最合适的覆盖厚度。在实际应用当中,也可根据覆盖物颗粒碎片大小确定覆盖的厚度,碎片较大的可适当厚一些,颗粒细小的要薄一些,并在覆盖物分解后及时进行补充,保持一定的覆盖厚度。覆盖物与树干基部之间应保留 5~15cm 的距离,防止树木近地面根颈部位长期处于潮湿状态而引起病菌侵染或腐烂,或被一些动物啃食。有机覆盖物对杂草的控制作用主要是通过抑制杂草种子的萌发,对已生长的杂草抑制效果较差,因此,在覆盖前应先将地表的杂草清理干净。有机覆盖物的应用时期以在春季树木栽植后最为适宜,可以保持土壤的湿润和疏松,提高栽植成活率。对于已踏实板结的土壤,有机覆盖物的改良效果较差。

5.3.2 好氧堆肥技术

好氧高温发酵堆肥是园林有机废弃物无害化处理的一个主要途径,一般经过发热、高温、降温、腐熟等阶段,其中高温阶段可以杀虫灭菌,消灭病菌、虫卵、草籽等有害物质。

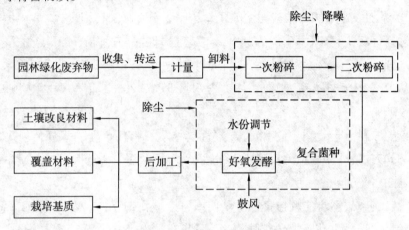

图 5-2　园林有机废弃物好氧高温发酵堆肥工艺流程

（1）原料调节和配比处理

堆肥是一个有氧发酵的过程,需要将堆肥原料进行调节处理,使之有利于发酵的进行。绿化废弃物堆肥前调节和处理参数可以参照常规堆肥中通用的数值(表 5-2)。

表 5-2　堆肥影响因素的合理值和最佳值

因素	合理值	最佳值
碳氮比	20∶1～40∶1	25∶1～30∶1
含水率(%)	45～65	50～60
氧气浓度(%)	5～15	10
颗粒直径(cm)	0.5～5.0	0.5～2.5
pH	5.5～8.0	5.5～0.8
温度(℃)	43～66	54～60
环境温度(℃)	0～30	20

C/N 比调节。堆肥能进行有效发酵的 C/N 比在 20∶1～40∶1 之间,绿化

废弃物普遍具有较高的 C/N 比：树皮木屑 C/N 比约为 200∶1～750∶1，植物残体类 C/N 比约为 100∶1～150∶1，草末 C/N 比为 40∶1～60∶1。可采取以下调配碳氮比的处理方式：① 将含氮丰富的草末和树皮木屑、树叶等粗质材料混合，降低 C/N 比、促进堆肥分解。② 部分堆肥场选用蘑菇渣、厨房垃圾等来源较广的配料，对原料进行混合调配。③ 使用园艺肥料中常用的干鸡粪（C/N 比大约在 9∶1），该肥料来源较广并含一定的磷肥，添加到树枝和落叶中可以调节 C/N 比。如日本的堆肥场在使用树皮进行堆肥时一般每吨物料添加 50kg 的干鸡粪。④ 添加一定量的硫胺或尿素等化学氮肥。总之，C/N 比调节需要根据实际情况选择经济实惠、来源广泛的辅料，并实验合理的配方。

水分调节。适合发酵的水分条件是原料含 45%～65% 的水分：树皮木屑含水量从 19%～65% 不等；植物残体类含水量 5%～20%；而草末含水量则高达 85%～90%。绿化废弃物水分调节采取以下方法：① 将含水丰富的草末与树叶等较干的原料混合。② 用喷淋的方式直接补水。原料合理的水分值可采用直观检测的方法：即用手抓原料感觉较湿润，若手抓紧后有水分渗出但不滴下即达到合理的水分值。

粒径调节。适合的颗粒直径可以使原料接触到充分的空气和水分从而促进发酵，绿化废弃物堆肥适合的颗粒直径一般在 0.5～5cm 之间，所以须将原料进行粉碎。树枝类废弃物先用树枝切碎机破碎成 5～15cm 的小片，再使用锤片式粉碎机粉碎到 0.5cm 左右的颗粒直径；植物残体和树叶直接使用锤片式粉碎机进行一次粉碎就可以了。由于绿化废弃物具有疏松多孔的性质，颗粒直径适当小于 0.5cm 也是可以的，并不会因为原料颗粒过小而使肥堆产生通气不良和过于致密的问题。草坪剪落物不需要粉碎处理，直接就可以堆制。

添加发酵菌种和促进发酵剂。在堆肥原料中接种微生物发酵菌剂可缩短发酵周期。微生物肥力方面的研究还显示，在堆肥内添加菌种不但可以缩短发酵时间，节约场地和费用，还可以使堆肥产品具有生物活性和肥力，促进作物生长，有利于土壤修复。目前有不少菌种可供选择，如日本的酵素菌、EM 菌、国内研发的 VT 菌等，以复合型菌种为主。堆肥场也可根据需要自己进行菌种复合调配。正规市场销售的菌种在农业部有登记，登记内容包括企业名称、产品商品名、产品登记证号、企业联系地址（邮编），目前登记的菌种有 31 种，可以登录农业部的网站查询。

将已腐熟或半腐熟的堆肥约 1/4 的量添加到新料中，也是常用的接种办法，并有节约费用、控制氮素流失等优点。绿化废弃物在堆肥过程中减量比较快，可以通过不断添加新料来保持堆体高度,同时又有效接种了菌种。

还可以在接种时加入红糖、豆饼等有利于微生物生长的培养物质,以促进发酵菌剂快速形成优势菌群。过磷酸钙和磷矿粉也是常用添加剂,一般每吨可添加5～20kg,使C/P比在75∶1～150∶1之间,促进有益菌的繁殖,有利于发酵进行。

对园林有机废弃物可加入化学腐熟剂进行预处理,目的主要是打破园林有机废弃物木质素中紧密结合的化学键,从而更有利于微生物分解,缩短腐熟时间。

(2) 堆肥过程控制

供氧调节。堆肥供氧可以通过翻堆和强制通风来实现。在绿化废弃物堆肥中一般通过适时翻堆来进行供氧调节,绿化废弃物原料比较疏松,所以不太需要在堆体下埋设通风管供氧,及时翻堆就可以达到供氧目的。

温度控制。堆肥合适的发酵温度在43℃～66℃,控制堆体的温度有利于发酵的进行。在堆肥过程中营造适合的条件使堆体升温,在温度过高的时候进行翻堆散热降温,避免有益菌群失活,这样可以使堆体温度始终适合发酵的进行。此外,环境温度对发酵也有一定的影响,特别是在北方地区的冬季,如果环境温度过低,堆体会结冰,发酵就无法进行了,因此一般要求环境温度不低于0℃,最好在5℃以上。

pH调节。植物类原料在发酵过程中产生有机酸,会降低堆体的pH;石灰或石灰水可以调整提高pH,也用于堆肥时消除臭味。

5.3.3 生物质炭化技术

生物炭通常是指生物低温热解炭化后的固体产物,其工艺核心是生物废弃物在低温(<700℃)和无氧或微氧条件下,热解转化后形成一种有机碳含量高、吸附能力强、多孔性和多用途的功能化环保材料。也有人将生物炭定义为为了改良土壤性状而人为施入的炭化有机物。

生物质炭化是有机废弃物低温热裂解转化成生物炭的过程。生物炭的发现为园林废弃物的可持续综合利用、建设低碳园林提供了新的技术途径。生物炭可以改善土壤肥力并提高作物产量,与其他增产增肥措施相比,具有持续时间长的特点,并有降低环境中重金属和有机污染的作用,因此受到越来越多的关注。

生物炭制备方式主要分为集中、分散和流通式三种:

1) 集中式。指某一地区的所有生物质废料都被送到中央处理厂进行集中处理,目前美国和加拿大的公司普遍采用这种方式。

2)分散式。指每个农户或小型农户联合体拥有属于自己的技术含量相对较低的高温分解炉。

3)流通式。指一辆装有高温分解设备的合成气动力车走乡串户,将制好的生物炭供给农户使用,在我国这种方法可能更为可行。

生物炭的产生是基于热裂解技术形成的,所谓生物质热裂解(又称热解或裂解)是指在隔绝空气或通入少量空气的条件下,利用热能切断物质大分子中的化学键,使之转变为低分子物质的过程,热解过程经常采用限氧升温炭化法。根据反应条件,热裂解可以分为快速、中速和慢速裂解三种,反应所需要的能量由4种不同的途径提供:① 由反应自身放热提供;② 通过直接燃烧反应副产物或基质提供;③ 燃气燃烧加热反应器间接提供;④ 由其他含热物质间接提供。目前国内外生物炭的制备技术主要包括批式和连续式两种。

批式制备是一种传统的制炭方法,一般做法是将土覆盖在点燃的生物质上,使之长时间无焰燃烧;或者以"窑"的形式将生物炭加温,在缺氧环境条件下燃烧。这类方式设备一般比较简单,易于实施,并且成本低,但产率不高,且无热量回收并会产生新的污染。随着生物炭应用与需求的不断扩大,用传统方法生产生物炭已不切实际。现代制备生物炭常用连续制备,具有产率更高、原料更灵活、副产物的能量可回收用于反应本身、操作更简单、产物更清洁、可连续生产等特点,是未来生物炭生产的主流方式。两种制备方式的主要特点对比见表5-3。

表5-3 典型生物炭制备方式

制备方式	反应器类型	生物炭产率	优点	缺点
批式制备	地窑、砖窑等	10%~30%	设备简单、成本低廉	产率较低、无热量回收、裂解气排入大气污染环境
连续制备	回转窑、螺杆式裂解仪等	25%~40%	产率更高、原料更灵活、副产物的能量可回收用于反应本身、操作更简单、产物更清洁、可连续生产	设备复杂、成本较高

引自:钱新锋(2012)。

第六章
易腐有机垃圾的资源化利用和无害化处理

6.1 易腐有机垃圾的概念及特性

6.1.1 易腐有机垃圾的概念

易腐有机垃圾是指来源于农产品批发市场、农贸市场和超市的有机垃圾,分为植物垃圾和动物垃圾两类。由于农产品批发市场、农贸市场和超市出售的食品多为新鲜菜、肉、水果等,因此城市易腐有机垃圾的组成成分主要是经营者丢弃的烂菜、烂水果和各种果皮以及肉类垃圾等,垃圾成分较简单。

易腐性有机垃圾中有机物质成分含量高,主要化学成分是碳水化合物(淀粉、食物纤维)、蛋白质和脂肪等。这类垃圾易发生腐烂,pH较低,含水率高,其中绝大部分没有进行资源化利用而被当作垃圾随意丢弃或者排放到环境中,给空气、水体和人居环境都带来了风险。

6.1.2 易腐有机垃圾的特性

① 易腐性垃圾以淀粉类、食物纤维类、动物脂肪类等有机物质为主要成分,氮、磷、钾元素含量丰富。

② 含水率高,极易造成腐烂,变质变臭,影响周围的环境卫生。

③ 在适宜的温度和湿度下易于被微生物分解,由于间接和直接受病原菌的侵染,因此自身携带大量的病菌,如果不及时、合理地进行无害化处理会加快病原菌的繁殖,严重时可造成多种病原菌同时发生。

④ 易腐有机垃圾的产生场所多为农贸市场,易于专门收集。

目前,城市易腐有机垃圾主要是和其他城市垃圾一起收集、转运,这样在菜场、垃圾收集站和转运站,因其腐烂发臭和滋生蚊蝇等而对环境造成了影响。基于城市易腐有机垃圾的以上特点,对易腐有机垃圾进行具有针对性的有效处理是十分必要的。由于易腐有机垃圾易于专门收集,因此建议对易腐有机垃圾采取专门的收集和处置体系。

6.2 国内外易腐有机垃圾资源化利用和无害化处置的现状

易腐性有机垃圾中有机物质成分含量高,主要化学成分是碳水化合物(淀粉、食物纤维)、蛋白质和脂肪等,且含有丰富的氮、磷、钾等营养元素。如果将这一类有机易腐垃圾简单地按照一般生活垃圾的方式进行处理,不仅成本高,而且在某种程度上也是资源浪费。因此,针对易腐性有机垃圾的特殊性质以更低廉的成本来解决其污染问题,对保护环境和节约资源意义重大。对于易腐性有机垃圾的资源化利用和无害化处置,国内外学者做了较深入的研究,目前易腐性垃圾的有效处理技术主要包括填埋、焚烧、堆肥和厌氧消化技术。

中国每年农贸市场产生的果蔬废弃物等易腐有机物的量占城市生活垃圾的很大部分。吴坚等对广州市菜市场进行调查,选取广州市天河区某菜市场和越秀区某菜市场为调查对象,从现场调查统计所得的结果可知,天河区某菜市场平均日产垃圾量约为 1000 kg,这些垃圾每天被集中运送到附近垃圾集中场,再运送出去集中处理;越秀区某菜市场平均日产垃圾量约为 800 kg,这些垃圾每天被直接运到附近垃圾中转站。两个菜市场垃圾的主要成分为菜和烂水果等易腐性物质,其中绝大部分都被当作垃圾随意丢弃或者排放到环境中,给空气、水体和人居环境都带来了危害。这一调查统计结果表明,对易腐有机垃圾的处理、加工和利用是消除污染、实现资源化利用的必然途径。

目前,我国对易腐有机垃圾的利用率还不是很高,对农贸市场与超市等产生的果蔬垃圾等这一部分易腐性有机垃圾尚未进行单独的资源化利用和无害化处置,它们只能进入城市生活垃圾收运系统,一起进入填埋场混合处置或焚烧处理。目前我国的处置方式主要还是填埋,但由于易腐性有机垃圾进入填埋场会给填埋工艺系统的正常运行增加诸多困难,地方有关管理部门提出要逐步减少进入填埋场的易腐性有机垃圾量,因此,寻求其他填埋替代技术来消纳这些易腐性有机垃圾物流,加大对易腐有机垃圾的资源化利用成为急需解决的问题。

国内不少城市已开始逐渐意识到城市易腐有机垃圾处理的重要性,并有了一些实际的举措。比如,深圳市易腐有机垃圾的收运和生活垃圾的基本相同,该市将较大规模市场和超市的易腐有机垃圾外包给清洁服务公司来收运和处理。规模较大的市场如农产品批发市场、农贸市场和超市的果蔬垃圾产生量大,其有机成分含量高、比率大,但也被清洁服务公司运往垃圾填埋场进行处理,没有采取资源化利用。在广州等珠江三角洲发达地区的城市,每天产出的易腐性有机垃圾大部分运往堆填区或者采取焚烧的方式处理。

除去填埋,国内研究者还提出了对易腐有机垃圾进行厌氧消化的技术和堆肥化技术。由于城市易腐有机垃圾成分的复杂性和厌氧消化的限速步骤,导致厌氧发酵的速度比较缓慢、产气量较少和工艺不稳定等问题,国内学者便致力于改善发酵物料的性质,消除厌氧发酵的限速步骤,以使有机易腐垃圾的厌氧消化工艺在最佳的条件下得到最好的发酵效果。有研究表明,溶胞处理能够改善有机垃圾的物理化学性质如发酵物料的溶解度、酸碱度等,提高微生物对难降解有机物的分解能力,增加可溶性 COD 和挥发性酸的浓度,优化发酵细菌的代谢途径以及产物的组成等,从而增加生物气产量,缩短水力停留时间,强化厌氧发酵过程,减轻后续处理的负担。

采用就地加适量土搅拌均匀压土覆盖高温堆闷的方法可以使易腐有机垃圾腐熟熟化后成为很好的有机肥,也可利用易腐有机垃圾建成沤肥池或沼气池,采用这一方式发酵成液体的有机肥料最易推广和可持续利用。经沤肥池高温发酵后生产的堆肥一般作基肥,为降低病虫害的滋生和传播,可用杀菌剂和杀虫剂处理堆肥,再结合翻地施用并与土壤充分混合。实践证明,堆肥适合各种类型的土壤和作物,半腐熟的堆肥用于砂质土壤,全腐熟的堆肥用于黏重土壤,不仅可以增加土壤肥力,还能平衡土壤微生物菌群,给作物持久的肥效并补充氮、磷、钾及钙、镁、硫等。目前,蔬菜产品的品质是全社会关注的焦点,发展无公害、绿色、有机蔬菜是刻不容缓的现实问题所在,因此要提高土地肥力的复种指数就要提倡施用堆肥并加大生产环节的监管,同时合理配合施用氮、磷、钾等无机化肥,使堆肥充分发挥肥效。

以蔬菜废弃物的堆肥化技术为例。针对蔬菜废弃物的特点,其他国家研究设计与开发了不少有特色的专用好氧堆肥装置和工艺。Vallini 等在意大利佛罗伦萨设立了处理能力为 5t/d 的动态好氧堆肥沟装置,用于处理蔬菜废弃物。该装置在长方形反应沟顶部设置轨道,轨道上有一桥式翻堆装置,随着翻堆装置在轨道上的移动,底部的物料被翻至表层,从而达到了供氧的目的。堆肥产品在反应沟中完成 1 次发酵,时间为 35d,最高温度达到 75℃。然后转移进行二次发酵。El-Haggar 提出了适用于热带地区的便携式小型好氧堆肥处理装置技术:该装置呈圆筒型,直径 0.4m,高 0.5m,容积 $0.1m^3$,压缩空气通过贯穿圆筒中心的穿孔管鼓入物料,供气装置通过时间控制器的控制进行间歇操作。装置安放在一个带水平轴的支架上,可以绕轴转动以混合物料。每次投放物料 10kg(60%蔬菜,40%草),每 2d 翻转装置 3min 以混合物料,防止局部厌氧。实验表明,第二天堆温即可达到65℃,第九天物料温度恢复室温(32℃),由于实验地区位于阿拉伯联合酋长国,气候干燥,到第二周后含水率降至37%,物料遂成为性状良好的土壤改良剂。

由于高含水率和植物组织中原有的微生物群落特点,蔬菜废弃物的好氧堆肥需要以下条件:首先,必须将蔬菜废弃物和各种膨松物质混合,以增加孔隙率,降低含水率,并防止堆肥物料过度塌陷。Haggar则提出,首先在堆肥物料中添加40%的干草作为调节剂;其次,应该通过连续通气和翻堆防止局部厌氧状态的发生;再次,应在初始物料中混入已经腐熟的堆肥产品作为微生物接种剂,加速高温阶段的启动。Vallini等认为,添加15%的木屑和5%的堆肥产品就可以达到较理想的效果。

在好氧堆肥反应机理方面,Huang等研究了易腐有机垃圾好氧堆肥的经验模型和动力学行为特征。通过恒温实验堆肥装置,以预先干燥到80%含水率的易腐有机垃圾为原料,以水稻秸秆为膨化填充物料,得出了物料失重率和供气速率、初始物料配比、反应温度、反应时间之间关系的经验模型。同时,Huang等还提出易腐有机垃圾好氧堆肥的外酵素催化反应和多酶催化反应都符合Monod形式的动力学方程,而且外酵素催化反应是高温好氧堆肥主要控制反应。

国外研究证明,对蔬菜废弃物进行好氧堆肥处理是一种有效的方法,所需设备比较简单,可以根据应用地区的气候特点因地制宜进行设计,产品经过高温阶段能够去除病虫害,是比较理想的有机肥料。而不足之处在于,由于纯蔬菜废弃物含水率过高,必须添加蓬松性的填充物质调节含水率,这种做法会造成成本升高,处理效率降低。

Weiland等分别设计了单步法和双步法厌氧消化处理蔬菜废弃物的中试装置,并开展了一些研究工作。单步法和双步法都设有完全充满式的机械混合反应器,这种反应器的顶部和底部均为圆锥形。单步法的消化反应器体积为$6m^3$。双步法的第一个体积为$2.5m^3$的反应器用于废物的水解和酸化,然后连接一个$1m^3$的甲烷反应器进行产甲烷反应。

6.3 易腐有机垃圾资源化利用和无害化处理的关键技术

目前,在对易腐有机垃圾资源化利用和无害化处理的关键技术中,填埋技术依旧是常用的方法之一,但是由于易腐有机垃圾含水率高,容易产生渗滤液等,对防渗的技术要求高,因此目前并不建议采用。厌氧消化技术处理易腐有机垃圾是一种可行的方法,目前主要采用的是将有机易腐垃圾与餐厨废弃物混合的厌氧消化技术，而与粪便混合发酵是处理果蔬废弃物的一个发展趋势。除了用厌氧消化技术处理易腐有机垃圾以外，堆肥化技术也是主流技术。

6.3.1 易腐有机垃圾厌氧消化技术

易腐有机垃圾能源化的主要利用途径是生产沼气，且厌氧消化在处理易腐有机垃圾时具有较高的处理效率。易腐有机垃圾含水量高，总固体含量在10%左右，符合一般厌氧处理要求，其化学需氧量与氮素之比（COD/N）约为100:4，在产甲烷微生物要求的100:4～128:4范围内，尤其易腐有机垃圾富含营养物质，因此不需要另外添加氮源及营养物质就可以进行厌氧发酵。用厌氧消化技术处理易腐有机垃圾，不仅能产生沼气，而且其沼渣和沼液还可以作为植物的肥料。沼气可以作为能源用作燃料和用来照明；沼渣用作肥料，可以明显提高作物抗逆性、改良土壤，还可以作为饲料添加剂。沼气发酵有户用小型沼气池和大中型沼气池两类，前者技术已相对成熟，推广发展较快；后者因其投资较大，管理麻烦，不易推广。

(1) 批量式厌氧消化工艺

批量式厌氧消化工艺过程是指将进料一次性加入到反应器中，依据实验条件添加或者不添加微生物菌剂，厌氧消化的各个步骤在反应器中依次进行。Converti等将水果蔬菜混合废弃物在中温和高温条件下进行了批量式厌氧消化研究，结果表明消化过程进行得很快，其第一动力学常数约为$4.1 \times 10^{-3}/[L \cdot g \cdot VS/(h \cdot S)]$，水解速度较快，容易产生挥发酸的积累。

从目前的市场占有率来看，批量式消化系统的应用并不是很成功，但是批量式消化系统具有设计简单、控制方便、可处理污染程度高的废弃物、投资少等特点，因此它特别适合在发展中国家使用。序批式厌氧消化反应器处理果蔬废弃物技术因具有时间和顺序上的高灵活度、不需要单独的澄清器以及在反应器内能够保留高浓度生长缓慢的厌氧细菌等特点而备受人们关注。一些研究机构进行了这方面的研究，发现使用序批式厌氧消化工艺处理高固体含量的废弃物悬浮固体去除率达到了90%～93%。

(2) 单相厌氧消化工艺

国外许多学者都利用不同的单相消化系统对果蔬废弃物进行了处理。Mata-Alvarez等利用常温下单相反应搅拌器处理大型菜市场的废弃物，实验设置了4个总水力滞留时间(8、12、14、20天)，在一个3L的消化器中进行实验。结果显示甲烷的产量较高(增加了CH_4大约$0.478m^3/(kg \cdot VS)$)。在利用连续搅拌釜反应器

(CSTR)处理果蔬废弃物时，pH会明显降低，产生的沼气中CO_2的含量会增加。利用连续搅拌釜反应器(CSTR)处理果蔬废弃物，当有机负荷为$4[kg·t·VS/(m^3·d)]$时pH会明显降低，产生的沼气中CO_2的含量增加。

(3) 连续流两相厌氧消化工艺

两相厌氧固体床反应系统污染负荷高、产气稳定、反应周期短，是处理固态有机废弃物的有效方法。

产酸菌和产甲烷菌两个菌群所需的生活环境是大不相同的，如营养需求、pH、生理学指标、营养利用动力学以及环境因子等都不同。传统的消化过程都是将产酸和产甲烷过程在一个反应器中进行，给予两组菌群一样的运行条件。两相消化系统就是把水解产酸和产甲烷两个过程分开在两个不同的反应器中进行，同时分别提供适宜的生长条件，使得这两个过程运行更合理。前人的试验研究证明，在处理高降解性固体废弃物时，两相厌氧消化系统优于单相厌氧消化系统。

两相消化系统的优点主要包括对挥发性有机酸的积累和对pH下降的缓冲，总水力滞留时间和反应时间短，负荷高、气体产量以及甲烷产量高。Boual-lagui等在常温下利用两个联合的厌氧程序化间歇反应器研究果蔬废弃物的厌氧消化，反应器是两个不同容积的玻璃装置，水解酸化步骤在一个1.5L的玻璃反应器中进行，沼气发酵步骤在一个5L的双层玻璃反应器中进行。结果表明，果蔬废弃物在传统的两相反应器中可以高度生物降解，同时反应中总的COD的96%都可以转化成沼气和生物量。两相消化系统有较高的处理效率，在净化率和能量循环方面都有明显优势。刘广民等采用两相厌氧消化工艺处理固体果蔬废弃物，反应液在系统内循环使用，系统由50L的水解果蔬废弃物固体酸化罐和UASB厌氧反应器组成。在厌氧消化处理过程中，反应液中的COD由开始时的10000mg/L降至反应后的2000mg/L左右，COD去除率达80%以上。同时，果蔬固体物质去除率达到98.6%，果蔬废弃物减量效果明显。

(4) 果蔬废弃物与餐厨废弃物混合厌氧消化

吕琛等研究了果蔬与餐厨废弃物不同混合比例和不同进料负荷下的厌氧消化产气性能。以果蔬与餐厨废弃物为原料，比例分别为0∶8,2∶8,5∶8,8∶8和8∶0,不同比例的混合原料分别按2%、4%、6%(TS)的进料负荷进行厌氧消化。结果表明，果蔬与餐厨的比例为5∶8、进料负荷2%时产气性能最佳，其单位TS甲烷总产量为600mL/g,比同比例进料负荷4%和6%分别高5.4%和10%,比2%~6%的单一餐厨和果蔬废弃物原料分别高4.5%~18%和7.1%~510%,

消化周期小于50d,第20天即达到产气高峰,产气量可达95mL/g。低负荷运行可有效避免VFA中丙酸及氨氮的积累;提高负荷、增加果蔬的比例则会导致丙酸和氨氮的积累和抑制,影响厌氧消化体系的稳定性,导致单位甲烷的总产量降低。研究结果可为城市生活垃圾有机废物厌氧消化处理提供设计和运行依据。

(5)果蔬废弃物与粪便混合厌氧消化

厌氧消化是一种应用较广泛的对有机废弃物进行处理的方式,对果蔬废弃物单独进行厌氧消化会产生过多的酸性物质,若是将果蔬废弃物与粪便混合发酵处理则可以在一定程度上减少或抑制类酸性物质的产生。

Callaghan等研究发现,与粪便混合的果蔬废弃物的百分率从20%提高到50%可使得甲烷产气率从$0.23m^3$提高到$0.45\ m^3$,挥发性固体物质只出现微量的减少。当与牛粪混合的果蔬废弃物含量为30%或以上时,会产生高浓度的脂肪酸。尽管如此,当与牛粪混合的果蔬废弃物比重超过50%时,会有较高的甲烷产量,但是挥发性固体物质的改变却很微小。鸡粪与果蔬废弃物混合效果并不理想,当与果蔬废弃物混合的鸡粪量增多时,挥发性固体物质的降解会退化,同时沼气产量会下降。将果蔬废弃物与粪便混合处理其效果优于单纯将果蔬废弃物进行厌氧消化,因此与粪便混合厌氧消化将是果蔬废弃物处理的一个趋势。

6.3.2 堆肥化技术

易腐有机垃圾由于其含水量高、营养成分高、有机质含量丰富,适宜作为肥料的原料。易腐有机垃圾的肥料化主要是用来进行堆肥、沤肥。堆肥化就是在人工控制下,在一定的水分、C/N比和通风条件下通过微生物的发酵作用,将有机物转变为肥料的过程。在这种堆肥化过程中,有机物由不稳定状态转化为稳定的腐殖质物质,对环境尤其土壤环境不构成危害,研究人员把堆肥化的产物称为堆肥。张相锋等利用芹菜、石竹等高水分易腐有机垃圾与鸡舍废物进行联合堆肥试验;席旭东等利用白菜、花椰菜、甘蓝等易腐有机垃圾添加粉碎的玉米秸秆进行堆肥——说明易腐有机垃圾可以通过堆肥进行回收利用。在利用易腐有机垃圾进行堆肥时还可以添加化肥等无机肥,经过一系列的工艺处理将之加工成无臭、无病菌而又便于运输、贮存的复合肥,实现NPK平衡,具有较大的优势。

目前比较典型的堆肥系统主要有条垛系统、强制通风静态垛系统和反应器系统等几种。条垛系统是在好氧条件下,将混合好的固体废物堆成垛状,一般采用强制通风方式或机械搅拌方法来达到通风要求。条垛系统对其场地有很高的要求,一般要求有坡度和排水系统。强制通风静态垛系统是对条垛系统的改进,其与条垛系统的主要区别在于,该系统的堆体须定期翻动,以达到通风供氧的目的。反应器堆肥系统是堆肥工艺的最新方向,该系统的优点是占地面积小、操作无臭味、可靠性好、堆肥产品质量好。曾有媒体报道了一种管式堆肥系统。该系统是一个长方形卧式反应器。在这种反应器中,空气与固体废物流向平行,通气方式为正压/负压方式,日处理能力为 3.5 吨干污泥,占地面积为 27.4m × 34.8m。对于堆肥化处置技术的工艺控制条件的研究主要集中在堆肥原料的选择配比和工艺参数的控制这两个方面。一些研究表明,只有将堆肥原料的 C/N 控制在一定的范围,才能达到更好的堆肥化处置效果。

堆肥化处理易腐有机垃圾不仅可以满足有机农业对肥料的需求,而且还可以解决易腐有机垃圾污染的问题。

(1) 果蔬废弃物直接堆肥

Kostov 等将各种果蔬废弃物好氧堆肥,然后施用于在大棚种植的黄瓜植株。经过实验发现,在黄瓜的生长期施用果蔬废弃物堆肥产生的肥料,使得黄瓜的根部温度高于施用普通肥料,堆肥产生了更多的 CO_2 和微生物群,其释放的养料符合黄瓜生长各个阶段的需求。施用堆肥的黄瓜营养成分高于施用普通肥料的黄瓜营养成分。施用堆肥的黄瓜较其他早成熟 10~12 天,同时产量也要高于施用普通堆肥的产量(第 1 个月产量增加了 6 倍,总产量增加了 48%~79%)。这体现了果蔬废弃物较高的经济效益。陈活虎等通过不同比例腐熟堆肥接种进行易腐有机垃圾高温好氧降解试验,研究接种对易腐有机垃圾好氧降解过程的影响。结果表明,在试验采用的 5%、3% 和 1% 这三个水平接种率下,增加腐熟堆肥接种比例有利于提高有机物的降解率,试验末期有机物降解率分别为 53.3%、50.0% 和 43.7%,其降解率差距的主要来源是糖类和纤维素类降解差别;腐熟堆肥接种对堆肥过程中微生物演化的规律影响明显,但当接种率达到一定水平后,接种对生物的影响会随堆肥过程的进行而逐步消失。采用序批式进料、温度反馈通气量控制的静态好氧堆肥处理技术进行蔬菜和花卉废弃物联合堆肥试验,可有效控制堆肥过程,实现有机物料的快速稳定和水分的去除。采用温度反馈通气量控制的静态好氧堆肥技术,将易腐有机垃圾和花卉废弃物联合堆肥可以在 45 天内获得高质量的堆肥产品,将堆肥产物还田则能有效减少固体废物非点源污染、提高土壤肥力。

(2) 果蔬废弃物与粪便混合堆肥

Alkoaik 等利用一个实验室规格的生物反应器来进行番茄废弃物与牛粪混合堆肥的试验研究。添加尿素使得废弃物的 C/N 达到 30,同时将湿度调整到

60%。这个实验的结果表明,在番茄废弃物和木屑堆肥过程中添加牛粪能够为堆肥所需微生物提供其所需的大量元素和微量元素。添加粪便提高了温度,提升的速率并延长了最高温度的持续期,减少了停滞和顶峰时间,这些结果总结起来就是其减少了堆肥过程中的停滞时间,加速了堆肥进程。牛俊玲等采用人工翻堆的方法进行板栗苞和牛粪堆肥,初始混合物料 C/N 为 25～30,含水量在 55%～60%,采用人工翻堆的方法进行通风。由于板栗苞与牛粪均为木质纤维素含量较高的物料,所以在堆制结束后,堆肥中的粗纤维含量仍有 10.11%,整个过程中粗纤维降解率为 57.25%。水溶性硝态氮的含量在堆肥过程中总体呈上升趋势,而铵态氮损失就比较严重,比初始物料减少了 33.30%。在堆肥结束时,C/N 基本维持在 20 左右。在堆制 20 天后,发芽指数(GI)上升到了 80% 以上。说明板栗苞和牛粪堆肥 40 天后基本可以达到腐熟,但堆肥中仍残存部分未被消化的板栗苞,须进一步采取相应措施促进其中木质纤维素的降解。官会林等以蔬菜根茎及花卉秸秆废弃物、鲜猪粪、有机物腐熟剂为原料,按不同比例混合堆肥处理,在自然发酵 35 天后进行还田试验。还田后对西芹产量和品质的提高产生了影响,同时容易造成当季作物减产。经研究发现,添加有机物腐熟剂能促进固体废弃物的快速降解和还田利用率的提高。此外,添加牛粪显著增加了堆肥中的氮、磷和钾的养分含量,降低了堆肥的容重,堆肥的总孔隙度和持水孔隙度有明显提高,改善了堆肥产品的品质。

第七章

苏州市居民小区垃圾细分类体系

7.1 分类设施设备配置

7.1.1 分类设施设置

7.1.1.1 居民小区(三分类地区)

(1) 设置其他垃圾、可回收物、有害垃圾三种分类收集容器。

(2) 新建的居住小区应设置装修垃圾归集点,并设置明显标志;具备条件的,应设置专用收集容器。现有居民小区应根据实际情况指定装修垃圾、园林绿化垃圾等临时分类堆放场所,并设置明显标志。收集到的建筑垃圾和园林绿化垃圾纳入相应的大分流体系。

(3) 居民小区宜按门洞(高层住宅)或每幢(多层住宅)在适宜位置分别设置垃圾分类收集点。每个收集点都宜配备其他垃圾、可回收物、有害垃圾三种分类收集容器。其中其他垃圾的收集容器采用蓝色240升脚踩垃圾桶,每个收集点可根据门洞或每幢的居民人数设置3～7个;可回收物和有害垃圾收集容器分别采用绿色120升脚踩垃圾桶和白色有害垃圾收集箱,每个收集点各设置1个。

(4) 居民小区的收集容器宜置于垃圾收集亭下,古城区纳入收运体系升级改造的垃圾收集点必须按照收运体系改造标准建设。

(5) 对于部分规模较小、场地条件有限、不能设置垃圾收集亭的居民小区,可以采用集中设置可回收物及有害垃圾收集点的方式进行分类收集容器的布置。这类小区其他垃圾的收集点多采用单放桶的形式进行,根据门洞或每幢的居民人数,在每个门洞或每幢住宅前设置1～5个蓝色240升脚踩垃圾桶;根据小区的规模,在小区出入口及主要通道处设置1～3组可回收物和有害垃圾回收点,每个收集点设置可回收物和有害垃圾收集容器各1个。收集容器可采用垃圾桶或垃圾箱。垃圾箱应该满足收集可回收物和其他垃圾的要求,可回收物收集箱外观应以绿色为主,有害垃圾收集箱外观应以白色为主。

7.1.1.2 机关企事业单位和学校

（1）机关企事业单位和学校可根据垃圾产生数量，在合适的位置设置垃圾收集点，每个收集点分类设置其他垃圾、可回收物、有害垃圾收集容器。

（2）每个收集点分类收集容器的配置与居民小区一致。

（3）有食堂或集中供餐的单位应单独设置餐厨废弃物收集点，将餐厨垃圾收集后纳入餐厨垃圾专项分流体系。

（4）在装修、绿化修剪期间，应指定建筑垃圾、园林绿化垃圾等临时堆放场所，并将收集的建筑垃圾和园林绿化垃圾纳入专项分流体系。

（5）设置在室外的收集点宜置于垃圾收集亭下。

7.1.1.3 公共场所

（1）公共场所指道路、广场、公园、影剧院、体育场馆、轨道交通站厅、铁路公路轮渡客运站候客厅、大型商场等文化、体育、交通、商业设施等场所。以上公共场所应设置其他垃圾和可回收物两类分类收集容器，在合适的场所可设置有害垃圾收集箱。

（2）有餐饮单位、食堂或集中供餐的公共场所应单独设置餐厨垃圾收集点，将餐厨垃圾收集后纳入餐厨垃圾专项分流体系。

（3）在装修、绿化修剪期间，应指定建筑垃圾、园林绿化垃圾等临时堆放场所，并将收集的建筑垃圾和园林绿化垃圾纳入专项分流体系。

7.1.1.4 餐厨垃圾专项分流收集设施设备配置

产生餐厨垃圾的企业、单位等应在合适的场所设置餐厨垃圾收集点，并根据餐厨垃圾的产生量配置灰色120升或240升垃圾桶；在收集点应设置明显的收集点标志，标明收集点编号、联系和监督电话等。

7.1.1.5 建筑垃圾专项分流收集设施设备配置

居民小区或单位若产生建筑垃圾，应在合适的位置设置建筑垃圾临时堆放点，或采用5吨级拉臂箱进行收集，待收集到一定量后，运往建筑垃圾储运场。其他集中产生建筑垃圾的工程，由工程单位在工程所在地范围内临时堆放建筑垃圾，并自行运至建筑垃圾储运场、建筑垃圾回用场所或终端资源化利用设施。

7.1.1.6 园林绿化垃圾专项分流收集设施设备配置

在产生园林绿化垃圾的场所设置临时堆放点，由专门的收运车辆上门收集；道路修剪和道路清扫保洁的园林绿化垃圾由绿化养护单位直接运输至终端资源化设施进行统一处置。

7.1.1.7 农贸市场有机垃圾专项分流收集设施设备配置

大型农贸市场在市场内设置有机垃圾收集点,并专项分类运输至终端资源化设施进行处置。分散的中小型农贸市场应设置单独的有机垃圾收集点,避免将其他垃圾混入有机垃圾收集点;收集到的有机垃圾专项分类运输至终端资源化设施进行处置。

7.1.2 分类收集车辆配置

7.1.2.1 日常生活垃圾细分类收集车辆配置要求

(1) 应根据收运作业服务范围内分类垃圾种类、垃圾产生量、收运频率、车辆有效使用率等综合因素,配置适宜数量及技术标准的垃圾收运车辆。

(2) 垃圾收集车应密闭,并设置相应装置,防止运输过程中渗沥液滴漏或垃圾飞扬洒落。

(3) 生活垃圾通过短途驳运方式进入转运站的,短途驳运车辆的外观应与容器颜色及标识对应,详细要求见图7-1。

图7-1 垃圾短途驳运车辆外观样式

7.1.2.2 专项分流车辆配置

(1) 应根据收运作业服务范围内的垃圾性质、收运频率、车辆有效使用率等综合因素,配置适宜数量及技术标准的专项垃圾收运车辆。

(2) 专项垃圾运输车辆应实行密闭化运输,并设置相应的防护装置,防止运输过程中可能对环境及人身安全产生不良影响和危害。具体要求由各专项分流垃圾的实施单位细化。

(3) 餐厨垃圾和建筑垃圾专用车辆应安装GPS、电子标签识别器以及车载行车记录仪。

7.1.3 生活垃圾细分类标识及收集容器标准

7.1.3.1 可回收物收集容器标准

可回收物(Recyclable)指适宜回收循环使用和资源利用的废弃物,包括纸类、金属、塑料、玻璃、织物等五类。各类可回收物主要包括内容如下：①纸类：报纸、纸板箱、图书、杂志、药盒、传单广告纸、办公室用纸、洗净的牛奶盒等利乐包装、洗净的饮料盒、纸杯等。②金属：易拉罐、罐头盒、金属厨具、金属餐具等。③塑料：塑料饮料瓶、塑料油桶、塑料盆、塑料餐盒、泡沫塑料、塑料玩具、洗净的酸奶杯等。④玻璃：玻璃瓶罐、平板玻璃、镜子等。⑤织物：未经污染的衣服、棉被、毛巾、书包等。收集可回收物的收集容器应分别在容器正前方、盖顶和盖背面标示分类标记。其中容器正前方一面应标示可回收物种类及示意图；盖顶和盖背面分别标示垃圾分类标志。具体样式参照图7-2。

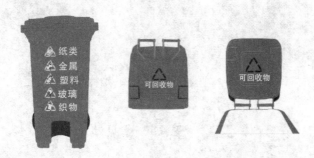

图7-2 可回收物收集容器外观样式要求

7.1.3.2 有害垃圾收集容器标准

有害垃圾（Harmful Waste）是指含有可能对人体健康或自然环境造成直接或潜在危害物质的废弃物。具体包括五类：废电池（充电电池、纽扣电池、手机电池，不包括普通干电池）；废灯管（日光灯灯管及节能灯灯管）；废弃日用化学品（消毒液、洗涤剂、油漆、油漆桶、杀虫剂、化学溶剂等）；废弃电子产品（废弃手机、收音机、电路板等）；其他含汞、铅、镉等重金属元素的废弃物（水银温度计、血压计等）。收集有害垃圾的容器应按照不同的有害垃圾属性及处置流向设置收集隔断，并且在收集容器上设置明显的投放说明，参考外观样式如图7-3所示。

图7-3 有害垃圾收集容器参考外观样式

7.1.3.2 其他垃圾收集容器标准

其他垃圾（Other Waste）是指日常生活垃圾中除可回收物、有害垃圾以外的所有垃圾。其中包括不适宜回收循环使用和资源利用的纸类（严重玷污的文字用纸、包装用纸、餐巾纸、其他纸制品等)、塑料(如玷污的保鲜膜、保鲜袋等)。

图7-4为其他垃圾收集容器外观样式要求,收集其他垃圾的收集容器应分别在容器正前方、盖顶和盖背面标示分类标记。其中容器正前方一面应标示其他垃圾种类及示意图;盖顶和盖背面分别标示垃圾分类标志。

图7-4 其他垃圾收集容器外观样式要求

7.2 分类收运规范

7.2.1 收运流程及频次

7.2.1.1 总体要求

(1) 在实施垃圾分类的区域,垃圾收运必须进行分类收集和分类运输。

(2) 收运车辆必须符合《苏州市垃圾分类设施设备配置标准》的要求,可回收物和有害垃圾必须采用液压尾板式的转运车辆进行收运,不得使用侧翻式收运车辆进行收集。

(3) 各类垃圾的收集宜在不同的时间段进行,且相对固定。

7.2.1.2 其他垃圾收运流程及频次要求

(1) 其他垃圾由各区环境卫生管理部门(以下简称各区环卫部门)或物业公司负责收集至各区垃圾转运站,收运频次为每天2～3次。

(2) 其他垃圾在现有垃圾转运站进行压缩后,由各区环卫部门负责运至焚烧厂或填埋场进行最终处置。

7.2.1.3 有害垃圾收运流程及频次要求

(1) 有害垃圾由各区环卫部门委托收运单位收集至所在区临时存放点,收集频次为每月1～2次。

(2) 市环境卫生管理部门委托运输单位至各区有害垃圾临时存放点统一收

集,并运输至具备处置资质的单位进行最终处置,收运频次为每月1次或每两个月1次。

（3）有害垃圾临时存放点的设置应综合考虑收运车辆的通行条件、服务半径、周边环境等因素,尽可能与现有的建筑垃圾临时堆放点、垃圾转运站等环卫设施合建。

临时存放点必须分别设置废旧灯管、废旧电池、废弃家用化学品和含重金属（Hg、Ag等）的其他有害废弃物四类分类存储桶或存储区域。

7.2.1.4　可回收物收运流程及频次要求

（1）居民家庭或单位集中产生的可回收物

对居民家庭或单位集中产生的可回收物,或积累至一定数量的可回收物,可采用电话预约、网络预约及定时定点三种方式由苏州市再生资源回收公司进行回收。

（2）居民可直接将零星产生的可回收物投入可回收物收集桶,由各区环卫部门委托收运单位对可回收物收集桶中的玻璃、织物等进行回收,分拣后集中堆放在各区的可回收物临时存放点,收集频次为每周1~2次。

（3）可回收物临时存放点的设置应综合考虑收运车辆的通行条件、服务半径、周边环境等因素,尽可能与现有的建筑垃圾临时堆放点、垃圾转运站等环卫设施合建。临时存放点必须设置纸类、金属、塑料、玻璃、织物堆放区,同时配备好防火安全设施。

（4）各区临时存放点的可回收物由市级环卫管理部门委托收运单位进行收集,并送至终端利用单位进行利用,收集频次为每月1~2次。

7.2.2　垃圾分类收运作业规范

7.2.2.1　人员培训

（1）参与垃圾分类收集、运输及处置的人员应进行岗前技能、安全等方面的培训。

（2）培训工作由市环境卫生管理部门组织专业培训师进行讲课及现场指导。

（3）培训工作应具备专业性和针对性,对不同工种的人员进行区别化培训。

（4）有害垃圾收运人员须持证上岗,上岗证在从业人员经培训合格后由市环境卫生管理部门颁发。

（5）市环境卫生管理部门每年对上岗证进行年度审核。

7.2.2.2 作业装备

（1）作业人员在进行相关作业时必须统一着装。

（2）在对有害垃圾及玻璃等进行收运时，应使用具有防护作用的手套及穿戴具有其他防护作用的服装。

7.2.2.3 操作要求

（1）其他垃圾收运及操作规范参照《城市环境卫生质量标准》（建城〔1997〕21号）执行。

（2）在对可回收物进行收集时，须对可回收物收集箱中的垃圾进行分拣，将不属于可回收物的垃圾投放至对应的垃圾桶，并对其他垃圾和有害垃圾收集桶里明显投放错误的可回收物进行分选收集。收运至临时存放点的可回收物必须按照纸类、金属、塑料、玻璃、织物分五类存储。

（3）在对有害垃圾进行收集时，须对有害垃圾收集桶中的垃圾进行分拣，将不属于有害垃圾的垃圾投放至对应的垃圾桶，并对其他垃圾和可回收物收集桶里明显投放错误的有害垃圾进行分选收集。在对废旧电池进行回收时，必须将普通干电池进行分拣，并将其投入其他垃圾收集容器。在收集灯管类等易碎有害垃圾时须小心轻放，防止灯管破裂。对临时存放点的有害垃圾必须按照有害垃圾的种类进行分类储存，具体可分为废旧灯管、废旧电池、废弃家用化学品和含重金属（Hg、Ag等）的其他家用废弃物四大类。

7.2.2.3 计量和称重

（1）其他垃圾按照现有的计量和称重办法实施。

（2）可回收物的计量。由市环境卫生管理部门委托的运输单位至各区临时存放点收集可回收物时，必须对可回收物进行计量。

（3）有害垃圾的计量。由市环境卫生管理部门委托的运输单位至各区临时存放点收集有害垃圾时，必须对有害垃圾进行计量。

（4）运输单位使用的计量设备必须通过质监部门的年审，各区环卫部门负责对计量过程的监管，并填写收运数量确认单。

（5）有害垃圾收运及可回收物的补贴及处置费用计量以确认单的数据为准。

（6）各区环卫部门每年组织相关人员对有害垃圾的收运进行应急演练，并配备相应的应急预案及应急装备。

7.3 其他垃圾的无害化处理

7.3.1 苏州市生活垃圾卫生填埋工艺

苏州市生活垃圾填埋工艺由卸料、推铺、压实、整平、覆盖五个步骤组成。各区生活垃圾收集点的垃圾由专用运输车辆送至填埋场,经过计量和成分检查后进场,在指定的作业区域卸料。垃圾由推土机推铺后,再用压实机压实,同时起到破碎的作用,使垃圾体致密,减少局部沉降,并提高库容利用率。苏州市吴中区七子山生活垃圾填埋场(以下简称"七子山填埋场")采用 HDPE 膜覆盖,对垃圾堆体的平整度要求较高,所以在覆盖前需要先用挖机对垃圾表面进行平整,最后进行覆盖,覆盖包括中间覆盖及临时覆盖,中间覆盖使用 HDPE 膜,临时覆盖使用油布。

为了更好地控制填埋进程,须对填埋作业库区实行分区作业。根据苏州市垃圾的产生量及作业现场的情况,七子山填埋场将库区划分为数个区域。在规划作业时,根据分区确定填埋区域、推进方向及实时的作业层面。

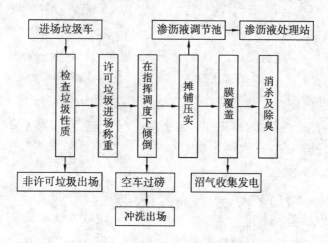

图 7-5 生活垃圾填埋工艺流程图

(1) 填埋方式

主要由推铺、压实、平整三部分组成。垃圾被倾倒至卸料区域后,由推土机推送至坡面,再经过压实平整。这个过程把松散垃圾堆砌成一层沿堆体斜坡的稳固垃圾。重复这个过程,垃圾层层累加,堆体向前不断推进。

根据填埋区域的构造不同,填埋作业一般有"堆坡法"和"填坑法"两种方法可供选择。使用"堆坡法"进行填埋作业时,用推土机压实可取得更好的压实效果,摊铺作业更易控制,可有效避免垃圾散落现象。缺点是推土机工作量大,所有垃圾须自下向上堆起,作业负荷高。"填坑法"作业是自上而下进行,推土机作业负荷较低,但对摊铺、压实作业控制要求较高,若摊铺作业控制不好,易造成垃圾散落。在填埋作业过程中,可根据实际情况灵活选择填埋作业方式。

(2) 压实作业

通过压实作业,可增加垃圾填埋量,延长库区使用年限;减少垃圾孔隙率,有利于形成厌氧环境,减少渗水及蚊蝇滋生;提高堆体稳定度,有利于车辆在堆体上安全行驶及以后的土地资源利用。

压实机在同一路径上碾压垃圾,次数以保持在 3~4 次为宜。小于 3 次,垃圾密度小;大于 4 次,密度及含水率变化小,经济效益不佳。在摊铺后一层垃圾以前,前一层垃圾必须压实完成;取得良好压实效果的标志是,压实机可以平稳驶出作业面,而不会陷入垃圾中。此外,垃圾含水率对压实密度有很大影响,一般生活垃圾最适宜的水分含量约为 50%,减少含水量通常可以提高压实密度。

作业的斜面越平坦压实效果越好,因为只有较平坦的斜面才能最有效地利用压实机的自重。而在坡度较小的面上进行压实作业,也能减少压实机的油料消耗。此外,斜面操作也是为了控制雨水的流向,以避免雨水在卸料区积存。但过小的坡度会减少垃圾库容,考虑到七子山填埋场新库区面积较小,一般将坡度控制在 1:3 到 1:4 之间。同时,类型不同的垃圾其沉降的落差也不同。为保证整个堆体沉降的落差一致,针对不同的垃圾,应增加或减少压实次数。对于厨余、瓜皮等易腐烂的垃圾,应增加压实次数;对于塑料、砖块等不易腐烂的垃圾,应减少压实次数。

(3) 推铺作业

推铺作业指将垃圾沿斜面背推铺平,是使作业面不断扩张和向外延伸的一种操作方法。推铺作业由两辆推土机合作完成,如图 7-6 所示,垃圾被倾倒至卸料区后,由推土机 A 推送至正方形虚线框所示的位置,再由推土机 B 推送至坡面。一般情况下,一辆推土机的功率只能推送两车垃圾。在堆体向前推进时,推土机工必须提前与铺膜人员协商,将堆体前方的 HDPE 膜掀开,预留堆体推进的空间。

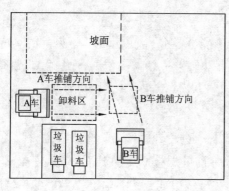 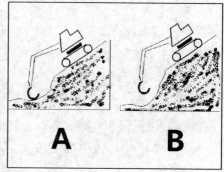

图 7-6　填埋垃圾时推铺作业示意图

（4）平面平整

垃圾堆体经过压实后，表面还会存在一些松散碎屑的垃圾和凹凸坑洼的地方。所以经过压实的垃圾堆体平面还需要用挖机进行整平处理，然后才能进行覆膜作业。整平的具体方法是，将零碎的垃圾聚拢，填入坑洼处，并用挖斗将凸起处压平；同时必须注意将堆体中锋利尖锐的垃圾进行破碎处理。

在部分较陡的坡面，当压实机不能进行压实作业时，由挖机直接进行平整作业。挖机向下移动时，要先将挖斗伸至最长，尝试将挖斗够到下方垃圾堆体。如图 7-6 中 A 所示，挖斗能够在下方找到支撑点，这样可以防止挖机翻倒。当因遇到软垃圾挖机下陷时，借助支撑点也更容易爬出。当挖斗在下方够不到支撑点如图 7-6 中 B 所示时，则不能向下移动，需要推土机推送垃圾或者挖机取部分垃圾将下方填高，以保证安全。另外，在靠近边坡防渗膜附近作业时，应注意保护防渗膜。在边界作业时，车辆与边坡防渗膜之间必须保持 3 米以上距离。挖机在防渗膜上清理垃圾时，不可使抓斗的斗齿接触防渗膜，只能用抓斗背面贴近防渗膜，通过平移清理垃圾。

（5）覆盖作业

七子山填埋场属于厌氧填埋场，通过在垃圾堆体上覆盖油布或 HDPE 膜等防水材料，创造一个密闭环境，有利于垃圾的厌氧分解。覆盖阻隔空气流通，也减少了垃圾堆体对周围环境的影响。同时，防水材料避免了大量降水进入填埋作业区，减少了渗沥液量。

覆盖作业包括临时覆盖和中间覆盖。对于短期存在的裸露面，七子山填埋场采用油布临时覆盖处理。将油布摊开平铺在裸露面后，用砖块压住防止被风揭开。临时覆盖在坡面时，为防止临时膜滑落，还要用钢筋穿过油布插入垃圾堆体，加以固定。裸露面要重新作业时，揭开油布，同时要将油布叠起，以方便移动和以后使用。

为减少夜间垃圾裸露作业面对周围环境的影响,七子山填埋场实行日覆盖作业制度,即每天垃圾停止进场后,用油布将作业面覆盖,覆盖方法与临时覆盖相同。到第二天垃圾进场前再将油布揭开,以保证夜间垃圾堆体无裸露。

(6) 焊膜作业

当堆体长期固定时,则需要对垃圾裸露面进行焊膜覆盖。焊膜覆盖处理是指将 HDPE 膜覆盖到垃圾堆体上后,用焊膜机焊接固定并压砖的覆盖方式。HDPE 膜是由高分子聚乙烯经过吹塑或平挤制成的具有很强耐久性的防渗材料,其化学性质稳定、低渗透性、抗紫外线性能稳定。膜面可以承受人体的重量,但车辆不能在膜上行驶。

(7) 平台搭建作业

七子山垃圾填埋场在堆体上的道路采用钢板铺设,同时卸料平台也由钢板组成。当堆体向前延伸后,钢板路及卸料平台也必须沿垃圾推进方向延伸。延伸工作需要重新搭建平台,并铺设钢板路面。

① 路面搭建

由于钢板路面区域的垃圾将经过车辆反复碾压,为抵消这种碾压带来的过度沉降,需要先把路面区域的垃圾加高,一般加高 30 厘米左右。钢板路面分为 2 层,底部纵向铺设 2 块垫高钢板,再在上面横向铺设钢板路面。部分钢板有插销可以连接固定的,需要进行固定。没有插销的钢板,由挖机用挖斗将钢板摆放整齐。

② 平台搭建

由于搭建平台采用的是带护栏板的钢板,因此需要调整钢板的摆放方向,即将垫高钢板与车辆行驶方向垂直,使平台钢板与车辆进出同方向。平台同样需要垫高垃圾层,但由于车辆在护栏板处停车并倾泄垃圾,造成此处的沉降多于普通钢板路,所以在护栏板侧的垫高垃圾需要更高,一般比平台钢板另一侧高约 30 至 40 厘米。

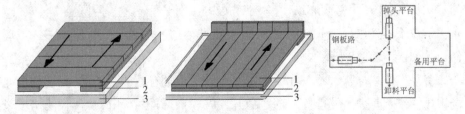

图 7-7 平台搭建作业示意图(箭头表示车辆出入方向)

1. 钢板路面　2. 垫高钢板　3. 垫高垃圾层

③ 钢板平台使用规则

平台示意图如图7-7,车辆先经钢板路进入掉头平台,再倒车,进入卸料平台进行倾倒。如现场车辆较多,调度人员向运营科汇报后,可使用备用平台,以加快作业速度。另外,根据填埋方向,备用平台和卸料平台可进行互换。车辆进入平台、掉头、倾倒等,都须在调度人员的指挥下进行。

④ 作业注意事项

铺设钢板路的区域,因为车辆的反复碾压,沉降会比周围区域更加明显。为了减少垃圾沉降对路面的影响,在钢板路的前进方向上堆填垃圾时,尽量不要选择厨余垃圾等含水率高且易腐烂的垃圾。

在钢板路面的转弯处,需要将靠外的一侧适当加高。这样一方面可为大型车辆提供转弯时的向心力,防止侧翻;另一方面,外侧承受碾压的程度强于内侧,外侧稍高亦能抵消外侧碾压带来的垃圾不均匀沉降。

七子山填埋场通常采用2层钢板铺设钢板路,即在纵向垫高钢板上铺设横向钢板路面。这样铺设可以使路面更加平整,受垃圾沉降影响较小,雨天作业时,钢板路面不会被积水浸没。但路面钢板容易在垫高钢板上滑动,需要定期归拢整形。

(8) 雨污分流作业

由于七子山填埋场使用的HDPE膜的低渗透性,降水时会有大量雨水流过堆体但未受污染,此外库区场底以下的地下水也未受污染。将这些水导排出库区,可以减少渗沥液的产生。除了截洪沟拦截从山体流下的雨水外,导排作业主要由设置坡度和导排沟、积水抽排和地下水抽排组成。导排作业所抽出的水,主要为雨水及地下水,且未与垃圾接触过,导排入库区边界的排水沟或截洪沟,不再进入渗沥液站处理,直接排入城市污水管网。采用合理的雨污分流管理措施,尽可能减少填埋场渗沥液产量,降低填埋场运行成本,是现代化填埋作业的关键点之一。

(9) 导排作业

结合填埋场地形条件及运营发展规划,七子山填埋场采用截流、分区、覆盖、导排等"堵""排"相结合的工程措施实现填埋场雨污分流。

① 分区——合理划分填埋场分区,减少填埋作业暴露面积。根据现场作业状况,在一个作业区填埋作业时,其他填埋库区实施中间覆盖,并采取有效的地表水导排措施,有效隔离这些区域的地表水进入填埋作业库区,该措施大大减少了降水与垃圾接触的面积,有效降低了渗沥液产生量。

② 覆盖——及时进行覆盖,阻隔大气降水进入填埋库区。填埋作业采用规范化作业方式,及时进行日覆盖、中间覆盖与生态修复,在堆体建设过程中保留

合理的排水坡度,尽可能分流进入库区的大气降水。

③ 导排——建设地表水导排明渠,与截洪沟结合实现分流地表水的导排。

导排作业包括以下具体操作过程。

① 堆体坡度设置

为控制雨水在堆体上的流向,防止堆体上出现大量积水的情况,需要提前规划设置好堆体的坡度。七子山填埋场依照地形设置坡度,一般为北高南低,中间高两边低,坡度一般控制在2%～4%。垃圾填埋时,需要提前预估堆体的坡度及走势,必要时可利用GPS测量高度,以确保坡度准确。

② 导排沟设置

当库区边缘的堆体高且有坡度时,可直接将膜延伸至库区边界的排水沟,使雨水直接流出。当库区边缘的堆体接近平面时,则需在堆体上设置导排沟,导排沟需要在焊膜前设置完成。雨水从堆体上流下,汇聚在导排沟中。导排沟中的积水处理主要有两种方法:第一种方法是利用地形落差将导排沟中的积水经管道导入截洪沟中。第二种方法是将平面导排沟中的积水用泵打入库区边界的排水沟中。除导排沟中的积水需要用泵抽出以外,当降水较多,垃圾堆体不均匀沉降而形成积水坑时,也需要单独用泵抽水。抽出的水同样排入库区边界的排水沟。除了对地表水进行导排以外,还需要对地下水进行检测和导排。检测地下水的水位,控制水泵的开关,抽取地下水,防止地下水进入库区底部,增加渗沥液。从库区边泵房的监控仪上可以读取地下水的水位和温度,水泵可以人工打开、关闭或设置自动控制。自动控制时,若地下水位高过70厘米,则水泵自动开始抽排。

(10) GPS测绘作业

垃圾堆体的高度和沉降距离关系到堆体坡度的控制、表面雨水的导排、堆体的标高及最终库容,是填埋作业中非常重要的数据。但堆体高度和沉降无法用一般手段测量,以往只能靠现场人员目测,模糊的判断往往导致堆体上形成积水,标高过低,影响库容。

为精确测量标高并记录堆体沉降,七子山填埋场引进了GPS测绘系统。GPS系统是一种能够定时和测距的空间交会定位系统,可以提供连续、实时、高精度的三维位置、三维速度和时间信息,在库区作业中,GPS可以精确测量堆体高度。

目前,库区有专人负责测绘作业,每月在固定时间和固定地点测量并记录堆体的高度数据。通过对比这些数据,了解堆体高度及沉降,精确掌握堆体情况。另外,当需要搭建新平台、堆体推进时,也需要GPS系统测量堆体高度,以便准确控制堆体坡度,并防止堆体上形成深坑。通过引进这套系统,可以精确掌握堆体的坡度、高度及沉降数据,为作业提供直接准确的数据,并能为以后的填埋规划、作业改良提供科学规范的理论依据,使填埋作业更加合理、规范。

(11) 消杀除臭作业

① 消杀除臭作业

大量垃圾发酵产生的异味会对周围环境产生影响,虽然对垃圾堆体进行覆盖可以控制大部分异味,但在作业区域和膜边界仍有部分气体外溢,需要通过喷洒除臭剂来进一步消除臭味。另一方面,垃圾集中填埋会滋生大量的蚊蝇,对周围环境不利,也会影响现场作业,需要对之进行消杀处理。

② 消杀作业

七子山填埋场所用杀虫剂的主要成分为高效氯氰菊酯和毒死蜱,对蚊蝇等害虫击倒快、致死率高。常量使用对人和温血动物安全,本品可进行生物降解,不会在环境中累积。该药剂低毒,为淡黄色透明液体。

药剂使用大型环卫洒水车喷洒,喷洒一次需100千克药剂配5吨水。药剂直接喷洒在裸露的作业面上,为不影响填埋作业,喷洒时间一般选在填埋作业结束后。在蚊蝇滋生的季节,通常4至5天喷洒一次。

③ 除臭作业

七子山填埋场目前采用的是一种生物性除臭剂,药剂中的菌群在其自身发酵的过程中会利用垃圾发酵产生的氨气、硫化氢、甲烷等污染物作为其营养成分,从而减少异味气体浓度。另外,该除臭剂无毒无腐蚀,对环境影响小。

除臭剂通过三种途径喷洒:风炮、环卫洒水车和雾墙。

风炮能将除臭药剂以雾状均匀喷洒,车辆装载风炮后,能在库区四周有针对性地喷洒除臭剂。风炮喷洒一次需约12.5千克药剂配200到300千克水,能够连续喷洒1小时左右。通常情况下,上午和下午各喷洒1次。

环卫洒水车的喷洒对象是作业区裸露的垃圾面,每次喷洒需100千克药剂配4吨水,上午下午各喷洒1次。

雾墙喷洒系统由喷管、水箱和水泵组成。喷管均匀分布在作业库区边界,悬挂离地2～3米,喷头向下。整个系统有6个水箱,全部加满需75千克药剂配1500千克水,可连续喷洒2～3个小时。雾墙系统没有固定的运行时间,当气温骤变或大面积揭膜导致异味浓度剧增时,便可开启雾墙,进行临时除臭。

7.3.2　苏州市生活垃圾焚烧

苏州市生活垃圾焚烧工艺流程如图7-8所示。生活垃圾经过计量和成分检

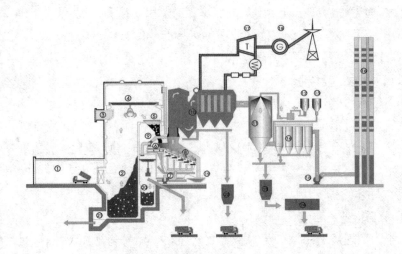

图 7-8 垃圾焚烧流程示意图

1. 卸料平台；2. 垃圾仓；3. 吊机控制室；4. 垃圾吊；5. 垃圾给料斗；6. 给料炉排；
7. 送风机；8. 焚烧炉；9. 二次风机；10. 余热锅炉；11. 脱酸反应塔；12. 石灰仓；
13. 活性炭仓；14. 布袋除尘器；15. 引风机；16. 烟囱；17. 汽轮机；18. 发电机；
19. 捞渣机；20. 渣池；21. 渗沥液收集池；22. 灰仓

查后进入焚烧厂卸料大厅，卸料至垃圾仓内分区堆放，排水（即渗沥液，约占入厂垃圾量的25%，部分回喷至焚烧炉，其余部分经管道泵输送至焚烧厂渗沥液处理站），发酵，发酵过后的垃圾通过垃圾吊抓斗投入往复式机械炉排焚烧炉处理。焚烧过程中对烟气进行处理，烟气处理工艺为：渗沥液回喷＋脱硝＋半干法脱酸＋活性炭喷射吸附＋干法脱酸＋布袋除尘装置＋单元制烟囱。焚烧后的残渣经运输车运至制砖厂造砖（残渣占焚烧垃圾量的25%左右），烟气处理后收集的飞灰经罐装车运至固废公司进行无害化填埋（飞灰占焚烧垃圾量的3%左右），焚烧炉出口布置卧式多回程余热锅炉，过热蒸汽进入抽凝式汽轮发电机组发电。

7.4 可回收物的资源化利用

资源性垃圾的回收不论从经济效益还是从环境效益来讲，都是非常有意义的。再生玻璃的制作工艺比原生制造玻璃可减少10%～35%的空气污染；废钢铁炼钢比矿石炼铁的炼钢工艺可减少空气污染88%，减少水污染76%；造纸废水的循环封闭利用可根本解决造纸黑液水对江河的污染。据美国工业部门估计，利用废物再生可使一些工业生产造成的空气污染减少60%～80%，水污染减少70%以上。

但是，回收活动本身也需要支付成本，回收利用活动的分类收集、交通运输和加工费用通常很高。有研究表明，单是垃圾分类收集的费用就占据了收集、加工和交易费用等全部分类回收费用的75%，而仅仅依靠加工后的销售收入难以补偿对可回收物的加工成本。德国在1991年至1995年间用于垃圾处理的费用暴涨了84.5%，而德国公众每年为包装物回收系统上交的费用高达2.5亿～3亿美元。因此，回收并不是越多越好，而是存在一定的限度，这个限度被称为最佳社会回收水平，通常要依靠政府补贴才能达到。

我国的垃圾回收主要是由拾荒者和个体废品收购人员完成的，这被称为"非正式的废品回收体系"，该体系对我国废品回收事业的发展起了非常重要的作用，但同时也由于缺乏必要的专业知识，影响了资源性垃圾的回收品位。可回收物应当由再生资源利用企业进行处置。由环卫部门或物业收集后纳入再生资源回收系统，提倡居民直接将可回收物出售至资源回收站。居民日常生活垃圾中除可回收物和有害垃圾之外的其他垃圾，如使用过的各类卫生纸和餐巾纸、带有塑料或蜡质衬里的纸张和纸盒、瓜皮等收集后送至生活垃圾填埋场或焚烧厂进行无害化处理。

7.4.1 纸类的回收利用

近年来由于消费需求的迅猛增长，废纸已经成为造纸原料中具有重要替代作用的资源，促使废纸回收量有了新的增长，回收利用率也有显著的提高。一般来说，废纸造纸较一次资源造纸在原料消耗上节省40%以上，耗水量减少约50%，节约能源60%～70%，减少大气污染60%～70%，生物耗氧量减少40%，水中悬浮物减少25%，固体垃圾减少70%。

目前，我国常见的废纸种类包括各种包装类用纸、书报期刊用纸、办公用纸以及生活用纸。其中仅有纸巾和卫生用纸由于水溶性太强不可回收。废纸的回收利用以生产各类再生纸为主，不同的废纸可以生产不同的产品，如利用旧报纸和旧杂志纸（配以原浆或不配原浆）可生产新闻纸；利用各种旧纸箱、纸盒可生产各种瓦楞原纸、挂面箱纸板等；要生产高档纸用的商品废纸浆，生产过程要复杂些，但也是完全做得到的，从技术和设备上来看，用不同原料生产不同的废纸浆都有成熟的技术和设备。

废纸的回收利用应根据不同的用途选择不同原料，形成梯级利用，做到物尽其用。如将纸打浆模塑成形制成缓冲衬垫包装材料，该材料回收后一部分仍作为包装材料的原材料，一部分可用于生产复合材料、隔热隔音材料，或用生物技术将其转化成甲烷或酒精等化学品,亦可用于废纸发电,燃烧产生的二氧化碳气体通过通入氧化钙溶液生产碳酸钙,得到的碳酸钙再用作造纸填料,做到既节约资源,又不造成新的环境污染。

7.4.2 金属的回收利用

废金属是生活中常见的垃圾成分之一,主要包括废钢铁、废有色金属等。多数废金属再生的生产工艺相对简单,流程短,工序少,有害杂质少。如果分类回收搞得好,许多废金属均可直接利用。炼钢厂用1吨废钢铁来炼钢,跟它用开采铁矿石来炼成钢相比,1吨废钢铁可以节省2吨的成品矿石。

目前,我国废钢铁的回收量已经到了3500万吨左右,回收率大概也是65%左右,废有色金属的回收量大概是150万吨,回收率是在70%左右。其中废铝和废铁的回收利用具有代表性。

废铝作为一种重要的生产原料,是大多数回收企业经营的主要回收品种之一。现在大量回收的铝制容器(易拉罐)被运到铝厂熔炼成纯度高达99.7%的铝锭,比使用铝矿石提炼铝锭大幅度节约了能耗。再生技术的难点在于如何清除印刷的油墨和内腔的有机涂层。办法有二:一是采用丙酮等有机溶剂将漆、油脂或其他表面污染物清除;一是采用538℃高温脱漆。

对于用纯铝制造的包装容器,如牙膏软管,经碱洗后可直接挤压分切成铝粒。对于镀铝纸,清洗干净后与润滑剂(石蜡)混合粉碎、筛选、洗涤、抛光,能得到铝粉,商业上叫银粉。对于混合的铝包装废弃物,可以通过酸溶水解、过滤、聚合等工序,生产净化工业废水用的聚合氯化铝。

再生铁资源的利用可分为直接利用和间接利用。直接利用是指通过加工改变其外观或形状,生产新产品。如对于大型铁桶,如果锈蚀不严重,可以考虑直接用来制造瓦楞铁板,或改制成较小尺寸的铁桶。间接利用是指将废金属直接进行冶炼。当钢铁包装废弃物不能复用时,均可作为废铁回收,送到钢铁厂重熔。但是,钢铁包装容器中存在的铅、锡、铝等低熔点金属易与熔化炉的耐火材料反应,造成炉壁损伤,并降低钢材质量。例如,钢材中若含0.01%的锡,就会使钢锭开裂,热加工时易产生裂纹;同时会使材质硬化,造成冷轧困难。铅容易穿透炉底,造成漏钢事故。三片罐(由罐身、罐底和罐盖三部分组成)由于重量轻,回收价值低,加上含锡、铅等焊剂,钢铁厂不欢迎,致使目前无人回收,造成浪费。

7.4.3 塑料的回收利用

塑料一般指以天然或合成高分子化合物为基本成分,可在一定条件下塑化成型,而产品的最终形状能保持不变的固体材料。塑料由于具有质轻、价廉、强度高和容易加工等优良性能,在生产和生活中得到了非常广泛的使用。与此同时,废塑料也成为城市生活废物中增长最快的成分之一。

废塑料的再生利用可分为直接再生利用和改性再生利用两大类。直接再生利用是指将回收的废旧塑料制品经过分类、清洗、破碎、造粒后直接加工成型或与其他物质经过简单加工制成有用的制品。这种直接再生制品已经广泛应用于农业、渔业、建筑业、工业和日用品等领域,废旧塑料的直接再生利用属于较低层次的利用模式,可以在工业化水平较低的地区推广。改性再生利用是指将再生料通过物理或化学方法改性(如复合、增强、接枝)后再加工成型。经过改性的再生塑料,机械性能得到改善或提高,可用于制作档次较高的塑料再生制品。改性利用工艺较复杂,需要特定机械和设备,但再生制品性能好,是一种很有潜力的发展方向。

塑料热分解是一种对废旧塑料较为彻底的回收利用方法。将废旧塑料制品中原树脂高聚物经性较彻底的大分子链分解,使其回到低分子量状态,经蒸馏分离可获得使用价值高的石油类产品。根据采用的技术可分为高温分解和催化低温分解,主要用于热塑性的聚烯烃类废塑料。

废塑料和其他材料复合是近年来广泛应用的新技术。废塑料的性能虽然有所降低,但其塑料性能依然存在,可以将废塑料和其他材料复合,形成具有新性能的复合材料。比如稻草秸秆经粉碎、表面处理后与聚丙烯塑料复合可制备秸秆—塑料复合材料。已废弃的 PE、EVA 为改性剂,对铺路沥青进行改进,EVA能有效改善废弃 PE 和沥青的相容性,克服沥青含蜡量高而造成的抗老性差、抗稳定性差、可塑性差等困难,使之达到了作为铺路材料的要求。利用废旧塑料与粉煤灰制造建筑用瓦的工艺方法和条件,可以用废旧塑料制造建筑用瓦。

目前,混合塑料的回收利用难度高,回收技术还有待进一步开发,相比之下细分类塑料的利用技术已相对很成熟。因此,在塑料再生利用之前,对原料进行细分类是提高回用水平的重要条件。

7.4.4 玻璃的回收利用

虽然大部分包装容器玻璃——啤酒瓶和奶瓶通常能够得到循环再利用,但是大部分建材玻璃、非常规包装器皿、镜子、灯泡等玻璃废物却很难通过自然循环和一般的物理化学方法加以分解和处理,严重影响了生态环境的净化。我国每年产生废玻璃达 1900 万吨,现在每年回收量大概在 250 万吨左右,回收率大概只有 13%,可以看出绝大部分废玻璃都没有回收。

废旧玻璃的再生利用途径多样。在开发新型建筑材料方面,可用于制造高档的结晶型玻璃或微晶玻璃墙地砖、玻璃马赛克和保温用泡沫玻璃等。例如,与钢渣混合可生产微晶玻璃装饰板,与粉煤灰配料可生产烧结型饰面材料。用废旧玻璃生产泡沫玻璃不需要考虑玻璃的脱色问题,生产工艺简单,成本低、质量好,而且产品用途广泛。其工艺过程是:将玻璃清洗干净、磨粉,加入发泡剂并混合均匀,经高温融化、膨胀、冷却、退火等过程,最后慢慢冷却至常温,即制成泡沫玻璃。泡沫玻璃可广泛用作隔热材料和隔冷材料,还可用作建筑和空调方面的保温材料。此外,废玻璃还可与树脂复合制造人造石,可代替石子制造水磨石,添加到沥青路面中可改善路面的多项性能,粉碎后可作为水泥增强剂。在农业方面,将氮、磷、钾之外的铁、锌、铜、锰、硼、钼等微量元素与碎玻璃烧结,可制成玻璃肥料,对易溶性土壤和灌溉式田园特别有效。

总之,利用碎玻璃的技术方案很多,关键是尽快扶持一些有一定经济效益的示范生产线,打开碎玻璃再生产品的新市场。玻璃瓶是很容易回收的包装,问题在于如何通过政策和市场来调动回收部门收购碎玻璃的积极性,它完全可以做到跟纸一样,被大量回收上来。

7.4.5 织物的回收利用

7.4.5.1 织物回收的概况

织物是指旧的纺织衣物和纺织制品,主要包括废弃衣服、毛巾、床上用品、桌布、书包、鞋等。废旧纺织品不同于其他生活垃圾,特别是对拥有 13 亿人口的中国来说,年产废旧纺织品数量巨大,再利用率水平却非常低。

据中国纺织工业联合会测算,如果我国废旧纺织品全部得到回收利用,每年可提供的化学纤维和天然纤维相当于节约原油 2400 万吨,还能减少 8000 万吨的二氧化碳排放、节约近三分之一的棉花种植面积。但是,我国每年回收纤维却不足原料的 10%,仅仅在上海、广州有一些回收旧衣的尝试。

2012 年 11 月,中国资源综合利用协会联合我国从事废旧纺织品综合利用的相关企事业单位、社会团体、高等院校、科研院所等机构 29 家共同组建了"废旧纺织品综合利用产业技术创新战略联盟"。该联盟以实现废旧纺织品综合利用产业化、提升行业核心竞争力为目标。而 2013 年 1 月,住建部也出台新的行业标准,将废旧服装、废旧床上用品等列入了"可回收物"的类别,这将极大推动废旧纺织品进入资源循环利用体系。

上海市是我国开展旧衣回收工作最早的城市。2010年12月,上海市开始以全市的一些社区为试点回收旧衣物。2011年全市共设立了480个回收箱,年收集各类废旧衣物113吨。2012年已累计设立980个回收箱,年收集量305吨。回收的旧衣物中部分整理消毒后用于捐赠;部分压缩打包运往菲律宾或新加坡等地。

深圳市在2014年已将废旧织物回收列入垃圾分类减量推进工作的重点,计划在福田区推出600个回收试点。

7.4.5.2 织物的回收再利用方法

目前,针对废旧纺织品的回收,除去将旧衣物经消毒整理后用于捐献以外,利用废旧纺织品可制造再加工纤维或者利用其热量,具体回收利用方法有:

(1) 机械法:将废旧纺织品不经分离直接加工成可纺成纱线的再生纤维,然后织出具有穿着性或者一定使用功能的面料;或者直接将废旧布片经简单加工后直接使用。

(2) 化学法:将天然纤维或化学纤维类的废旧纺织品中高分子聚合物解聚分解和重新聚合抽丝,得到单体,再利用这些单体制造新的化学纤维。

(3) 物理法:不破坏高聚物的化学结构,不改变其组成,通过将其收集、分类、净化、干燥,补添必要的助剂进行加工处理并造粒,使其达到纺丝原料品质标准。

(4) 热能法:将废旧纺织品中热值较高的化学纤维通过焚烧转化为热量,用于火力发电的回收再利用,热能法适合那些不能再循环利用的废旧纺织品。

7.4.5.3 织物的回收再利用工艺

织物的回收再利用工艺主要包括回收及前处理阶段、纤维成纱阶段和织造阶段三个阶段:

(1) 前处理阶段:前处理阶段分两部分——清洁和分离纤维。

清洁:预洗,热/冷漂洗,干燥,消毒等。几种常用的消毒方法有紫外线消毒、蒸汽消毒、消毒剂浸泡消毒。

分离纤维:对于纺织品中最常见的聚酯/棉纤维混纺织物,可以将聚酯降解,将棉纤维滤除,或者将棉纤维经粘胶法或者铜氨法溶解以及用酸降解,将聚酯纤维滤除。对于多种合成纤维混纺的织物,可以将其切割粉碎后置于水中,根据不同合成纤维的密度进行大致的分离,然后用离心分离机进行进一步分离。

(2) 纤维成纱阶段:可纺纤维可以利用摩擦纺、环锭纺、转杯纺和平行纺等方法进行纺纱。

摩擦纺是利用一对多孔内吸滚筒的转动来吸附须条并给以捻度的自由端纺

纱法。

环锭纺和转杯纺都可以使用新旧混合纤维进行纺纱,但是在喂入、牵伸和加捻型式上不同。环锭纺在毛纺行业的应用较好,转杯纺则主要考虑纤维的强力因素,适合废旧纺织品。

平行纺是将短纤维平行排列,不经加捻而由长丝呈螺旋线状将它们包缠起来的纺纱方法,这种纺纱方法适合加工废旧短纤维。

(3)织造阶段:经前处理工艺和成纱工艺得到的纱线可以直接用于织造新的纺织品;对于经前处理工艺得到的不可纺纤维,可以利用非织造工艺制得非织造产品。

7.5 有害垃圾的无害化处理

7.5.1 电池的终端处置

7.5.1.1 电池的种类

电池的分类有不同的方法,其分类方法大体上可分为三大类。

第一类:按电解液种类划分。碱性电池,是指电解质主要以氢氧化钾水溶液为主的电池,如碱性锌锰电池(俗称碱锰电池或碱性电池)、镉镍电池、镍氢电池等。酸性电池,主要以硫酸水溶液为介质,如锌锰干电池(有的消费者也称之为酸性电池)、海水电池等。有机电解液电池,即主要以有机溶液为介质的电池,如锂电池、锂离子电池等。

第二类:按工作性质和贮存方式划分。一次电池,又称原电池,即不能再充电的电池,如锌锰干电池、锂原电池等。二次电池,即可充电池,如镍氢电池、锂离电池、镉镍电池等。蓄电池习惯上指铅酸蓄电池,也是二次电池。燃料电池,即活性材料在电池工作时才连续不断地从外部加入电池,如氢氧燃料电池等。贮备电池,即电池贮存时不直接接触电解液,直到电池使用时才加入电解液,如镁化银电池又称海水电池等。

第三类:按电池所用正、负极材料划分。锌系列电池,如锌锰电池、锌银电池等;镍系列电池,如镉镍电池、氢镍电池等;铅系列电池,如铅酸电池等;锂离子电池、锂锰电池;二氧化锰系列电池,如锌锰电池、碱锰电池等;空气(氧气)系列电池,如锌空电池等。

国内外民用电池绝大部分属于锌—锰电池,该类电池在国外占电池总量的80%,而在我国约占电池总量的96%。排在第二位的是镍—镉电池。因此目前我国废电池的主要处理对象是锌—锰电池和镍—镉电池。锌—锰电池和镍—镉电池中含有大量可再生利用资源,包括锌、锰、镍、镉和铁等,为避免其对环境的污染和危害以及资源的浪费,必须综合利用,回收有利用价值的元素。

目前,美国、日本、欧盟等国家和地区未把群众日常生活使用的普通干电池作为危险废物对待,也没有强制单独收集处理普通干电池的法律。不过,有的国家还是制定了一些相关的政策。比如美国、日本鼓励废旧电池回收后交到企业处理,每处理1吨政府给予一定补贴;韩国要求生产电池的厂家每生产1吨要交一定数量的保证金,用于回收者、处理者的费用,并指定专门的工厂进行处理。有的国家对电池生产企业征收环境治理税或对废旧电池处理企业进行减免税等。国际上通行的废旧电池处理方式大致有三种:固化深埋、存放于废矿井、回收利用。

7.5.1.2 电池的危害

电池的生产是集中化的,但其使用面广泛,造成的污染空间十分分散,其中的有害成分主要是镉、铅、汞、铝、镍、锌、锰等重金属以及酸、碱等电解质溶液。这些物质在使用过程中被封存在电池壳内部,并不会对环境造成影响,但废旧电池经过长期的磨损和腐蚀,其中的有害成分泄漏到环境中,会通过土壤和水体,经过各级食物链而最终对人体造成损害。其中对人体健康和生态环境危害较大、被列入危险废物控制名录的废电池主要有:含汞电池(以氧化汞电池为主)、含镉电池(以镍镉电池为主)、铅酸蓄电池(刘燕,2008)。

杨淑华(2004)的研究认为,废电池中的汞、镉、铅等重金属通过各种途径进入人体,容易在体内积蓄,难以排除,损坏人的神经系统、造血功能、内分泌系统、生殖系统和骨骼等,甚至造成致畸、致癌、致基因突变等后果。汞及其化合物具有强烈的毒性;铅能造成人体神经的紊乱,干扰肾功能和诱发其他的病变;镉具有致癌作用并是造成肾损伤及软骨症等骨质疾病的元凶。废电池中的重金属元素对人体产生的危害详见表7-1。

表7-1 废电池中的重金属元素及其对人体的危害

元素	危害
汞	致畸性,能引发中枢神经疾病,日本"水俣病"的罪魁祸首,有机物形式(甲基汞)的毒性更强
铅	主要毒性效应是导致贫血、神经功能失调和肾损伤
镍	致癌性,对水生物有明显危害,镍盐引起过敏性皮炎
镉	致癌性,主要危害是肾毒性,其后继发骨疾——骨质疏松、软骨症和骨折,即所谓的"骨痛病"
铝	可影响肾、肝、神经系统和造血器官,且不易被排泄

来源:陈卉(2005)。

废电池中的酸、碱电解质溶液会影响土壤和水系的pH,使土壤和水系酸性化或碱性化;更为严重的污染成分是电解质中的可溶重金属,特别是铅酸电池电解液中大量的硫酸铅和镍镉电池中的氢氧化镉(王金良,2003)。

7.5.1.3 废电池处理处置过程中的环境污染途径

苏艳芳(2013)的研究认为,目前,中国98%以上的废电池同城市生活垃圾一起处置,而城市生活垃圾的主要处理方式为填埋、焚烧和堆肥。① 填埋是现今生活垃圾处理最常用的方法,但就中国填埋场的情况而言,全国符合环保标准的垃圾处理场太少,尤其在农村地区,许多垃圾处于简单堆放状态,废电池中的重金属可能通过渗滤作用污染水体或土壤。如果填埋过程不符合安全标准,其中的重金属就会对环境造成非常大的危害。② 在焚烧过程中,重金属通常会挥发而在飞灰中富集,可能污染土壤和大气环境,底灰中富集大量重金属,产生难处理的灰渣。③ 在堆肥过程中混入废电池,由于电池中含有重金属和酸、碱污染物,这样产生的堆肥会严重影响堆肥产品的质量。由此可见,将废电池随生活垃圾共同处理存在着潜在的环境污染,具体见图7-9。最根本的解决办法是用市场化的手段为废电池寻找安全而科学的处理方法,让工厂把有用的物质循环再用,把有害的物质变为无害,并产生经济效益。

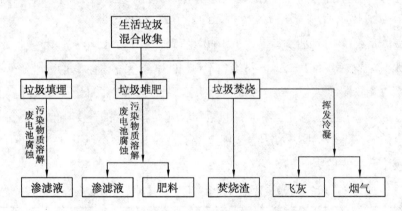

图7-9 混合收集状态下废电池污染环境的途径

来源:陈卉(2005)。

7.5.1.4 中国废电池现行管理政策

周娟(2011)对我国废电池管理的相关政策进行了研究。我国有关废旧处理和利用的法律规范制定较晚,关于电池的生产、销售、回收的法律条款散见于《固体废弃物污染环境防治法》《清洁生产促进法》等法律法规中,并没有有关废旧电池的专门立法,体系建设还是空白。我国相关部委已提出的关于废旧电池处理的法律法规文件主要包括两个方面：标准性法律法规，如电池的环保标准、成分含量、外观标识和废旧电池处理标准等；行为性法律法规，包括电池生产商、经销商、消费者及废电池处理商各自的权利义务和环保责任等。1997年，国家九部委联合发布《关于限制电池产品汞含量的规定》，要求国内电池制造企业逐步降低电池汞含量，2002年国内销售的电池达到低汞水平，2006年达到无汞水平。这一管理文件的发布，起到了从源头控制废电池污染环境的作用。从实际进展来看，国内电池制造业基本按照《规定》要求在逐步削减电池中汞的含量。目前，我国电池年产量为180亿只，出口约100亿只，国内年消费量约80亿只，都已达到低汞标准（汞含量小于电池重量的0.025%）。其中约有20亿只达到无汞标准（汞含量低于电池重量的0.0001%）（程海洲，2003）。为规范废电池的管理，加强对废电池污染的防治，国家环境保护总局于2003年发布了《废电池污染防治技术政策》，这是目前我国废电池管理方面唯一的专门性规定。该政策在深入调查研究的基础上，根据科学、合理、可行的原则，客观、务实地对各类电池的处理、处置技术作了规定。该政策的出台，对我国规范废电池回收利用市场、促进废电池污染防治工作的开展起到了积极作用。但是我国的废旧电池立法和许多发达国家相比，缺乏连续性，即仅仅由一些零散的法律或规章组成；法律条款不够详细，且仅仅是一些概括性的规定，缺乏可操作性。我国的《废电池污染防治技术政策》等法规并没有对电池回收制定详尽的细则，对于回收与不回收没有奖励、处罚措施，缺乏操作性。到目前为止，中国尚未建立起电池的回收处理渠道。虽然有相关法规的出台，但中国的现状不仅需要技术政策的出台，更需要管理到位。由于废电池污染防治的效果更大程度上取决于政策的落实，因此更需要废电池污染防治管理细则的尽快出台和有效实施。

7.5.1.5 国内外废电池回收现状

（1）国外废电池回收现状

目前在国际上，德国、瑞典、美国、日本等发达国家在废旧电池回收方面已有非常完善的回收体系。日本、美国和欧洲的一次性电池已全部实现了无汞化。这些国家通过制定严格的法律、对消费者征税等措施来保证废旧电池的回收。

丹麦是欧洲最早对电池进行循环利用的国家，1997年镍镉电池的回收率就已达到了95%。德国实行"押金"制度，规定能够被回收的电池才被允许进入市场销售。消费者必须将使用完的电池交送商店或回收站，并转送处理厂处理。若不归还废旧电池，在购买新电池时须加付押金。美国是在废电池环境管理方面立法最多且最细的一个国家,不仅建立了完善的废电池回收体系,而且建立了多家废电池处理厂,同时坚持不懈地对公众进行宣传教育,督促公众自觉配合废旧电池的回收工作。在美国,消费者如不把废旧电池交回,购买新电池每节需多付 3 至 5 美元。日本目前已实现了一次电池的无汞化,国内 84% 的电池都进行了回收,回收的方式是在 2 万多家商店内派发回收纸盒、回收袋,并伴有抽奖旅游活动。汽车用铅蓄电池目前已全部回收,并有较成熟的处理方法,其他二次电池的回收率也已达 84%(李明,2008)。

(2) 国内废电池回收现状

我国是电池生产和消费大国,每年生产的电池达 180 亿只,占世界总量的 1/4;消费量达 80 亿只。我国各级政府已开始重视废电池的管理与处置,目前主要限于对锌锰电池和镍镉电池的回收,但效果并不明显。制约此项工作普及与深入展开的主要原因有两个:其一是电池的品种多、数量大,难于分类,收集困难;其二是国家尚未建立完善的回收管理体系,缺乏相应的政策法规和保障、激励措施。我国废电池回收率低的现状直接限制了处理规模的扩大和处理技术的提高,进而严重阻碍了废旧电池回收利用的产业化过程,因此抓好废电池的回收工作应是废电池处理工作的首要环节,但我国迄今为止还未建立起一套有效的回收利用废电池的法律法规体系来保障废电池的完全回收。其次,大力开发废电池处理技术,将其变为有用的资源或使之无害化也是废电池管理的一个重要环节。而在这方面国内目前还处于科研和实验阶段,有少数工厂开展了废电池的再利用,但技术尚不成熟,并且存在原材料严重不足、利润太低等问题。因此,我国在废电池回收处理这一领域与西方发达国家相比还存在着很大差距,面临的很多问题还有待进一步解决(潘凌潇,2010)。

7.5.1.6 废电池处理处置技术

贾璐路等(2013)对国内外废电池回收处理处置领域的最新研究进展和发展趋势进行了简要的综述及评价。

(1) 废旧锌锰电池的回收处理处置技术

废旧锌锰电池处理方法可分为干法处理和湿法处理。干法处理主要是以矿产冶炼为基础,废旧锌锰电池经粉碎在高温下进行冶炼,通过高温化学反应,锌、铅和汞以单质形式析出,二氧化锰还原成低价氧化锰;碳粉、纸等有机物则燃烧或作为还原剂,最终以 CO_2 的形式排放。

湿法回收,主要是通过酸性溶液将粉碎后的电池溶解,使金属元素以离子形式存在,加入稀硫酸进行浸取,锌及其化合物全部进入硫酸溶液,经过滤,溶液为

$ZnSO_4$。滤渣分离出铜帽和铁皮后,剩余滤渣主要为二氧化锰及水锰石。此回收法可利用现有的湿法炼锌工厂的设备和技术,对废旧锌锰电池进行回收利用。废旧锌锰电池干法及湿法回收工艺路线对比如图 7-10 所示。

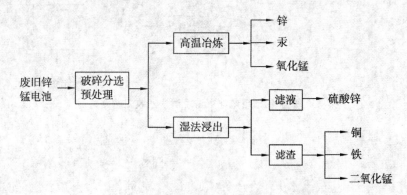

图 7-10　废旧锌锰电池干法及湿法回收工艺路线对比

目前,废旧锌锰电池回收技术主要是针对锌、锰、铜等元素进行回收。许多工艺研究对其中含有的重金属的回收处理没有给予充分的重视,这将是以后必须重点解决的问题。

(2) 废旧铅酸蓄电池的回收处理处置技术

目前,废铅酸蓄电池回收以火法熔炼为主。所采用的熔炼设备多为反射炉,一些小企业和个体户甚至在用人工将废板栅和铅膏分离后采用原始的土炉土罐生产。反射炉大多以烟煤为燃料,烟气温度达 1260℃～1316℃,质量含量占铅膏 50% 以上的 $PbSO_4$ 在此温度下分解产生 SO_2,同时,高温造成大量的铅挥发损失并形成污染性的铅尘。反射炉熔炼能耗 400～600kg 标煤/吨铅,烟气含尘浓度达 10～20g/m³,SO_2 浓度达 75kg/吨金属料,金属回收率一般只有 80%～85%,渣的含铅量达 10% 以上。

湿法回收工艺主要有直接电积法与间接电积法两种。直接电积法是将破碎分选后的废铅膏直接置于电解槽中进行电解来回收铅。现阶段已研制出的直接电积法为固相电解还原法。间接电积法无法直接电积回收铅膏,需对铅膏进行转化、浸出后再进行电积处理,原则流程是铅膏转化—浸出—电积。代表性工艺有 RSR 工艺、USBM 工艺、CX-EW 工艺、$NaOH-KNaC_4H_4O_6$ 工艺、CX-EWS 工艺、Placid 工艺等,这些工艺都是先将 $PbSO_4$ 和 PbO_2 进行转化,再对铅膏进行浸出处理,最后采用电积法获得高纯度铅。废旧铅酸蓄电池火法及湿法回收工艺路线对比如图 7-11 所示。

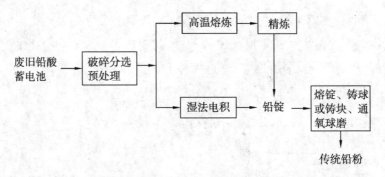

图 7-11 废旧铅酸蓄电池火法及湿法回收工艺路线对比

综上所述,火法处理废铅酸蓄电池熔炼温度高,产生大量铅蒸汽和二氧化硫,严重污染环境,能源消耗大,炉渣、烟尘需专门处理。湿法回收废铅酸蓄电池的工艺具有不污染或基本上不污染环境,设备、工艺简单,操作方便,金属回收率相对较高,生产费用低,规模大小皆宜等优点,值得进一步完善和推广。

(3) 废旧镉镍/氢镍电池的回收处理处置技术

镉镍/氢镍电池含污染性的镉以及贵重金属镍,对这种电池的回收利用也主要集中于火法和湿法两种工艺。火法冶金回收包括常压冶金和真空冶金两种方法。由于镉的沸点远远低于铁、钴、镍的沸点,且金属镉易挥发,所以可通过氧化、还原、分解、挥发及冷凝的过程回收金属。将预处理过的废镉镍电池在还原剂存在的条件下加热至 900℃~1000℃,金属镉将以蒸汽的形式存在,然后经过冷凝设备来回收镉、铁和镍,作为铁镍合金进行回收。

湿法回收的原理是基于废旧镍电池中的金属及其化合物能溶解于酸性、碱性溶液或某种溶剂形成溶液,然后通过电解沉淀、化学沉淀法、萃取及置换等手段使其中的有价金属得到资源回收,从而减轻废旧镉镍电池对环境的污染。

电解沉积法是利用了镍与镉的电极电位差异,通过电解从溶液中直接回收镉,从而实现镉、镍分离。实验表明,Cd^{2+} 容易电沉积,而此时 Ni^{2+}、H^+ 则未发生变化。用化学沉淀法回收废旧镍电池中的有价金属,是指利用 NH_4NO_3 选择性浸出镉,然后通入 CO_2 气体使镉成为 $CdCO_3$ 沉淀而析出。镉的浸出率可达 94%,但是 CO_2 气体消耗量大。在加热的改进条件下用 H_2SO_4 浸出废镉镍电池中的镍和镉后,在溶液的 pH 在 4.5~5.0 时加入沉淀剂 NH_4HCO_3 选择沉淀出 Cd,然后在滤液中加入 NaOH 和 Na_2CO_3,沉淀析出 $Ni(OH)_2$。但是为了防止镍的共沉淀,需在其中加入 $(NH_4)_2SO_4$。废旧镍电池火法及湿法回收工艺路线对比如图 7-12。

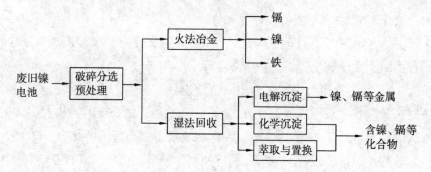

图7-12　废旧镍电池火法及湿法回收工艺路线对比

总之,废旧镉镍/氢镍电池火法回收技术流程简单,但得到的合金价值较低。湿法冶金处理技术的优势是可实现对有价金属镍、钴和稀土等元素的单独回收,但湿法处理工艺流程长,产生的污水易对环境造成二次污染。(4)废旧锂离子电池的回收处理处置技术

废旧锂离子电池回收利用的研究始于20世纪90年代中后期,由于钴是一种稀有的贵重金属,在锂离子电池中的含量相对较高,因此对于废旧锂离子电池主要是回收其中的钴、锂等金属。各种回收处理处置技术的基本步骤包括:先采用机械剥离方式分解废弃锂电池,分离钢质外壳,预处理步骤分离集流体和活性物质,通过浸出方式使活性物质中的钴及其他金属进入溶液,然后再从浸出液中提取金属制备化工产品,差异主要在于多种金属回收技术的路线和方法。

回收废旧锂离子电池的技术可分为:火法冶金法、物理分选法以及物理分选—化学浸出法。其中物理分选通常可分为机械筛分法、热处理法、磁电选法等。按各工艺产品方案的不同,对浸出液的处理方法又分为萃取分离法、沉淀分离法、电沉积法等。

申勇峰用硫酸浸出—电沉积工艺从废旧锂离子电池中回收钴,浸出率接近100%,回收率大于93%。温俊杰等用碱浸—酸溶—净化—沉钴的工艺回收正极废料中的铝和钴,产品为氢氧化铝和草酸钴,铝、钴的回收率分别为94.89%和94.23%。应用上述工艺钴的浸出率较高,但未考虑电解液、浸出残液及其他电池材料的综合处理,存在资源回收率低和二次污染等问题。

AEA工艺具有简单、二次污染小和资源回收率高等优势,不仅有效分离了电极材料中的各组分,回收了锂、钴、镍、铜、铝、铁和塑料、碳粉等,而且对电解液进行了回收。该工艺在欧洲已进入工业示范工程阶段,但经济可行性还需进一步研究。美国Toxco公司把在液氮中粉碎的废旧锂离子电池直接与水混合,产

生的氢气在溶液上方燃烧掉,回收氢氧化锂。

日本的 Sony 公司采用改进工艺,先在较高的温度下焚烧废旧锂离子电池,再用湿法回收钴,燃烧产物随烟气排放。

近年来,我国在废旧锂离子电池回收浸出处理技术方面的研究也取得了一些进展。秦毅红等采用特定的有机溶剂分离法,将锂离子电池正极材料中的钴酸锂从铝箔上溶解下来,直接分离钴酸锂和铝箔。铝箔清洗后直接回收,所用的有机溶剂通过蒸馏方式脱除黏结剂,循环使用。该工艺简化了废旧锂离子电池正极材料的回收处理工艺流程,有效地回收了钴和铝。吕小三等提出了一种基于物理方法把废旧锂离子电池的钴酸锂、铜铝箔、隔膜和电解液等成分分离的方法。

目前,废旧锂离子电池回收技术存在成本高、废液废气二次污染、电解质回收和资源回收率不高等问题,应向降低成本、无二次污染和资源回收率高的方向发展。

表 7-2　废旧电池回收处理处置相关说明对比

废旧电池类别	是否为危险废弃物	可回收利用价值	回收技术成熟度	经济价值
废旧锌锰电池	是	++ *	+++	++
废旧铅酸蓄电池	是	++++	++++	+++
废旧镍氢/镍镉电池	是	+++	++++	+++
废旧锂离子电池	否	++++	++	++++

注:" * +"越多,说明该指标越高或越大。

以上结果显示,传统二次电池因为出现年代早、使用期限长,因而其回收处理处置技术相应也出现得比较早,其技术成熟度也较高。其中废旧铅酸蓄电池的回收处理已大范围推广。有数据显示,目前国内的铅消费有 40% 来自于处理废旧铅酸蓄电池的二次铅。而锂离子电池因是新兴产物,使用远未达到普及的程度,因此对其废旧电池的回收利用也还处于起步阶段。不过未来在二次电池领域,锂离子电池将得到迅猛发展,尤其是其在动力能源领域的消费将使得其消耗量急剧增加。因此,锂离子电池的大量使用势必将导致大量废旧电池的产生,废旧锂离子电池的回收处理处置将是未来一段时间内科研及市场化运作的重点方向。

7.5.2　荧光灯管的终端处置

7.5.2.1　荧光灯灯管的种类

荧光灯(Fluorescent Lamp):指用低压汞蒸气放电产生的紫外线激发涂在灯

管内壁的荧光粉而发光的电光源。在中国,荧光灯管以其高效、节能、寿命长等优点,被广泛用于政府机关、大型公建及家庭的室内照明中。荧光灯管是一种含汞物质,报废时可能会对自然环境和人体健康带来巨大危害。《国家危险废物名录》中明确规定将"生产、销售及使用过程中产生的废含汞荧光灯管"归结为第29类危险废物,即含汞废物(HW29),其危险特性为T(毒性)。

目前,比较常见的荧光灯有:

直管型荧光灯。直管型荧光灯是预热阴极低气压汞荧光灯,具有光效高(为普通照明灯泡的4倍)、光色好、寿命长等优点。广泛用于家庭、学校、研究所、工业、商业、办公室、控制室、设计室、医院等场所的照明。

环型荧光灯。环型荧光灯有光源集中、照度均匀及造型美观等优点,可用于民用建筑、机车车厢及家庭居室照明。

紧凑型节能荧光灯。紧凑型节能荧光灯是20世纪80年代起国际上流行的最新节能产品,该灯采用三基色荧光粉,集中了白炽灯和荧光灯的优点,具有光效高、耗能低、寿命长、显色性好、使用方便等特点,将它与各种类型的灯具配套,可制成造型新颖别致的台灯、壁灯、吊灯、吸顶灯和装饰灯,适用于家庭、宾馆、办公室等场所的照明。

7.5.2.2 废弃荧光灯管的危害

荧光灯省电节能,其发光效率是白炽灯的7～10倍,因此得到了广泛的应用。然而,它也带来了汞污染的问题。荧光灯是一种气体放电灯,汞在灯管内作为气体放电介质而存在,并且荧光灯在工作时需要维持必要的游离汞蒸汽压(0.67～1.33Pa),以保证汞与玻璃、荧光粉以及电极间的化学结合。汞的沸点很低,在常温下即可蒸发,汞蒸汽有剧毒,是一种具有严重生理毒性的化学物质,可通过呼吸道、食道和皮肤进入人体,人体吸收过量的汞会引起汞中毒,从而导致心脏病、高血压等心血管疾病,并可影响人的肝、甲状腺和皮肤功能。因此,我国已明确规定含汞的废物为"危险废弃物",并被列为《国家危险废物名录》中的含汞废弃物类(HW29),应按危险废弃物的有关规定统一回收处理。

废弃的荧光灯管破碎后,立即向周围散发汞蒸气,瞬时可使周围空气中的汞浓度达到10～20毫克/立方米,而国家规定的汞在空气中的最高允许浓度仅为0.01毫克/立方米。人体一次吸入2.5克汞蒸汽即有生命危险。一支管径为36毫米的粗管径荧光灯含汞量为25～45毫克,一支管径为26毫米的细管径荧光灯含汞量为20毫克,一支管径为10毫米的紧凑型荧光灯含汞量为10毫克。据中国照明协会统计，我国每年的荧光灯产量约为8亿支，每年消耗的荧光灯数量为4亿多支，用汞量约为12吨。如果对废弃荧光灯管不加处理或处理处置不当，其有害成分汞就会通过皮肤、呼吸或食物进入人体，对人类健康产生极大危害。另外，汞作为一种全球性污染物，是除温室气体外的另一种对全球范围产生影响的化学物质，具有跨国污染的性质。据美国科学家调查，目前地球大气中的汞含量较100年前增加了1倍。空气中汞的来源既有自然原因，也有人为原因。自然原因如含汞矿石的风化等，人为原因有燃煤发电厂的废气排放及生活垃圾中的荧光灯、水银温度计、含汞电池等（王涛，2005）。

目前，国际社会对汞污染的认识还较浅，无法同持久性有机污染物、破坏臭氧层物质相比，但随着发达国家对此问题的日渐重视和深入研究，汞污染正在进入我们的视野。因此，必须采取有效措施，做好废弃荧光灯的回收利用，同时加强这方面的研究和管理，最大限度地减少其对环境的污染。

7.5.2.3 荧光灯管的环境管理政策

(1) 国外环境管理政策

发达国家一般通过立法、行政、经济、教育等手段提高国民素质和意识，促进政策的有效实施。如德国政府发布了《循环经济法》和《信息产业废旧设备处理办法》；瑞典政府发布了《电子电器产品制造商责任法》《废旧电器和电子垃圾预处理条例及指导原则》《废旧电子电器处理法》；欧盟于2003年统一发布的《关于报废电子电气设备指令》和《关于在电子电气设备中限制使用某些有害物质指令》是两项强制性的技术法规；日本政府依据《建设循环型社会基本法》和《资源有效利用促进法》，于2001年将废旧荧光灯管正式列入回收利用产品，并考核其再生利用率，由指定的主体承担回收和再利用责任，并依法对不实施循环再利用的单位进行处罚，从而促进了各企业积极开发废旧荧光灯管再生利用技术和增加处理能力，使2003年的废旧荧光灯管再生利用率增加至30%（程鹏，2005）。

(2) 中国环境管理政策

中国台湾颁布了《台湾废物处置法案》，台湾"环保署"于2002年开始启动荧光灯管的强制回收程序，照明企业为了应对此项政策，通过提高灯具价格来支持含汞废灯管的回收利用计划，并将此项费用转嫁给消费者。

在中国大陆地区，《国家危险废物名录》中明确规定将"生产、销售及使用过程中产生的废含汞荧光灯管"归为第29类危险废物，即含汞废物（HW29），其危险特性为T（毒性）。目前，中国已出台的与危险废物回收处置相关的政策法规、部门规章及标准有《固体废物污染环境防治法》《危险废物污染防治技术政策》《危险废物经营许可证管理办法》《危险废物转移联单管理办法》等。《固体废物污染环境防治法》第四章对危险废物的防治进行了特别规定。《危险废物污染防治技术政策》阐明:"各级政府应指定技术、经济政策调整产品结构,淘汰高污染日光灯管,鼓励建立废日光灯管的收集体系和资金机制";"加强废日光灯管产生、收集和处理处置的管理,鼓励重点城市建设区域性的废日光灯管回收处理设施,为该区域的废日光灯管的回收处理提供服务"。这些只形成了废弃荧光灯管类危险固体废物的管理依据,我国于 2009 年 9 月 1 日颁布的标准《废弃荧光灯回收再利用技术规范》(GB/T 22908—2008)中也只是阐明了相应的技术措施,作为决定该工作能否正常开展的生产责任延伸制度、国家政策补贴标准、回收处理的管理以及相关收费政策措施方面还没有具体而明确的法律层面的支持(王琪,2012)。

7.5.2.4 废弃荧光灯管的回收体系

(1) 美国回收体系

美国在废弃荧光灯管回收体系方面开展了很多试点工程的研究。结果表明,废弃荧光灯管可以通过废物管理公司、回收公司、照明服务公司、零售商、公共设施等多主体进行安全、有效的回收。但是,目前美国针对回收模式尚未形成一个非常完善的财政机制,即回收费用一般来自各地政府的财政补贴,而这部分补贴主要来自于两个方面的税收:① 消费者支付的回收利用费(ARF)。消费者只要购买了灯管,即相当于支付了 ARF,消费者在购买灯管时将被直接告知需要支付这部分费用。② 生产者支付的回收利用费。荧光灯管生产企业支付一定的用于回收利用废弃荧光灯管的费用,但是这部分费用往往被生产企业以增加产品单价的方式转嫁给了消费者。这种收费方式最大的好处在于方便政府管理。

(2) 日本回收体系

日本将废弃荧光灯管分为家庭生活类和企事业单位类进行回收。针对不同种类的废弃荧光灯管,由不同的回收主体进行回收,并承担相应的回收费用。

(3) 欧盟回收体系

欧盟成员国建立的废弃荧光灯管的回收模式主要是针对家庭生活中产生的废弃荧光灯管。欧盟将家庭产生的含有汞的废弃荧光灯管称为"家庭危险废物(HHW)",欧盟成员国建立了较完善的回收体系对其进行单独收集,以避免与其他非"家庭危险废物"一同处置。

（4）中国回收体系

在中国大陆地区，无论是针对家庭生活产生的废弃荧光灯管还是针对企事业单位产生的废弃荧光灯管，均未建立起完善的行之有效的回收体系，大部分废弃荧光灯管被当作生活垃圾一同处置。但是，近几年随着人们环保意识的提高，中国大陆部分省市相继开展了废弃荧光灯管的回收工作。例如，目前北京市危险废物处置中心负责集中收集处置北京市部分企事业单位的废弃荧光灯管。据了解，2010年，北京市危险废物处置中心共计回收处置废弃荧光灯管176吨，约有200万支。在江苏省宜兴市，苏南固废处理综合利用厂于1999年建成了江苏省首座含汞灯管处理装置，每年可处理1500吨含汞灯管。

中国台湾启动了废弃荧光灯管的强制回收程序，要求荧光灯管的销售商必须全面回收处理废弃荧光灯管（王琪，2012）。

各国废弃荧光灯管的回收体系具体见表7-3。

表7-3 各国废弃荧光灯管的回收体系

国家		种类	回收主体	回收模式	费用承担方
美国		家庭生活类	回收公司	邮寄	地方政府
			家庭危险废物回收组织	产废者自行交送	
		企事业单位类	回收公司	上门回收	
			零售商和公用事业单位	设置回收站	
			回收公司	产废者自行交送	
日本		家庭生活类	回收公司	设置回收站	地方政府
		企事业单位类	废弃物处理公司	上门回收	企事业单位
欧盟	德国	家庭生活类	生产商	生产商自行回收	生产商
			销售商	销售商自行回收	销售商
			回收公司	①在社区设立回收点 ②专车定点回收 ③由①和②结合	社区
	瑞典	家庭生活类	回收公司	设置回收站	社区
	奥地利	家庭生活类	回收公司	设置回收站	社区
			销售商	销售商自行回收	销售商
	荷兰	家庭生活类	回收公司	①设置回收站 ②专车定时定点收集	社区
			销售商	销售商自行回收	销售商
中国	台湾	家庭生活类	销售商	销售商自行回收	销售商
	大陆	无分类		无	

7.5.2.5 废弃荧光灯管的处理处置技术

目前,国外处理废弃荧光灯管的方法主要有加硫填埋法、焚烧法和回收利用法,见表7-4(王敬贤,2010)。

表7-4 废弃荧光灯管的主要处理方法

处理方法		优点	缺点
加硫填埋法		形成 HgS 固化物,方法简单,处理时间短	不能有效解除汞的毒性
焚烧法		处理时间短,处理成本低	汞气化造成二次污染
回收利用	湿法工艺	通过水封保存的特点防止汞蒸气污染空气,可以更加有效的收集汞	增加含汞废水处理循环设备,成本较高,工程应用少
	直接破碎分离（干法）	直接破碎蒸馏回收汞,工艺结构紧凑,占地面积小,操作简单,成本较低	荧光粉不易被回收、提纯、再利用
	切端吹扫分离（干法）	利用空气喷嘴吹出含汞荧光粉,采用蒸馏方法回收汞,能高效回收荧光粉	工艺投资较大

(1) 加硫填埋法主要是为了消除汞对环境的污染,把汞以硫化汞的形式固化。汞在土壤中往往以 Hg^0、Hg^+ 和 Hg^{2+} 三种价态存在,在不同的自然条件下在三种价态之间转换。虽然美国电器制造商协会(NEMA)经过近十年的研究还没有发现填埋对人类健康有明显危害,但简单的填埋不能使其中的汞分解破坏而只能转移其存在的位置和转变其理化形态。因此 10 年的检测结果并不能说明问题。

(2) 焚烧法的效果更不理想,处理的结果是直接使灯管中 90% 的汞进入大气,灯头中的塑料成分焚烧转化成二噁英类的剧毒化合物。所以到目前为止,最具发展前景的是回收利用法。

(3) 回收利用法的关键是荧光灯破碎分离后,汞的处理和荧光粉中稀土资源的循环利用。对于回收利用,目前可以做到含汞灯管中 90% 以上的材料都能再循环。尽管人们进行了各种各样的研究,但由于回收的产品利用价值远远低于处理过程的花费,因此需要征收一定的废物处理费用。这笔费用可由个人支付或政府补贴,或通过提高灯管价格来平衡收支。

从表7-4 中可以看出,回收利用法较之前两种方法具有工艺稳定、无二次污染、废物资源化利用等优点,但在一些荧光灯管产量或使用量少、无独立废弃荧光灯管回收体系的国家和地区,填埋和焚烧法凭借其低处理成本的优势仍大范围存在。

在回收利用法中,废弃荧光灯管的破碎与物理分离技术有湿法、干法两种，其主要区别在于湿法是进行液下破碎，而同样为了有效地回收汞，干法通常是在密闭甚至是在真空条件下进行。为避免废弃荧光灯管在运输过程中破碎和占用空间较大的问题，目前还发明了一种处理废弃荧光灯管的流动设备。

梅光军(2007)的研究认为，湿法的产生源于水银可通过水封保存的特性。为避免荧光灯管破碎时空气受汞蒸气的污染，相关人员会在水中添加丙酮或乙醇，以便更有效地捕获汞。Mahmoud A. Rahab 在从废弃荧光灯管中分离汞金属时采用含30%丙酮的溶液，成功地避免了汞蒸气扩散带来的困扰。荧光灯管内壁的荧光粉通过使用旋转的湿刷结合喷雾器喷射分离，经10um 细筛过滤而得；剩下的含汞溶液经减压蒸馏将汞分离回收。湿法工艺能洗脱玻璃上的残留荧光粉，汞回收率高，因此在荧光灯管回收利用法的早期处理中使用较多。德国、瑞士、芬兰等国家生产的"湿法"灯管碾碎机曾被应用于大规模工业化废弃荧光灯的处理中；我国宜兴市苏南固废处理综合利用厂兴建的江苏省首座1500吨/年含汞灯管处理装置也采用了被粉碎荧光灯管经过脱汞和两级漂洗处理的湿法工艺。2001年，日本不二仓业公司与美国再生装置大企业联合开发出气化法回收废弃荧光灯管上残留汞的技术，证明了高温气化法较能彻底有效地回收废弃荧光灯管中的汞，且比水洗法费用降低10%～15%。由于不用建含汞废水处理装置，投资减少1/2，因此，干法处理工艺成为荧光灯废灯管无害化处理的发展趋势。

回收利用法的干法工艺主要有"直接破碎分离"和"切端吹扫分离"两种。

直接破碎分离工艺的处理流程是：先将灯管整体粉碎洗净干燥后回收汞和玻璃管的混合物，然后经焙烧、蒸发并凝结回收粗汞，再经汞生产装置精制后供荧光灯用汞，每支灯管可回收汞10～20mg。该工艺的特点是结构紧凑、占地面积小、投资省，但荧光粉较难被再利用。该工艺适用于以回收价值不高的卤磷酸钙为荧光粉原料的废弃荧光灯。美国的 AERC Recycling Solutions 公司采用"直接破碎"技术，经过破碎、分离、蒸馏后的精制汞可上市销售。2008年，该公司处理能力达到5000吨/年。使用该工艺的还有日本的野村兴产株式会社、不二仓业、九州电力，加拿大的 Fluorescent Lamp Recyclers Technologies(FLR) Inc. 等公司。

切端吹扫分离工艺是指先将灯管的两端切掉，吹入高压空气将含汞的荧光粉吹出后收集，再通过真空加热器回收汞，其生成汞的纯度为99.9%。该技术适用于以昂贵的稀土为荧光粉原料的废弃荧光灯管，但投资较大。日本的 NKK

公司早在2000年就引进了德国的"切端吹扫分离"再生装置。2001年,NKK公司再生废弃荧光灯管600万支,2002年又扩大到800万支。使用该工艺的还有日本神钢朋太克、松下电器,德国的WEREC Gmbh berlin等公司。

目前,瑞典的MRT公司和美国明尼苏达汞技术公司是世界上最大的废灯管处理设备供应商。其中,MRT回收处理工艺分为荧光灯管粉碎或分离处理系统、汞蒸馏回收处理系统,工艺流程见图7-13,其中①为切端吹扫分离工艺流程;②为直接破碎分离工艺流程(王敬贤,郑骥,2010)。

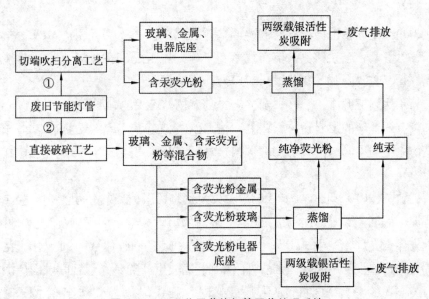

图7-13 MRT公司节能灯管回收处理系统

美国还发明了一种活动设备,其中完整地包含了荧光灯的破碎与组分分离装置。在密闭的容器中将荧光灯管粉碎,较大颗粒物质把汞清洗掉后进一步回收;较小颗粒被气流带走,经粉尘过滤器回收部分荧光粉,最后气流通过活性炭过滤器被除去汞蒸气和其他有害气体,排入大气。该装置不仅能避免废弃荧光灯管在运输过程中破碎和占用空间较大的问题,而且工艺流程简单,给零星分布的回收点带来了很大的便利。

7.5.2.6 国内废弃荧光灯管的处理处置现状

依据《全国危险废物和医疗废物处置设施建设规划》,全国规划建设功能齐全的综合性危险废物处置中心31个,新增危险废物处置能力282万吨/年。企业新改扩建350万吨/年的综合利用和处置处理能力,全部用于处理当年产生的危险废物,并逐步消化历年贮存的危险废物。对于废旧荧光灯管的处理处置,目前国内主要采用与生活垃圾混合填埋、焚烧的处理方式。究其原因,首先是我国相关环保法律法规出现管理真空,其次与废灯管处理处置设施建设严重滞后也有密切关系。

2008年8月,厦门市政府采用MRT公司的"直接破碎分离"与"汞分馏"工艺,选址环东海域进行两期建设,一期年处理废弃节能灯管4800吨,主要服务于荧光灯管生产企业;二期在满足企业的同时兼顾处理回收民用废弃荧光灯管。它已成为厦门市乃至福建省唯一具有统一处理废弃荧光灯管资质和能力的公共服务平台。

2009年,上海电子废弃物交投中心有限公司投资605万元引进MRT公司的破碎、蒸馏组合工艺,兴建废弃荧光灯管环保处置工程,工程目标为年处理废弃荧光灯管1728吨(约540万根),2010年上半年投入运营。

为了达到资源化、减量化、无害化的废弃物处理目的,回收利用法是废弃荧光灯管有效处理的发展趋势。其中,干法工艺是该趋势中的主要发展方向,根据荧光粉原料的不同,可以在"切端吹扫分离"工艺和"直接破碎分离"工艺中作出选择。

王敬贤(2010)研究认为,我国部分欠发达地区荧光灯管使用量相对较少且没有集中的回收设施,目前还采用与其他垃圾填埋和焚烧的工艺;在发达地区,由于废弃荧光灯管产生量较大,已经开始建立初步的回收体系,主要采用干法作为荧光灯管回收利用的处理方法,而且由于我国生产的荧光灯管常以卤磷酸钙作为荧光粉的原料,回收价值不高,因此较多采用了"直接破碎分离"的干法工艺。但随着节能减排活动的展开,节能灯在荧光灯市场中的份额越来越大,而节能灯管大多采用了照明效率高的稀土荧光粉原料,考虑到稀土的利用价值较高,"切端吹扫分离"工艺的应用也将逐渐增多。

7.5.2.7 国内废弃荧光灯管处理处置方面存在的问题及建议

(1) 存在问题

产品设计方面。我国荧光灯管制造业使用了大量的金属汞,每生产1支荧光灯管的平均实际耗汞量为45~48毫克,远远超过欧盟《关于在电子电气设备中禁止使用某些有害物质指令》中规定的5毫克的标准,灯管废弃后产生的汞污染令人触目惊心,对环境造成了极大的危害。

分类收集方面。收集作为整个处理环节的起点,其重要程度不言而喻,但是目前的问题在于大部分居民缺乏主动回收意识;社区缺乏有效的回收体系;国家财政补贴不到位;国家相关法规中没有明确的针对生产者和销售者的责任延伸制度。

有效处理方面。地区不同,废弃荧光灯管产生量不同,无法统一使用荧光灯管单独处理设备;另外,目前我国的处理技术、设备较落后,废弃荧光灯管的处理也主要采用国外技术设备,使得本无利润可言的处理工作增加了较多的成本,这也导致了大多数地区放弃采用单独处理设备,而主要采取填埋或焚烧的方式进行处理。

(2) 建议

规范并降低荧光灯管中的汞含量。在荧光灯生产企业中建立强制性行业标准,对各种光源的含汞量进行限制,同时积极研究、开发、使用荧光灯的先进生产技术,例如使用汞齐、汞丸子等减汞技术精确注汞,减少生产过程中的汞逸散,生产节能、绿色电光源产品。为了达到上述目的,一方面,政府要在政策上给予扶持、在税收上给予减免,使生产厂家积极投入到技术改进和产品升级中去;另一方面,要制定严格的产品认证制度,对达标合格的产品给予上市销售许可,严厉打击不合格产品。

建立健全废弃荧光灯管回收和管理体系。首先,要在全社会开展有效的宣传,提高社区居民自主分类回收意识;其次,政府要给予一定的财政支持,建立健全社区回收和管理体系;同时,明确废弃荧光灯管的回收责任,即生产商和销售商参与废弃荧光灯管回收工作。由于废弃荧光灯管的回收价值较低,所以从商业角度讲,很难有"纯企业"性质的机构自愿从事废弃荧光灯管的回收和管理工作,因此仍然需要有政府部门的行政参与,有国家相关政策的支持或财政补贴。简而言之,就是借鉴国外采取的政府补贴、厂家负责、用户分摊的有效措施。

加强符合我国国情的处理技术的研发力度。废弃荧光灯管产生量大的城市可以建立大型处理中心,而产生量较少的城市则可以集中几个城市的资源统一处理,或者采取小型移动式处理设备进行小规模灵活处理。同时,为了降低处理成本,要结合我国荧光灯管生产、使用、回收的特点,在引进消化国外先进技术的同时,加快有自主知识产权技术的研发,大力发展、应用国产化处理技术和设备。

第八章 苏州市垃圾分类管理体系

8.1 苏州市垃圾分类管理体系构成

生活垃圾分类收集处置工作涉及范围较广,部门管理职能交叉,苏州市亟须成立一个以市政府分管领导任组长、由各相关职能部门负责人共同参与的城市生活垃圾分类处置工作领导小组。

该领导小组主要负责组织和管理全市生活垃圾分类推进工作。拟订全市生活垃圾分类的工作方案,制定项目总体目标,指导、协调、评估和推广生活垃圾分类实施工作;研究和制定各项法规、政策、标准及奖励等;统筹协调分类收集推进工作中的项目建设、政策法规、宣传教育、督导协调等。

8.1.1 领导小组分工

成立项目建设、政策法规、宣传教育、督导协调等四个工作组,并进一步明确各相关部门的职能。

项目建设组:市发改委(牵头单位)、市容市政管理局、园林和绿化局、供销合作总社、财政局、国土局、规划局、环保局、商务局、工商局。

政策法规组:市法制办(牵头单位)、财政局、发改委、市容市政管理局、环保局、园林和绿化局、物价局、科学技术局、供销合作总社。

宣传教育组:市委宣传部(牵头单位)、文明办、环保局、市容市政管理局、教育局。

督导协调组:市市容市政管理局(牵头单位)、市文明办、财政局、环保局、工商局、住建局、农委。

各区相应成立生活垃圾分类工作领导小组及办公室。

8.1.2 成员单位职责分工

（1）项目建设

市发改委：负责将垃圾分类工作纳入全市循环经济发展规划并分解落实；研究制定垃圾分类相关配套政策，积极向上争取配套项目；负责垃圾分类有关项目的审批、核准、备案和审核转报工作，推进餐厨垃圾资源化利用和无害化处理国家试点工作。

市市容市政管理局：作为苏州市生活垃圾分类收集处理实施工作的主要单位，负责全市生活垃圾分类工作的综合协调、检查指导、督促考核；申请分类收集项目经费，制定全市垃圾分类收集年度计划和实施方案；负责餐厨垃圾、建筑垃圾、农贸市场有机垃圾的收集运输处置工作，指导各区进行小区垃圾分类的试点工作，推广应用相关终端处置设施建设；负责垃圾分类管理规章及市政府规范性文件制定的调研、起草工作。

市供销合作总社：负责可回收物的收集运输处置，负责全市再生资源回收利用产业园区、分拣中心、社区回收站的建设、管理、处置和协调等工作；负责在小区建立定时定点回收制度，在垃圾收集点公示回收单位电话，提供预约上门回收服务。

市环保局：负责苏州市有害垃圾收运处置的监督管理工作；负责垃圾分类末端处置设施建设项目的环评及环境影响监督工作，督促生活垃圾处置过程中的安全达标排放；将垃圾分类纳入绿色学校、绿色社区等有关评比工作范围。

市规划局：负责垃圾分类及设施建设的规划和选址工作。

市国土局：负责垃圾分类工作所需用地指标的落实和土地报征工作。

市住建局：负责新建住房垃圾分类设施建设的监督指导工作，指导协调物业公司积极参与垃圾分类工作，将垃圾分类工作纳入物业公司等级评定和年度考核范畴；推进精装房上市比例。

市商务局：负责规范全市废品回收站，协调废品回收企业配合生活垃圾分类工作及回收再利用。

市园林绿化局：负责对绿化垃圾进行分类收集、运输、处理和资源化利用。

市工商局：负责对全市农贸市场产生的垃圾进行分类的指导和监督工作，将农贸市场垃圾处理纳入农贸市场日常管理范畴。

各区政府：负责制定各区垃圾分类工作具体实施方案并组织实施；负责协助各街道办事处指导居民及社会单位的垃圾分类投放，对垃圾分类人员进行培训、

信息收集和上报工作,建立垃圾分类工作各类基础档案资料;负责各类垃圾收集、运输;协助上级做好检查督促及考核考评工作;

各区街道办事处:负责制定辖区垃圾减量垃圾分类工作实施方案。作为投放环节的责任主体,负责具体组织实施、检查落实辖区内居民与社会单位的垃圾分类到位工作,深入宣传垃圾减量垃圾分类意义、具体方法、标准及相关政策。负责垃圾分类志愿者队伍的组建和管理工作。开展对居民、社区志愿者、楼门长、垃圾分类志愿者奖励工作的组织和实施,配合区相关部门做好垃圾分类设施的建设改造工作。

(2) 宣传教育

市委宣传部:负责动员并发动各大媒体加强对垃圾分类工作的宣传力度和社会发动,指导本地电视、广播和报纸等媒体长期深入地开展生活垃圾分类公益广告宣传,并对宣传工作进行业务指导和监督管理。

市教育局:负责加强学生环境素质教育,将垃圾分类知识纳入中小学、幼儿园教学内容并进行宣传教育工作。组织落实中小学校生活垃圾分类收集工作。

(3) 政策法规

法制办:负责垃圾分类规章和市政府规范性文件制定的协调与审核工作。

市物价局:负责参与生活垃圾终端处置阶梯式收费及奖惩办法的制定工作。

科学技术局:负责生活垃圾科研项目立项,开展生活垃圾分类基础研究,为生活垃圾专项规划和立法提供科技支撑。

(4) 督导协调

市财政局:负责安排落实市级部门开展市区生活垃圾分类收集处置工作相关经费,并督促各区财政落实垃圾分类处置相关经费。

市文明办:负责将垃圾分类工作纳入文明创建和文明单位评比内容,做好监督、检查和考评工作。

市农委:负责推进地产洁净农副产品进城;支持、鼓励和引导对农业废弃物进行就地生态处理和沤肥还田。

市监察局:负责垃圾分类工作中的行政监察工作,监督考察各职能部门对于实施工作的推进情况。

市质监局:负责对回收利用产品的检验,确保再生资源的使用价值。

机关事务局:负责协调各级行政机关带头推广垃圾分类工作。

8.2 苏州市生活垃圾分类的立法研究

8.2.1 制定《办法》的背景和过程

8.2.1.1 制定《办法》的背景

随着社会经济的快速发展,生活垃圾产量剧增,世界各国的城市都面临生活垃圾处理的巨大压力。自20世纪70年代开始,日本、美国等发达国家相继推行生活垃圾分类,对减少生活垃圾处理量、实现生活垃圾资源化利用、促进生活垃圾无害化处理起到了重要推动作用。在我国,北京、上海、广州等城市从2000年起相继开始探索生活垃圾分类工作。

自2000年开始,苏州市在一些居民小区尝试推行生活垃圾分类试点工作,力争通过源头减量和资源回收来实现生活垃圾处理的减量化、资源化与无害化。在此之后的十余年里,苏州市人民政府有关部门相互配合,努力拓展垃圾分类试点单位,积极推进垃圾分类工作的稳步实施。2003年,苏州市与丹麦的埃斯比约市和意大利的威尼斯市共同向欧盟申请了"苏州市生态垃圾管理项目"。通过该项目的实施,共有包括中小学、机关部门和居民小区在内的40多个单位参与生活垃圾分类试点工作,试点单位不断向全市铺开。2012年,苏州市25个居民小区被确定为生活垃圾分类试点小区;2013年,全市又新增了197个生活垃圾分类试点小区与单位。

除了不断扩大生活垃圾分类试点单位之外,苏州市还积极开展生活垃圾分类的建章立制工作。2010年,苏州市在总结近十年垃圾分类工作的基础上,明确提出了"近期大分流,远期细分类"的目标模式。2012年,在苏州市十四届人大五次会议上,20名市人大代表联名提出了关于《推进城市生活垃圾分类处置,促进循环经济,建设美好家园》的议案,苏州市人民政府高度重视这一议案,迅速成立了城市生活垃圾分类处置工作领导小组,制定了《苏州市区生活垃圾分类实施规划(2012—2016)》《苏州市垃圾分类设施设备配备标准》和《苏州市生活垃圾分类收运及处置作业规范》等一系列规范性文件和标准规范,指导生活垃圾分类工作的有序开展。按照实施规划的要求,在垃圾分类试点推广阶段须出台专门的规章。至此,苏州市生活垃圾分类工作迈向了法制化、规范化的新阶段。

8.2.1.2 制定《办法》的过程

根据苏州市生活垃圾分类工作领导小组的统一部署,苏州市市容市政管理局具体负责《苏州市生活垃圾分类促进办法》的调研、起草工作。为此,苏州市环境卫生管理处专门成立了立法工作小组,并与苏州大学章志远教授研究团队共同开展调研及起草工作。

自 2013 年 4 月起,《苏州市生活垃圾分类促进办法》立法工作小组多次召开不同层次的座谈会,充分听取试点小区居民、小区物业公司、环卫部门及相关企业的意见,并实地察看了生活垃圾分类试点小区的设施设备。为深入了解公众对生活垃圾分类工作的真实想法,立法工作小组还分别针对试点小区居民和普通民众展开问卷调查,获得了大量第一手的信息。为了借鉴兄弟城市生活垃圾分类工作的有益经验,立法工作小组还专程赴广州等地详细了解生活垃圾分类的立法与实施情况。在此基础之上,苏州大学章志远教授研究团队完成《苏州市生活垃圾分类促进办法(草案)》的起草工作。随后,苏州市环境卫生管理处召开专家论证会,对草案有关条款进行了充分论证。在充分听取与会专家意见的基础上,立法工作小组对草案进行完善,并形成草案的正式文本。

8.2.2 制定《办法》的必要性和可行性

8.2.2.1 制定《办法》的必要性

随着城市化进程的加速,越来越多的人口向城市集中,生活垃圾的产量日益增加,城市生活垃圾处理面临着巨大压力。据统计,苏州市 2013 年生活垃圾产量高达 161 万吨。为了从源头上减少生活垃圾产量,实现生活垃圾资源化、无害化处理,制定生活垃圾分类的地方规章已经刻不容缓。

《办法》的制定是打造宜居新苏州的需要。苏州市已初步实现小康社会,正努力向基本现代化迈进。在这一进程中,人民群众对优良生活环境的追求不断增强,苏州市的生活垃圾处理工作也面临着新的挑战。众所周知,垃圾处理工作与城市环境息息相关,妥善解决垃圾处理问题是打造城市美好形象的关键,也是市民拥有宜居环境的有力保障。生活垃圾分类能够实现苏州市生活垃圾的分流处理,减少污染,改善城市生活环境。同时,生活垃圾分类还能够提高资源利用效率,实现社会可持续发展。可见,生活垃圾分类工作符合苏州市社会经济发展的现实需求,已经成为打造宜居新苏州的重要抓手。

《办法》的制定也是培养市民环保意识的需要。长期以来,苏州市有关部门在市民中积极开展环保知识的普及和宣传,但效果似乎并不理想。市民环境保护意识的提升难以一蹴而就,需要借助各方力量的参与和持之以恒的实践。事实表明,生活垃圾分类活动的开展不仅美化了城市环境,而且能够切实增强市民的环保意识。在生活垃圾分类的实施过程中,市民既学习到了垃圾分类的相关知识,又增强了生活垃圾减量化、资源化与无害化处理的意识。长此以往,保护环境就会成为市民的一种生活习惯。可见,生活垃圾分类工作符合国家生态文明建设战略的现实需求,已经成为培养市民环保意识的重要方式。

《办法》的制定更是造福子孙后代的需要。环境保护是人类社会代代相传的事业,随着人类生活环境的不断恶化,节约资源、为后代发展预留足够的空间已经成为人类的基本共识。生活垃圾分类不仅能够实现垃圾的资源化利用,而且对有害垃圾进行分类回收和专门处理,可以防止二次污染的产生,进而造福于子孙后代。可见,生活垃圾分类工作符合国家可持续发展战略的现实需求,已经成为造福子孙后代的重要善举。

8.2.2.2 制定《办法》的可行性

《办法》的制定有充分的上位法依据。苏州市生活垃圾分类的立法工作是在遵循上位法规定的前提下开展的。《中华人民共和国固体废弃物污染环境防治法》第四十二条规定:"对城市生活垃圾应当及时清运,逐步做到分类收集和运输,并积极开展合理利用和实施无害化处置。"《中华人民共和国循环经济促进法》第四十一条规定:"县级以上人民政府应当统筹规划建设城乡生活垃圾分类收集和资源化利用设施,建立和完善分类收集和资源化利用体系,提高生活垃圾资源化率。"《城市市容和环境卫生管理条例》第二十八条规定:"一切单位和个人,都应当依照城市人民政府市容环境卫生行政主管部门规定的时间、地点、方式,倾倒垃圾。对垃圾应当及时清运,并逐步做到垃圾的无害化处理和综合利用。对城市生活废弃物应当逐步做到分类收集、运输和处理。"《苏州市城市市容和环境卫生管理条例》第三十一条规定:"城市生活垃圾逐步实行分类投放、收集、运输和处置。实行生活垃圾分类投放、收集地区的单位和居民,应当按照规定分类投放生活垃圾。"上述法律法规为《办法》的制定提供了充分的立法依据。

《办法》的制定具有充分的实践基础。苏州市生活垃圾分类工作开始于2000年,经过十多年的试点,广大市民的垃圾分类意识得到了明显提高。自2012年始,苏州市人民政府通过成立专门的工作领导小组、加大资金投入和出台一系列规范性文件,使垃圾分类工作步入了快车道。经过最近两年的实践,全市上下对垃圾分类工作形成了统一的思想认识,为《办法》的制定奠定了坚实的基础。

《办法》的制定有兄弟城市先进的立法经验可资借鉴。广州市人民政府于

2011年在全国率先出台了《城市生活垃圾分类管理暂行规定》,该规定成为第一部城市生活垃圾分类管理的地方政府规章。这一规章从适用范围、保障措施、监督管理、法律责任等方面对城市生活垃圾分类进行了全面而系统的规定,具有较强的可操作性。随后,南京市人民政府、青岛市人民政府和上海市人民政府也相继出台了垃圾分类管理的规章和规范性文件。这些城市的先进立法经验为《办法》的制定提供了大量富有价值的信息。

8.2.3 制定《办法》的原则及框架构建

8.2.3.1 垃圾分类立法遵循的原则

立法规范城市生活垃圾分类回收,可以有效地调节垃圾分类回收过程中产生的利益关系,使与垃圾分类回收相关的奖励与处罚机制得以以立法的形式确立和实现。在对苏州的垃圾分类进行回收立法时,应当处理好以下关系:一是需要与可能的关系;二是苏州自身特点与其他城市经验的关系;三是垃圾分类立法与我国现行法律体系的关系;四是当前需要与目标适当超前的关系。在综合考虑以上几个方面关系的基础上,苏州市的垃圾分类立法应遵循以下三个原则:

(1) 循序渐进原则

垃圾分类立法要与苏州市的垃圾分类状况相吻合,苏州市的垃圾分类工作要由点到面、由易到难、由简到繁,逐步深入推行。第一阶段,深化垃圾分类教育,让垃圾分类走入社会。普及教育要将垃圾分类的社会试点和深入宣传相结合,让社会上更多的人了解垃圾分类。针对现状,建议采取大分类的标准,待深入推广后再进行细化。同时,在不违背上位法规定的前提下,可出台苏州市垃圾分类的标准、制度或管理规定等层级较低、实效较高的规范性文件来规范这一阶段的分类行为;第二阶段,在基本建立完善的垃圾分类体系,全市生活垃圾基本实行减量化、资源化、无害化处理,在垃圾分类知晓率有了更大的提高后,再进行垃圾分类的专门立法,如出台符合苏州特点的较高层级的地方性法规和规章等来规范分类管理与投放行为并建立完善的垃圾分类制度。

(2) "扬弃"原则

垃圾分类的立法应建立在现实的分类基础上,对现行体系可保留的制度予以保留,对其他不利于分类推进的予以舍弃,制定符合苏州市特点的地方性法规或规章。苏州现阶段垃圾分类的现状是,苏州存在着众多的废品收购站,它们实际上承担着资源回收利用的职能,而承担日常垃圾清运的是环卫部门,因此,对于这些废品收购站,我们要合理地加以利用,整顿回收产业,变无序状态为规范行为。在政府的指导和管理下,在制度和政策上加以引导、激励,促进主管分类的环卫部门与已经在实施资源回收的废品回收部门相结合,实现优势互补、资源共享,取得分类效果的最大化。

(3) 统一性原则

统一性原则是指在对苏州市的垃圾分类进行立法时,要遵循上位法的规定,以维护国家法制的统一。目前对垃圾分类有相关规定的上位法有《固体废物污染环境防治法》《循环经济促进法》《城市市容和环境卫生管理条例》《城市生活垃圾管理办法》等。根据宪法、立法法和地方组织法的规定,一切法律、行政法规和地方性法规都不得同宪法相抵触,下位法都不得同上位法相抵触,同位阶的法律规范应当保持和谐统一。这就要求苏州市的垃圾分类立法要与现有的上位法的法律、行政法规的规定和基本精神保持统一,做到不抵触、不越权,在立法法规定的立法权限内,合理、合法设置行政处罚、行政许可、行政强制措施,保持与相关上位法和同位法规范之间的统一,保持地方性法规和规章合理的框架、结构。

8.2.3.2 苏州市垃圾分类立法制度的框架构建

苏州市垃圾分类立法制度的框架构建要在上述循序渐进原则、"扬弃"原则、统一性原则的指导下,逐步进行构建,鉴于上位法对垃圾分类已有了概括性规定,并且,苏州市对建筑垃圾、餐厨废弃物已出台了专门的规章,它们的收运、处置正逐步实现规范化,垃圾分类工作也已经有了一定的基础,在这种情况下,出台专门的垃圾分类的法律文件是促进垃圾分类工作前进的重要一环。

(1) 建立明确的分类标准、标识制度

由于分类标准标识的不统一,使得市民在分类时产生混乱,因此在垃圾分类回收立法中应当对相关的分类回收技术标准进行规定,鉴于目前苏州市的垃圾分类现状,建议苏州市采用餐厨废弃物、建筑垃圾、有害垃圾、可回收物和其他垃圾的大分类标准,实现初步分类,待大分类标准取得一定实效后,再逐步将标准细化,实行更严格的分类。另一方面,统一分类回收容器和颜色和标识,完善分类标准,如采用不同颜色的垃圾桶分别回收。垃圾桶上注明回收垃圾的类别,通过建立统一的标准、标识制度,来进一步规范苏州市的垃圾分类工作。

(2) 建立产生者责任制度

这里的产生者既包括产品的生产者也包括消费者。即要从目前的被动的末端处理转变为对策前移,对直接关系人民群众生活和切身利益的商品,要在满足保质、标识、装饰等基本功能的前提下,按照减量化、再利用、资源化的原则,从包装层数、包装用材、包装有效容积、包装成本比重、包装物的回收利用等方面,对商品包装进行规范,引导企业在包装设计和生产环节中减少资源消耗,降低废弃物产生,方便包装物回收再利用。如可规定由商品生产者负责回收商品包装,这样生产者会主动选择使用材料少、容易回收的包装设计,从而从源头上减少垃圾的产生。同时,根据"谁产生、谁负责"的原则,对分类后的不可回收物进行计量收费,引导消费者选择简单包装的物品,并建立一定的罚则,明确相关主体的义务和责任,对违反法定义务的主体进行处罚。

(3) 建立完善的设施设备保障制度

长期以来,由于一直没有建立完善的垃圾分类处理机制,苏州市的垃圾分类往往陷入了有的居民分类收集,相关部门或单位却集中运输、统一处理的粗放式管理怪圈。正因为如此,垃圾分类活动的倡导和实施多年来没有取得明显成效,也挫伤了一些公众垃圾分类的积极性。因此通过立法来保障设施设备的完善势在必行,一是建立政府财政保障制度,对垃圾分类设施设备提供经费保障;二是规定适合各区需求的垃圾分类清运车辆和分拣人员的数量,为分类工作提供硬件保障;三是制定终端分拣、处置设施的建设规划,逐步完善终端处置设施。

(4) 建立垃圾分类回收市场准入制度

资源的回收功能既可以利用现有的环卫资源和回收市场,对现有的回收市场进行规范整治,审核回收企业和从业人员的资质,做好环卫部门与现有回收企业的衔接;同时,政府可鼓励民间资本和外资组建起点高、上规模的垃圾分类回收公司,实行回收营业许可证制度。在立法中确立倾斜型产业政策,着眼于竞争,强调发挥市场的作用,为各类回收利用投资者创造公平竞争的法律环境,使回收产业结构的调整顺应市场需求发展的趋势,让回收企业在政府的有效监管下发挥最大的效能。

(5) 建立政府、行业、社会"三位一体"的监管制度

政府监管是监管的最高层次,垃圾的分类处理涉及公共利益,单靠市场机制是不可能完全解决的,必须有政府公权力的介入,对违反法律规定的行为进行相应的制裁。同时,政府要倡导加快垃圾分类处理利用设施的研发和建设,加大市容环境卫生等市政设施的资金投入。而且还必须强化行业协会的监督、协调职能,通过协会订立自律守则及时发现存在的问题,并寻求解决问题的途径,开展垃圾分类的推广活动。同时,扩大宣传力度,通过新闻媒体、市民等社会舆论来实现分类的有效监督。"法从社会中生成,又回到社会对社会进行调整",只有建立起政府、行业、市民三位一体的监管网络,才能更有效地实施垃圾分类,才能

更快地实现垃圾的减量化、无害化、资源化。

8.2.4 《办法》拟解决的主要问题

《办法》草案共八章四十三条,主要依据有关法律法规、参考兄弟城市相关立法,并结合苏州市实际制定。《办法》拟解决的主要问题如下:

(1) 关于生活垃圾分类的模式问题。目前,关于生活垃圾分类的模式存在三分法、四分法、六分法等多种模式。《办法》的制定依照苏州市人民政府"近期大分流,远期细分类"的规划,并考虑苏州经济社会发展水平、地理条件、环境状况、垃圾成分及终端处理技术等因素,将国内外垃圾分类的先进经验与苏州实际相结合,选择符合苏州地方实际的三分法与四分法并存的模式。据此,《办法》第三条明确规定:"生活垃圾分成可回收物、有害垃圾和其他垃圾三类,有条件的区域可将生活垃圾分成可回收物、有害垃圾、其他垃圾和厨余垃圾四类。"

(2) 关于生活垃圾分类的政府责任问题。生活垃圾分类是一项长期而艰巨的任务,需要各级政府在资金、政策等方面给予大力支持,政府各部门在宣传、人员等方面给予密切配合。政府责任的落实是生活垃圾分类工作顺利开展的重要保障。在以往的生活垃圾分类试点工作中,各级政府在经费投入、人员配备、宣传动员上还存在不少问题。为此,《办法》从四个方面规定了生活垃圾分类中的政府责任:首先,第四条规定了政府主导的基本原则;其次,第二十条规定各级人民政府应当安排专项经费用于生活垃圾分类管理;再次,第六条规定市容环境卫生行政主管部门为生活垃圾分类工作的主管部门;最后,第七条规定了政府各部门在生活垃圾分类工作中的具体责任。《办法》对各级政府、政府各部门的责任采用列举式表述,一方面有利于责任划分清晰,防止出现履职中的推诿扯皮情况;另一方面也能够引起各相关部门对生活垃圾分类工作的高度重视。

(3) 关于生活垃圾分类的社会责任问题。生活垃圾分类是一项社会系统工程,需要社会力量的广泛参与和积极配合。在以往的生活垃圾分类试点工作中,社会力量参与不足、公众反应较为冷漠等现象还大量存在。为此,《办法》从以下几个方面规定了生活垃圾分类中的社会责任:首先,第四条规定了社会参与的基本原则;其次,第八条、第十二条、第十四条、第十五条、第十七条、第十九条具体规定了生活垃圾分类各环节中单位和个人的社会责任;最后,第六章专章规定了生活垃圾分类各环节中对单位和个人的奖励和考核措施。《办法》中有关社会责任的规定坚持了权利与义务相结合、强制与倡导相结合的原则,并融入了行政指导、行政奖励等新型行政活动方式,体现了刚柔并济、公私合作的基本理念,有利用更好地推进生活垃圾分类工作。

（4）关于生活垃圾分类的保障措施问题。生活垃圾分类是一项持久而艰巨的任务，需要一系列强有力的保障措施。在以往的生活垃圾分类试点工作中，宣传发动不到位、奖励惩罚不明确等问题还大量存在。为此，《办法》从三个方面规定了生活垃圾分类中的保障措施：首先，第七条规定了文化广电新闻出版行政主管部门和教育行政主管部门的宣传教育职责。其次，第六章和第七章分别规定了奖励机制和惩罚措施。《办法》所规定的保障措施体系健全、可操作性强，既有事前的宣传教育又有事后的奖励处罚，既有对个人的督促措施又有对单位的惩戒办法，有利于生活垃圾分类工作的全方位展开。

8.2.5 《办法》的地方特色

《办法》的制定在充分借鉴兄弟城市先进立法经验的基础上，密切结合了苏州经济社会发展的实际，体现了鲜明的地方特色。综观《办法》的条文规定，这些特色和创新集中体现在以下四个方面：

（1）注重发挥行政指导的积极作用。近年来，苏州市在诸多行政管理领域大量采取行政指导的方式，取得了积极的成效。为此，《办法》积极融入行政指导的科学理念，充分发挥行政指导在生活垃圾分类工作中的积极作用。《办法》设立专章规定对生活垃圾分类工作的奖励措施，通过经费保障、文明评选、鼓励等非强制性措施，更好地推进生活垃圾分类工作的有序进行。

（2）充分发挥政社互动的积极作用。近年来，苏州市在诸多行政管理领域积极开展政社互动的试点工作，充分发挥各类社会组织的积极作用，取得了明显成效。为此，《办法》积极引入政社互动的先进理念，充分发挥各种社会力量在生活垃圾分类工作中的积极作用，展现苏州市社会管理创新的先进经验和地方特色。首先，《办法》在第六章专章规定了奖励和考核措施，鼓励社会组织和志愿者参与生活垃圾分类活动的方针，积极引导公众参与生活垃圾分类活动。其次，《办法》第四章和第五章都坚持了公私合作的基本理念，鼓励各类企业积极参与生活垃圾分类工作，培养企业的社会责任感。

（3）注重发挥宣传动员的引导作用。生活垃圾分类事关市民的日常习惯，需要采取多种方式加以引导。为此，《办法》将宣传动员放在重要位置，把宣传动员作为引导市民养成垃圾分类习惯的首要方式。《办法》在第七条中明确规定了文化广电新闻出版行政主管部门和教育行政主管部门的宣传职责，通过报纸、电视、橱窗等载体积极进行生活垃圾分类的公益宣传，在全社会形成生活垃圾分类的新风尚。

（4）充分发挥法律责任的督促作用。居民生活垃圾分类习惯的养成除了借助宣传动员的积极引导之外，还需要建立必要的惩戒措施。为此，《办法》规定了逻辑严密且具可操作性的法律责任体系，体现了软硬兼施的基本理念。《办法》第七章针对生活垃圾分类各环节不同主体的违法行为规定了相应的惩戒措施，具有覆盖面广、层次感强的特点。

8.3 苏州市垃圾分类准确率及分类意识调查

8.3.1 分类准确率调查

对苏州市主要街道分类果壳箱中垃圾投放的准确率进行调查，调查范围包括观前街商业圈、石路商业圈、凤凰街、十全街、道前街、三香路。首先对调查范围内的环卫所或者街道进行调查，确定调查范围内分类果壳箱的数量及分布状况，确定分类果壳箱的收集方式、收集时间及频次，在此基础上，确定调查范围内的抽样数量，抽样数不少于分类垃圾桶总数的10%。在进行调查时，考虑到果壳箱的收集时间和频次，避免在收集后进行调查，通常随垃圾收集人员，在垃圾收集的同时对果壳箱的垃圾进行调查，每个调查点调查两次。

通过调查，目前分类果壳箱的垃圾成分主要以非可回收物为主，其中不可回收纸张加上果壳和食物残余占到了所有垃圾的59%，可回收物中，纸类的比例最高，办公用纸、宣传册、宣传单、纸盒一共占到了所有垃圾的13%，其次是塑料类，塑料瓶和塑料袋占了所有垃圾的11%。本次调查果壳箱的垃圾成分统计数据见表8-1、8-2和图8-1所示。

表8-1 类果壳箱垃圾成分及百分比

垃圾种类	数量	百分比
办公用纸或宣传单	35	3.68
杂志或宣传册	61	6.41
报纸	20	2.10
纸盒	29	3.05
纸板或纸箱	8	0.84
易拉罐或罐头	6	0.63
金属配件	11	1.15
其他可回收金属	0	0

续表

垃圾种类	数量	百分比
塑料瓶	41	4.31
其他可回收塑料	66	6.93
玻璃瓶	5	0.53
其他可回收玻璃	0	0
果壳和食物残余物	269	28.26
不可回收纸张	295	30.99
电池	0	0
枯枝落叶等园林垃圾	54	5.67
织物类垃圾	7	0.73
袋装垃圾	45	4.73

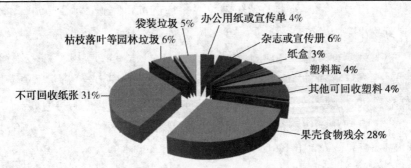

图 8-1　苏州市果壳箱主要垃圾成分统计图

表 8-2　分类果壳箱分类准确率调查汇总表 1

项目	种类	三香路		十全街		观前商圈
		可回收	其他	可回收	其他	未分类
可回收物	办公用纸或宣传单	4	5	2	4	12
	杂志或宣传册	1	1	0	0	7
	报纸	1	1	1	1	0
	纸盒	4	4	1	1	1
	纸板或纸箱	2	1	0	0	1
	易拉罐或罐头	0	0	0	0	1
	金属配件	0	0	0	0	11
	其他可回收金属	0	0	0	0	0
	塑料瓶	1	2	0	0	11
	其他可回收塑料	4	5	4	4	11
	玻璃瓶	1	1	0	0	1
	其他可回收玻璃	0	0	0	0	0

续表

项目	种类	三香路		十全街		观前商圈
		可回收	其他	可回收	其他	未分类
不可回收物	果壳和食物残余物	86	87	4	5	25
	不可回收纸张	68	71	6	4	36
	电池	0	0	0	0	0
	枯枝落叶等园林垃圾	4	3	3	4	0
	织物类垃圾	0	0	2	2	0
	袋装垃圾	1	2	4	2	1
分类准确率		10.2%	89.1%	29.6%	62.9%	–

表 8-3 分类果壳箱分类准确率调查汇总表 2

项目	种类	道前街		凤凰街		石路商圈
		可回收	其他	可回收	其他	未分类
可回收物	办公用纸或宣传单	5	1	1	1	0
	杂志或宣传册	0	0	8	6	38
	报纸	0	0	5	6	5
	纸盒	2	4	6	3	3
	纸板或纸箱	0	0	1	1	2
	易拉罐或罐头	0	0	3	2	0
	金属配件	0	0	0	0	0
	其他可回收金属	0	0	0	0	0
	塑料瓶	4	5	4	5	9
	其他可回收塑料	6	2	12	11	7
	玻璃瓶	1	1	0	0	0
	其他可回收玻璃	0	0	0	0	0
不可回收物	果壳和食物残余物	5	12	21	17	7
	不可回收纸张	23	25	27	28	7
	电池	0	0	0	0	0
	枯枝落叶等园林垃圾	3	4	16	15	2
	织物类垃圾	1	2	0	0	0
	袋装垃圾	5	4	9	9	8
分类准确率		33.3%	78.3%	35.4%	66.3%	–

本次调查的 4 条街道的果壳箱都采用了分类垃圾桶的设置,将果壳箱分成"可回收物"和"不可回收物",通常每 50 米设置一个单独的果壳箱,可回收物和不可回收物间隔设置,在公交站台设置两个果壳箱,分别是可回收物和不可回收

物。果壳箱内的垃圾均采用了混合收集的方式,每天收集的次数为4～8次。

本次调查的2个商业中心的垃圾桶未按照分类垃圾桶进行设置,垃圾桶的桶身采用了统一的"其他垃圾"标志,个别垃圾桶上用标签标识为"可回收物"和"不可回收物"。果壳箱基本上每50米设置1个。果壳箱内的垃圾采用混合收集,每天收集4～8次。

本次调查的果壳箱内的垃圾基本上以不可回收物为主,因此,不可回收果壳箱内的分类准确率较高,所调查的4条街道的分类准确率均大于60%,所有不可回收物桶的平均分类准确率为76.77%。而可回收物桶的分类准确率普遍较低,所调查的4条街道的准确率均低于35%,所有可回收物桶的平均分类准确率为24.37%。

8.3.2 居民分类意识调查

选取了苏州市有代表的居民小区、大学、商业中心和事业单位进行调查,共收回有效调查问卷968份。调查共设置了14个问题,通过问卷调查,可以了解苏州市公众的垃圾分类意识,通过总结调查数据,可以得出以下结论:

(1) 通过十余年的垃圾分类宣传和试点,公众对垃圾分类的认知度有了很大的提高。82%的公众表示很清楚或知道垃圾分类;97%的公众认为垃圾分类非常需要或需要;78%的公众表示在日常生活中已经全部或部分做到垃圾分类;公众认为垃圾分类不但可以减少污染、美化环境,还能变废为宝、节省资源,更认为垃圾分类是市民良好素质的表现。

(2) 公众了解垃圾分类知识的途径较多,其中电视和网络是最主要的途径之一,占了42%,户外电子屏和宣传页占了24%;只有7%的公众是通过家长、小孩或朋友了解到垃圾分类的知识,这说明采用"小手牵大手"的方式,通过学生影响家庭进行垃圾分类知识传播的方式效果有限;公众在掌握现有垃圾分类知识的基础上,想了解更多的垃圾分类方式、垃圾分类意义以及垃圾的终端处置知识。

(3) 在垃圾分类实际操作的过程中,公众的执行力不够。仅42%的公众在扔垃圾前会去注意垃圾箱的分类标识,也只有41%的公众会在分类垃圾桶前按照标识要求投放垃圾。在知道如何投放的前提下,如果没有正确的垃圾桶,只有54%的公众会将垃圾投放至正确的垃圾桶。

(4) 家庭居民已经开展了自发的垃圾分类,75%的家庭会将生活垃圾中的可出售废品进行出售。

(5) 公众认为垃圾分类的主要障碍是公众分类意识淡薄,而环卫设施不健全、宣传力度不够也是阻碍垃圾分类开展的因素。公众对通过加大投入、确定分类标准、出台法律法规对垃圾分类的推进作用比较认可。

通过以上调查,可以了解到苏州市公众的垃圾分类意识总体较好,为下一步垃圾分类的推广奠定了基础,但仍然需要加强宣传,宣传的重点是如何进行分类以及如何提高在实际操作中的执行力。通过电视、网络、户外电子屏及宣传页的宣传能够提高宣传的效率。

附件 1

苏州市生活垃圾分类促进办法（草案）

第一章 总 则

第一条 为促进我市生活垃圾分类，规范生活垃圾分类投放、收集、运输及处置，促进生活垃圾的减量化、资源化、无害化，根据《中华人民共和国固体废物污染环境防治法》《城市市容和环境卫生管理条例》《苏州市城市市容和环境卫生管理条例》等有关法律、法规，结合本市实际，制定本办法。

第二条 本市行政区域内的生活垃圾分类投放、收集、运输、处置及相关的管理活动，适用本办法。

本市实施生活垃圾分类投放的区域，由市容环境卫生行政主管部门按照分步推进办法确定。

第三条 本办法所称生活垃圾，是指单位和个人在日常生活中或者为日常生活提供服务的活动中产生的固体废物以及法律、行政法规规定视为生活垃圾的固体废物。工业固体废物、危险废物等按照国家相关法律、法规和本省、市其他有关规定管理。

生活垃圾分成可回收物、有害垃圾和其他垃圾三类，鼓励有条件的区域将生活垃圾分成可回收物、有害垃圾、其他垃圾和厨余垃圾四类。

第四条 生活垃圾分类工作遵循政府主导、社会参与、循序渐进、统筹规划、科学引导、鼓励优先的原则。

第五条 市人民政府负责全市生活垃圾分类的指导和管理工作。

各区人民政府负责本行政区域内生活垃圾分类的指导和管理工作。

街道办事处、镇人民政府依照职责分工具体负责本辖区内生活垃圾分类的指导和管理工作，督促有关单位履行生活垃圾分类投放、收集、运输、处置等相关义务。

第六条 市市容环境卫生行政主管部门是本市生活垃圾分类工作的主管部门，负责本办法的组织实施。

区市容环境卫生行政主管部门按照规定职责做好本辖区内的生活垃圾分类管理工作。

第七条 相关行政主管部门按照下列规定履行职责：

（一）发展和改革行政主管部门负责将生活垃圾分类工作纳入全市循环经济发展规划，做好生活垃圾分类有关项目的立项审批工作；

（二）规划行政主管部门负责生活垃圾分类及设施建设的规划和选址工作；

（三）国土资源行政主管部门负责生活垃圾分类设施建设用地的保障工作；

（四）住房和城乡建设行政主管部门负责新建住房生活垃圾分类设施建设的指导、监督工作及物业服务行业实施生活垃圾分类的管理、监督工作；

（五）商务行政主管部门负责全市废品回收企业的监督管理工作；

（六）环境保护行政主管部门负责有害垃圾收集、运输和处置的监督管理工作；

（七）文化广电新闻出版行政主管部门负责生活垃圾分类的公益宣传工作；

（八）教育行政主管部门负责学校、幼儿园的生活垃圾分类的宣传教育和推广工作；

（九）供销合作总社负责再生资源回收体系建设，指导、管理全市再生资源回收企业开展可回收物的收集、运输和再生利用工作。

第八条 本市各单位负有依法组织本单位人员实施生活垃圾分类的社会责任；个人负有依法履行生活垃圾分类投放的义务。

任何单位和个人有权对违反本办法的行为进行举报和投诉。

第二章 规划和建设

第九条 市市容环境卫生行政主管部门应当会同市发展和改革、规划、国土资源、住房和城乡建设、环境保护等行政主管部门，组织编制环境卫生专业规划，明确生活垃圾收集、转运、处置设施的布局等事项，报市人民政府批准后实施。

纳入本市环境卫生专业规划的生活垃圾收集、转运、处置设施用地，任何单位和个人不得擅自占用或者改变用途。

第十条 生活垃圾分类收集设施设备的配置，由各区市容环境卫生行政主管部门统筹负责。

生活垃圾分类收集设施设备的配置，按照以下规定确定：

（一）新建、改建、扩建项目的生活垃圾分类收集设施设备，由开发建设单位负责，具体参照《苏州市新建住宅区服务设施规划管理规定》；

（二）有物业管理的住宅小区的生活垃圾分类收集设施设备，由物业服务企业负责；

（三）单位的生活垃圾分类收集设施设备，由产生单位或者使用单位负责；

（四）公共场所的生活垃圾分类收集设施设备，由场所主管部门或者经营管理单位负责；

（五）其他区域的生活垃圾分类收集设施设备，由区市容环境卫生行政主管部门或其他相关单位负责。

生活垃圾分类收集设施设备的配置应当符合《苏州市垃圾分类设施设备配置标准》的要求。

第十一条　市、区市容环境卫生行政主管部门应当按照本市环境卫生专业规划的要求，设置生活垃圾分类转运和处置设施。

第十二条　任何单位和个人不得擅自拆除、迁移、改建生活垃圾分类收集、转运、处置设施或者改变其用途。确需拆除、迁移、改建或者改变其用途的，应当经市市容环境卫生行政主管部门核准。

第三章　分类投放

第十三条　开展生活垃圾分类的区域，投放垃圾时应当按照分类收集容器上注明的种类分类投放。

市市容环境卫生行政主管部门应当制定和公布本市生活垃圾分类投放指南，并及时进行修订。

第十四条　本市实行生活垃圾分类投放责任人制度，责任人按照下列规定确定：

（一）有物业管理的住宅小区，物业服务企业为责任人；由业主自行实施物业管理的住宅小区，业主委员会为责任人；

（二）单位及其他组织的办公管理区域，本单位为责任人；

（三）公共场所，管理单位为责任人；

（四）其他区域，清扫保洁单位或其他相关单位为责任人。

第十五条　生活垃圾分类投放责任人应当履行下列义务：

（一）建立日常管理制度；

（二）在责任区域范围内开展生活垃圾分类相关知识宣传；

（三）负责收集容器的保洁、维修和更换；

（四）指导、监督责任区域范围内的单位和个人进行生活垃圾分类投放；

（五）建立管理台账，记录生活垃圾分类投放相关情况。

第四章　分类收集和运输

第十六条　分类投放的生活垃圾应当分类收集，禁止将已分类投放的生活垃圾混合收集。

可回收物和有害垃圾应当定期收集，厨余垃圾和其他垃圾应当每天收集。

第十七条　分类收集的生活垃圾应当分类运输，禁止将已分类收集的生活垃圾混合运输。

第十八条　生活垃圾分类收集、运输单位应当履行下列义务：

（一）建立日常管理制度；

（二）收集、运输过程中采取有效措施，防止产生二次污染；

（三）负责收集、运输设施的保洁、维修和更换；

（四）建立管理台账，记录生活垃圾分类收集、运输的相关情况；

（五）制定生活垃圾分类收集、运输应急方案。

第五章　分类处置和循环利用

第十九条　分类收集和运输的生活垃圾应当分类处置或利用：

（一）可回收物应当由再生资源回收利用企业进行再生利用；

（二）有害垃圾应由具有危险废物经营许可证的单位进行处置；

（三）厨余垃圾应当由市市容环境卫生行政主管部门确定的厨余垃圾处置单位进行处置。自行就地处理的，处置设施必须符合环保要求，并报所在地市容环境卫生行政主管部门备案；

（四）其他垃圾应当由市市容环境卫生行政主管部门确定的生活垃圾终端处置单位进行处置。

第二十条　生活垃圾处置单位应当履行下列义务：

（一）建立日常管理制度；

（二）按照国家有关规定和技术标准处置生活垃圾，防止产生二次污染；

（三）保障处置设施设备运行良好；

（四）建立管理台账，记录生活垃圾分类处置的相关情况；

（五）制定生活垃圾分类处置应急方案。

第六章　激励促进

第二十一条　市、区两级财政部门每年安排专项资金用于垃圾分类工作的开展,并纳入本级人民政府(管委会)财政预算。

第二十二条 文明单位、绿色小区、绿色学校等创建评选活动应该将生活垃圾分类工作纳入评选测评范畴。

第二十三条 本市实行生活垃圾跨区域处置生态补偿制度,未建立生活垃圾终端处置设施的行政区域使用其他行政区域的垃圾处置终端设施,需根据生活垃圾处置量,向建设终端处置设施所在的行政区域支付生态补偿费。

市市容环境卫生行政管理部门应会同财政、物价等相关行政管理部门,逐步完善生活垃圾跨区域处置生态补偿制度,根据实际情况调整补偿标准。

第二十四条 市市容环境卫生行政主管部门应会同财政、物价等相关行政管理部门,制定各行政区域的年度垃圾减量指标,对实现目标的区域进行奖励,对未能实现目标的区域增收生活垃圾终端处置费。

第二十五条 本市各区实行生活垃圾分类的年度考核制度,市人民政府制定考核办法,对各区的垃圾分类工作进行考核,并向社会公布。

第二十六条 本市实行生活垃圾分类奖励制度,对开展生活垃圾分类的居民减免生活垃圾处理费,对开展生活垃圾分类的住宅小区进行奖励,市市容环境卫生行政主管部门应当会同市财政等相关行政管理部门,制定减免标准和奖励标准,并将奖励经费纳入垃圾分类年度工作经费计划。

市市容环境卫生行政主管部门会同有关行政管理部门对开展生活垃圾分类的住宅小区进行验收,经验收合格的住宅小区,给予一次性建设费用奖励。对验收合格的住宅小区进行日常考核,年度考核成绩合格的住宅小区,给予年度运行经费奖励。

各区可根据实际情况,配套奖励。

第二十七条 各级市容环境卫生、教育、环保、商务、旅游、文广影视等行政管理部门和工会、妇联、共青团等人民团体和群众团体应当做好垃圾分类减量的宣传和动员工作,增强市民生活垃圾分类意识。

报刊亭、地铁、机场、车站、码头、旅游景点、景区等公共场所和公共交通工具的经营者和管理者,应当采取各种形式进行生活垃圾分类的宣传教育。

街道办事处、镇人民政府应当组织城市生活垃圾分类宣传教育、培训工作,指导社区居民委员会、业主委员会、物业服务企业开展城市生活垃圾分类宣传教育活动。

学校应当结合教育教学活动进行生活垃圾分类的宣传教育,积极参与推广生活垃圾分类工作。

本市广播电台、电视台、报纸、期刊、互联网等宣传媒体应当按照相关法规、规章的规定,安排生活垃圾分类方面的公益性宣传内容。各宣传媒体根据全市垃圾分类宣传的具体要求,制定宣传计划并加以实施。

第二十八条 本市鼓励单位、社会组织和公众参与促进生活垃圾分类减量的宣传、教育、推广、实施及监督活动。

第二十九条 本市机关、事业单位先行实行绿色采购制度。政府采购应当将可循环利用物品、资源化利用产品列入采购目录,并予以优先采购。

第三十条 各级人民政府和街道办事处可以通过政府采购等方式,组织非营利机构、非政府组织等参与生活垃圾分类减量活动。

第三十一条 本市鼓励通过研发、使用清洁生产技术、能源和原料,采取限制商品过度包装、标准化菜场净菜上市、果蔬菜皮就近就地处理、减少使用一次性用品、使用可循环利用物品、适量点餐等措施,推进生活垃圾源头减量。

第三十二条 市人民政府成立生活垃圾分类公众监督委员会,向社会公开聘请监督员,参与生活垃圾分类的监督管理工作。

第三十三条 市、区两级政府对在促进生活垃圾分类工作中做出突出贡献的组织和个人给予表彰和奖励。

第七章 法律责任

第三十四条 违反本办法第九条规定,擅自占用或者改变已纳入本市环境卫生专业规划的生活垃圾设施用地,由市容环境卫生行政主管部门根据具体情节,给予警告、责令限期改正或者罚款。

第三十五条 违反本办法第十二条规定,擅自拆除、迁移、改建生活垃圾设施或者改变其用途的,由市容环境卫生行政主管部门责令改正;拒不改正的,处以 500 元以上 3000 元以下罚款,并可责令承担赔偿责任。

第三十六条 违反本办法第十五条规定,生活垃圾分类投放责任人未履行义务的,由市容环境卫生行政主管部门责令停止违法行为,限期改正,并处以 500 元以上 2000 元以下罚款。

第三十七条 违反本办法第十八条规定,生活垃圾分类收集、运输单位未采取有效措施产生二次污染的,由市容环境卫生行政主管部门责令停止违法行为,限期改正,并处以 1 万元以上 3 万元以下罚款。

违反本办法第二十条规定,生活垃圾分类处置单位未按照国家有关规定和技术标准处置生活垃圾产生二次污染的,由市容环境卫生行政主管部门责令停止违法行为,限期改正,并处以 1 万元以上 3 万元以下罚款。

第三十八条 生活垃圾分类收集、运输、处置单位不履行本办法第十八、二十条规定的其他义务,由市容环境卫生行政主管部门责令停止违法行为,限期改正,并处以 5000 元以上 2 万元以下罚款。

第三十九条 个人未按照本法规定,对生活垃圾进行分类投放的,由市容环境卫生行政主管部门责令改正,并进行批评教育。

第四十条 行政主管部门及其工作人员违反本办法规定,未履行生活垃圾分类管理有关职责的,由主管机关或者监察机关责令改正;情节严重的,对部门给予通报批评,对直接责任人员依法给予行政处分;构成犯罪的,依法追究刑事责任。

第八章 附 则

第四十一条 本办法下列用语的含义:

(一)可回收物,是指适宜回收和资源利用的废弃物,包括纸类、塑料类、玻璃类、金属类、织物类等。

(二)有害垃圾,是指对人体健康或者自然环境造成直接或者潜在危害的物质,包括废日用小电子产品、废灯管、过期药品、废油漆、废日用化学品等。

(三)厨余垃圾,是指居民家庭中产生的食物残余、食品加工废料和废气食用油脂等。

(四)其他垃圾,是指除可回收物、有害垃圾、厨余垃圾之外的其他生活垃圾。

第四十二条 本办法自 2014 年 月 日起施行。

附件 2

苏州市生活垃圾分类实施规划

第一章 总 则

第一条 指导思想

围绕"建设宜居新苏州、打造创业新天堂、共筑幸福新家园"的总体要求,按照"近期大分流、远期细分类"的发展思路,逐步建设分类投放、分类运输、分类处置和资源回收利用的生活垃圾管理作业体系,以 2012 年为起点,不断健全管理网络、完善政策法规、明晰职责分工、加强协调配合、强化监管考核,力争在五年内实现专项垃圾分流处置,生活垃圾初步分类的目标,为苏州市率先基本实现现代化的总体目标服务。

第二条 实施原则

政府主导、社会参与原则。

先易后难、循序渐进原则。

先试后推、以点带面原则。

条包块管、以块为主原则。

社会共建、群众参与原则。

统筹规划、科学引导原则。

第三条 实施目标

(1) 总体目标

通过本规划的实施,使苏州市区生活垃圾实现源头减量、资源循环利用及安全处置。以苏州市区六区为主要实施范围,开展以日常生活垃圾、餐厨废弃物、建筑垃圾、园林绿化垃圾、大件垃圾、农贸市场有机垃圾为主要内容的垃圾大分流,和以可回收物、有害垃圾、其他垃圾为主要内容的生活垃圾细分类试点工作。逐步建立健全生活垃圾分类收集、分类运输、分类处置体系,推动生活废弃物减量工作,提高生活废弃物资源利用率,力争 2016 年苏州市各区建成区垃圾分类覆盖率达 60%。2012 年进入终端处置的生活垃圾总量增长率控制在 3% 以下,今后逐年下降1%,至2015年实现苏州市区生活垃圾零增长。

(2) 阶段目标

垃圾分类试点阶段(2012年):起草苏州市区生活垃圾分类管理办法及相应配套文件;制订苏州市区生活垃圾分类五年实施规划;选取一部分分类条件较为成熟的居民小区、农贸市场、酒店饭店、园林景点等开展生活垃圾分类试点;开展媒体宣传、人员培训等活动;试点区域同步配置收运车辆及人员;完成试点区域内有害垃圾、可回收物单独收运体系的建设;启动试点区域内建筑垃圾、大件垃圾、农贸市场有机垃圾、园林绿化垃圾分类收运处置系统的建设。

垃圾分类试点推广阶段(2013—2015年):出台苏州市生活垃圾分类管理办法及相关政策法规;逐年扩大试点区域范围,推进垃圾分类工作进行。

垃圾分类全面推广阶段:(2016年):建立健全"大分流"收运及终端处置体系,实现苏州市各区建成区垃圾分类覆盖率达60%,总结五年内生活垃圾分类工作经验,提出下一步分类目标及方案。

第二章 分类方法

第四条 分类方法可行性分析

(1) 日常生活垃圾

日常生活垃圾宜采用"三分类法",分为可回收物、其他垃圾和有害垃圾。

● 可回收物

依托现有的废品回收系统,对日常生活垃圾中的没有受到污染的可利用的塑料、纸类、金属等加大回收和收集力度,并且增加玻璃、织物等回收种类。

● 有害垃圾

设置专门容器,对废荧光灯管、废温度计、废镍镉电池和氧化汞电池、废杀虫剂和消毒剂及其包装物、废油漆和溶剂及其包装物、废矿物油及其包装物、废胶片及废相纸等,大量收集后交由有资质的企业进行处置。

● 其他垃圾

不属于可回收物和有害垃圾收集范围的,仍进入其他垃圾投放容器,进入焚烧厂焚烧或填埋场卫生填埋。远期可在前端投放容器具备分类功能后,吸取其他城市成功经验,将居民厨余单独分出,并建立专门的处理设施处理。

(2) 农贸市场有机垃圾

农贸市场有机垃圾需要单独收运处置,近期可暂时进入餐厨废弃物处理厂,远期待厨余垃圾处理厂建立后,进入厨余垃圾处理厂单独处理。

（3）建筑垃圾（居民装修垃圾）

装修垃圾在投放设施可简单分类，将其中可燃的废木材归入其他垃圾，金属、玻璃等归入可回收物，其余运往建筑垃圾储运场分类，油漆桶等有害垃圾分类后运往危险废物处置场处置。

（4）餐厨废弃物

目前苏州市的餐厨废弃物已形成一套独立的收运处置系统，建议仍沿用现有收运体系。餐饮企业等应逐渐将一般日常生活垃圾如纸巾、抹布、塑料等与餐厨废弃物分开，进入其他垃圾，减少处理企业的负担，处理更多的有机垃圾。

（5）大件垃圾

木质类大件垃圾除部分回用外，可在前端对木材进行简单破碎，归入其他垃圾，进入焚烧厂焚烧，浴缸等不可燃物归入建筑垃圾，进入建筑垃圾储运场后分类处理。

（6）园林绿化垃圾

在园林内设置园林绿化垃圾的临时堆放点，由专门的收运车辆上门收集，道路修剪和道路清扫保洁的园林绿化垃圾，就近进入园林和公园的临时堆放点，尽可能不混入其他垃圾。收集后的园林绿化垃圾进入园林绿化垃圾处理厂。

第五条 分类方法确定

苏州市生活垃圾采用"大分流、细分类"的分类系统，其中"大分流"指包括日常生活垃圾、餐厨废弃物、建筑垃圾、大件垃圾、农贸市场有机垃圾、园林绿化垃圾等六大类的专项分流，"细分类"指日常生活垃圾在专项分流的基础上，进行进一步分类，分为可回收物、有害垃圾和其他垃圾三小类。专项分流和分类后的生活垃圾，需建设相应的处理处置设施，采用合理技术，进行单独再生利用或无害化处置。

第三章 主要任务

第六条 居住区前端分类投放

生活垃圾采用"三分类法"，三分类指可回收物、有害垃圾和其他垃圾。可根据小区类型和实际情况，合理设置投放容器，并预留专项垃圾的临时堆放场地。

（1）有物业管理的商品房小区

可回收物、有害垃圾、大件垃圾、装修垃圾等临时堆放点可集中设置，节约占地，但可回收物和有害垃圾必须配置单独的投放容器，避免可回收物的污染和有害垃圾中有害物质的泄漏。

(2) 无物业的老公房居住小区

老公房小区可利用场地相对较少,有场地条件的可参考有物业小区,将可回收物、有害垃圾、装修垃圾等临时堆放点可集中设置,节约占地;没有场地条件的必须设置有害垃圾投放容器,并指定专项垃圾(主要是装修垃圾、大件垃圾)的临时堆放点,并及时清运。可回收物可由附近的流动收废车收集。

(3) 街巷

街巷在推进分类收集过程中,由于道路通行、场地条件等因素制约,可回收物、有害垃圾、装修垃圾等临时堆放点可集中设置在街巷的进出口,节约占地。

第七条 政府、企事业单位前端分类投放

(1) 独立院落

可回收物、有害垃圾、装修垃圾等临时堆放点可结合地面楼层垃圾收集设施设置,节约占地,有害垃圾必须配置单独的投放容器,避免有害物质的泄漏。餐厨废弃物应由餐厨废弃物处理企业定时上门收集,减少停留时间。

(2) 无院落办公楼

无院落办公楼有条件的可设置垃圾亭作为地面楼层垃圾收集设施,极端条件下无法设置垃圾亭,可结合附近的无物业老公房小区参考有物业小区,将可回收物、有害垃圾等分类投放。

第八条 公共场所前端分类投放

(1) 商场

有条件的商场可单独设置垃圾亭等地面楼层垃圾收集设施,没有条件的需要结合周边居民区的地面楼层垃圾收集设施进行投放。

(2) 园林、公园、广场

园林和公园必须设置园林绿化垃圾临时储存点,将园林绿化垃圾单独收集运输,不进入生活垃圾收运系统。

(3) 沿街店铺

不建议沿街店铺设置临时堆放场所,应结合周边居民区和公共场所等设施的垃圾收集设施推进,多采用上门收集方式。

(4) 农贸市场

农贸市场垃圾包括其他垃圾和有机垃圾。其中其他垃圾入周边的垃圾收集设施;有机垃圾设置专门的垃圾桶收集,由专门的收集车上门收集。

第九条 中端集中运输

（1）其他垃圾

通过垃圾收集设施进入生活垃圾转运站。

（2）可回收物

依靠供销社的废品回收系统,通过社区回收点和流动收废车进行收集,集中至分拣中心。

（3）有害垃圾

通过垃圾收集设施进入有害垃圾储运点。

（4）建筑垃圾(居民装修垃圾)

通过装修垃圾临时堆放点进入建筑垃圾储运场。

（5）餐厨废弃物

通过专用收集车辆运输。

（6）大件垃圾

部分可用的木质类大件垃圾可作为可回收物,由社区回收点或流动收废车收集,进入废品回收系统;不可回用的木质类大件垃圾由大件垃圾收集车运输至转运站。浴缸等不可燃的大件垃圾,可归入装修垃圾临时堆放点,运往建筑垃圾储运场。

（7）园林绿化垃圾

通过垃圾收集设施进入公园、园林的园林绿化垃圾临时堆放点。

（8）农贸市场有机垃圾

通过专用收集车辆运输。

第十条 终端处置利用

（1）其他垃圾

通过生活垃圾转运站进入生活垃圾焚烧厂或填埋场。

（2）可回收物

通过分拣中心进入再生资源回收利用产业园区。

（3）有害垃圾

通过有害垃圾临时堆放点交由有资质的处置企业,或进入苏州市危险废物处置场。

（4）建筑垃圾

通过建筑垃圾储运场进入建筑垃圾处置厂。

（5）餐厨废弃物

通过收集车辆直接运输至餐厨废弃物处理厂处置。

（6）园林绿化垃圾

通过公园、园林的园林绿化垃圾临时堆放点进入园林绿化垃圾处理厂。

（7）农贸市场有机垃圾

近期直接运输至餐厨废弃物处理厂处置，远期进入厨余垃圾处理厂。

第十一条　部门协作

分类收集不能由环卫部门独自完成，需要供销总社、环保部门、园林部门等各个部门共同协作完成，因此，本次分类收集需要充分利用其他部门现有的作业和管理体系，做好环卫日常作业与其他部门的衔接工作，保证分类收集顺利开展。

（1）供销总社

除了原有的塑料瓶、金属、纸张等三类废品仍通过社区回收点和流动收废车回收外，本次分类收集还将增加玻璃（主要是玻璃瓶）、织物两类物品。

供销总社负责制定和更新可回收物的种类、收购价格、回收要求，及社区回收点的布点推进和流动收废车的配置工作。

（2）环保部门

明确生活垃圾中有害垃圾的种类，负责提供苏州市有资质的处理企业的信息，负责相关企业运输、处置过程中的监管。

（3）园林部门

根据园林的特点，对园林、公园的生活垃圾分类提出要求，将可回收物和其他垃圾分开收集运输；负责各个园林、公园、广场的园林绿化垃圾与生活垃圾的分类堆放和收运、处置；根据园林绿化垃圾处理厂的工艺对园林绿化垃圾提出相应的要求，如是否需要破碎，是否包含尘土等。

第十二条　配套政策法规

（1）制定苏州市生活垃圾分类管理办法

2012年调研并起草《苏州市生活垃圾分类管理办法》，提出生活垃圾分类工作的指导性意见，从立法上明确垃圾分类的必要性及严肃性。同时通过办法明确相应垃圾分类工作的各责任主体，确保垃圾分类工作的顺利实施。

（2）完善苏州市生活垃圾分类操作细则

根据"近期大分流、远期细分类"工作要求，细化苏州市生活垃圾分类各相关内容。制定《苏州市居民生活垃圾分类收集指导手册》《苏州市垃圾分类宣传方案》《苏州市垃圾分类培训方案指导意见》等，通过各种渠道宣传与引导家庭居民意识垃圾分类重要性和意义，积极促进居民监督和参与，确保垃圾分类工作深入推进。

此外，编制配套的分类收集标准，如《苏州市居民垃圾分类设施设备配置标准》《苏州市生活垃圾分类收运及处置作业规范》等，为苏州垃圾分类工作开展和长效管理提供依据。

（3）建立垃圾分类收集补偿激励政策

制定考核、补贴及奖惩等方面相应保障措施，如《苏州市生活垃圾终端处置阶梯式收费及奖惩办法》《苏州市生活垃圾分类收运处置奖励办法》《苏州市生活垃圾分类管理补贴办法》等。明确补偿方式，对垃圾跨区流动进行费用征收和补偿，对垃圾处理设施属地付出的政策成本和生态环境成本给予补偿。

建立垃圾终端处置阶梯式收费制度，通过经济杠杆调动各区参与垃圾处理的积极性，促进垃圾处理区域合作与和谐发展。对终端垃圾处理费用进行核算，出台具体办法，对各区进入生活垃圾填埋场和焚烧场的量进行考核，超量加价，减量奖励。制定居民和企事业单位垃圾分类奖励补贴政策。对试点垃圾分类收集的小区，根据区域大小进行补贴。

第十三条　监督考评

（1）分类收集实施效果考评

完善日常生活垃圾计量管理系统，形成"市—区—街道"多级考核机制，并根据实际减量效果，实施必要的激励措施。

苏州市政府对各区生活垃圾分类工作进行考核，并纳入年度工作指标体系；各区对实施分类收集的街道的日常运行管理进行检查考评；各街道对实施分类收集各居委、小区进行考核。

量化考核指标，制定相关细则。以年度考核为主，建立考核评价指标体系，采取目标验收考核与长效管理检查、专业考核与公众监督相结合方式，对苏州市分类收集工作进行随机抽查、全覆盖检查。以上考核结果将作为市财政拨付各区政府生活垃圾分类工作专项经费和生活垃圾处理费的重要依据。

（2）分类收运设施运行考评

建立分类收运考核结果与收运企业作业经费、收运人员收入等挂钩的工作机制。市政府对各类资源化处置设施的运行和日常管理进行考核；各区对分类收集的各类中转设施的运行和日常管理进行考核；各街道对分类收集的投放设施考核。

市、区环卫主管部门负责分类收运设施的日常运行检查考评工作。制定《生活垃圾分类设施日常运行检查考评标准》，采取"日抽查、月考核、季评价、年汇总"的形式,考核结果将作为评优评先、补贴奖励的重要依据。

(3) 分类收集日常运输考评

市主管部门对餐厨废弃物、园林绿化垃圾、建筑垃圾、大件垃圾、农贸市场有机垃圾、可回收物、有害垃圾的清运作业单位考核监管;各区对从事其他垃圾专项清运的作业单位考核监管。

对纳入市、区级财政的作业单位,市、区环卫主管部门参照考核指标,对分类前垃圾量与分类后的各类垃圾数量进行统计对比。以月为周期,统计数据由作业单位统计上报,市、区环卫主管部门随机性核查。

第十四条 奖励补贴

(1) 对新增垃圾分类设施装备给予补贴

针对开展分类收集的居住小区、清运企业,为配合垃圾分类而需要新增改造的设施、车辆按照购置总价款给予补贴。如分类投放容器、垃圾亭分类收集设施改建、旧垃圾房设施改善、餐厨(农贸市场)垃圾收集车、大件垃圾破碎车、有害垃圾收集车等。原有运行的设施车辆新增、更新按照原经费划拨体系申请经费,不予费用补贴。

(2) 对专项分流收运处置企业价格补贴

对从事餐厨废弃物、装修垃圾、园林绿化垃圾、农贸市场垃圾及其他生活垃圾收集、运输、处置业务的作业单位,参照现有运营经费和其他城市相关经验,按照一定比例给予价格补贴,保障专项分流系统的有效建立。

(3) 对新增特定岗位人员聘用给予费用补贴

对开展苏州市生活垃圾分类收集处理实施项目聘用特定岗位类型人员,给予专项人员费用补贴。补贴对象包括分类收集志愿者、特殊垃圾收运人员及宣传人员等。按照苏州市环卫作业人员工资标准进行核算。

(4) 建立垃圾分类表彰奖励制度

为进一步调动全市各区和个人对生活垃圾资源化循环利用的积极性,出台并依托《苏州市生活垃圾分类收运处置奖励办法》,建立垃圾分类表彰奖励制度。

一是对生活垃圾排放总量平衡实施减量奖励与超量增收政策,每年按照1%减量目标,对苏州市各区垃圾分类收运处置工作进行奖惩。完成目标的各区进行奖励,未能达到目标的各区增收垃圾处置费。

二是依据考核标准,对苏州市各小区进行考评。经验收达标的居民小区,由相关管理部门予以一定奖励。具体采取一次性奖励和后续运营奖励相结合方式,依据居民小区规模确定奖励金额,费用用于小区垃圾分类工作推广运营。

第四章　组织分工

第十五条　组织领导

为确保苏州市生活垃圾分类收集处理实施工作顺利推进，建立从市到街道3级层面的领导机制。

（1）成立垃圾分类工作领导小组

生活垃圾分类收集处置工作涉及范围较广，部门管理职能交叉，亟需成立一个以市政府分管领导任组长，由各相关职能部门负责人共同参与的苏州市城市生活垃圾分类处置工作领导小组。

主要负责组织和管理全市生活垃圾分类推进工作。拟订全市生活垃圾分类工作方案，制定项目总体目标，指导、协调、评估和推广生活垃圾分类实施工作；研究和制定各项法规、政策、标准及奖励等；统筹协调分类收集推进工作中项目建设、政策法规、宣传教育、督导协调等。

（2）成立相应工作组

成立项目建设、政策法规、宣传教育、督导协调等四个工作组，并对各相关部门职能进一步明确。

项目建设组：市发改委（牵头单位）、市容市政管理局、园林和绿化局、供销合作总社、财政局、国土局、规划局、环保局、商务局、工商局。

政策法规组：市法制办（牵头单位）、财政局、发改委、市容市政管理局、环保局、园林和绿化局、物价局、科学技术局、供销合作总社。

宣传教育组：市委宣传部（牵头单位）、文明办、环保局、市容市政管理局、教育局。

督导协调组：市市容市政管理局（牵头单位）、文明办、财政局、环保局、工商局、市住建局、农委。

各区相应成立生活垃圾分类工作领导小组及办公室。

第十六条　技术研究

生活垃圾的分类需要配套技术的研究和支持，苏州市可根据自身情况，适时开展相关技术研究，鼓励高校、企业、个人等开展以下方面的技术研究。

餐饮垃圾、厨余垃圾的破袋和处置技术

建筑垃圾综合利用厂的分拣系统和处置技术

大件垃圾集中转运点的配套设备选型

居民生活垃圾分类源头分类清运监管与计量技术

生活垃圾理化特性分析

分类收集实施效果评估系统

分类设施、设备技术标准系统

制定分类收集试点验收标准、分类收集日常考评细则等

第五章 规划实施

第十七条 实施范围及进度

2012 年：在市区选取部分具备条件的居民小区进行试点。

2013 年：扩大市区的居民小区的试点范围，市区 20% 的居民小区进行分类，主要政府部门如区政府、市政府等主要部门进行分类试点，商业中心等公共区域开始分类试点，农贸市场有机垃圾单独收运处置进行试点，园林绿化垃圾的专项收运处置进行试点。

2014 年：市区 40% 的居民小区进行分类，50% 的政府部门及企事业单位推行分类。50% 的公共区域开始推行分类。50% 的农贸市场推行有机垃圾单独收运处置，50% 的公园、园林推行园林绿化垃圾的专项收运处置。

2015 年：市区 50% 的居民小区进行分类，政府部门及企事业单位和公共区域开始全面推行分类。农贸市场全面推行有机垃圾单独收运处置，公园、园林全面推行园林绿化垃圾的专项收运处置。

2016 年：市区 60% 的居民小区进行分类，公共区域、政府部门及企事业单位全面推行分类，农贸市场有机垃圾和园林绿化垃圾等全部实现单独的专项收运处置。

第十八条 市级层面任务

（1）配套设施建设

建筑垃圾处置厂：建设建筑垃圾处置厂 1 座，设计规模 100 吨/日。

园林绿化垃圾处理厂：建设园林绿化垃圾处理厂 1 座，设计规模 100 吨/日。

有机垃圾处置厂：建设有机垃圾处置厂 1 座，设计规模 400 吨/日。

（2）专项收运处置

农贸市场有机垃圾、园林绿化垃圾、装修垃圾、有害垃圾、玻璃、织物等可回收物，按照运输量和收运处置费用，等对收运处置企业的成本进行核算，由财政进行相应补贴。

（3）奖励补贴

试点验收合格奖：给验收合格的试点社区或小区给予一定的奖励，并每年给

予一定的补贴。

人员补贴:按照苏州市环卫作业人员工资标准进行核算。

对各区奖励:对生活垃圾排放总量平衡实施减量奖励与超量增收政策,每年按照1%减量目标,对苏州市各区垃圾分类收运处置工作进行奖惩。完成目标的各区进行奖励,未能达到目标的各区增收垃圾处置费。

(4) 宣传

宣传方案:苏州市城市生活垃圾分类处置工作领导小组制定宣传方案,制作宣传册、宣传海报和宣传制品等,并进行公益广告宣传。

(5) 管理

成立苏州市城市生活垃圾分类处置工作领导小组,并配置相应的办公设备和人员经费。

邀请独立的第三方机构对分类进行评价。

第十九条 区级层面任务

(1) 配套设施设备

垃圾亭:将目前市区的垃圾房改造成具有分类功能的垃圾亭。

可回收物收集桶/投放箱:按照户数或楼栋数,在小区内配置一定数量的可回收物投放箱。

有害垃圾投放箱:按照户数或楼栋数,在小区内配置一定数量的有害垃圾投放箱。

供销社网点:原则上按1个社区1个网点,考虑到网点的公益性,网点的选址由所在社区提供;在不允许、不适合建设网点的社区按2个社区1辆流动收废车进行配置。

有害垃圾收集车:按照10个社区1辆有害垃圾收集车进行配置。

有害垃圾运输车:按照每区1～2辆配置。

农贸市场有机垃圾运输车:按照每4个农贸市场1辆车配置。

其他垃圾收集车:按照每3个垃圾亭1辆收集车配置。

装修垃圾收集车:按照10个社区1辆装修垃圾收集车进行配置。

木质大件垃圾运输车:按照10个社区1辆木质大件垃圾运输车进行配置。

大件垃圾破碎机:按照每个转运站1个大件垃圾破碎机配置。

(2) 人员配套

志愿者和宣传员:按照垃圾亭的推进配置,每3个垃圾亭配置1位志愿者/宣传员。

（3）宣传与培训

媒体宣传：在报刊、电视等平面媒体上定期刊登分类的公益广告。

宣传册、倡议书、宣传制品：市区范围发。

宣传海报：每季度更新，按照新增垃圾亭来配置。

对小区物业保洁员、社区街道工作人员、环卫垃圾分类收集操作员等进行培训，可由社会、学校或相关公司负责组织。

（4）管理

各区成立区城市生活垃圾分类处置工作领导小组，并配置相应的办公设备和人员经费。

第六章 资金投入

第二十条 资金投入

苏州市分类收集 2012—2016 年需投入资金 46607 万元，其中配套设施设备需投入 28243 万元，专项收运处置（预估）需投入 8209 万元，奖励与补贴需投入 6655 万元，宣传、培训和管理需投入 3500 万元。

第七章 保障措施

第二十一条 保障措施

切实加强组织领导；

完善体制机制建设；

确定各级目标责任；

实施考核奖惩方案；

加大资金投入力度。

附件 3

苏州市餐厨废弃物管理办法

第一条 为加强餐厨废弃物管理,维护城市市容环境卫生,保障人民身体健康,促进餐厨废弃物无害化处理和合理利用,根据有关法律、法规和规章,结合本市实际,制定本办法。

第二条 本办法所称餐厨废弃物,是指除居民日常生活以外的食品生产经营者在食品生产经营活动中产生的食物残余、食品加工废料和废弃食用油脂。

前款所称废弃食用油脂,是指餐厨废弃物中的油脂以及油水混合物和经油水分离器、隔油池等分离处理后产生的油脂等。

第三条 本市行政区域内餐厨废弃物的产生、收集、运输、处置及其相关的监督管理活动适用本办法。

第四条 市市容环境卫生行政主管部门负责本行政区域内有关餐厨废弃物的监督管理工作。

县级市、区市容环境卫生行政主管部门根据管理权限,负责本辖区内有关餐厨废弃物的监督管理工作。

发改、经信、公安、财政、水利(水务)、农业、商务、卫生、环保、食药监、物价、工商、质监等行政主管部门应当按照各自职责,做好餐厨废弃物的监督管理工作。

第五条 本市倡导通过净菜上市、改进加工工艺、节约用餐等方式,减少餐厨废弃物的产生量。

各级人民政府应当鼓励餐厨废弃物收集、运输和处置的科学研究和创新,促进餐厨废弃物的无害化处理和资源化利用。

对餐厨废弃物无害化处理和资源化利用方面做出显著成绩的单位和个人,各级人民政府应当给予表彰和奖励。

第六条 餐饮行业协会应当发挥行业自律作用,参与制定有关标准,规范行业行为。推广减少餐厨废弃物的方法,将餐厨废弃物的管理工作纳入餐饮企业等级评定范围,督促餐饮企业做好餐厨废弃物的无害化处理和资源化利用工作。

第七条 食品生产经营者负有对其产生的餐厨废弃物进行收集、运输和处置的责任。

食品生产经营者应当将餐厨废弃物与非餐厨废弃物分开收集,日产日清。

食品生产经营者应当设置符合标准的餐厨废弃物收集容器,并保持餐厨废弃物收集容器和污染防治设施的完好和正常使用。

食品生产经营者不得随意倾倒、堆放餐厨废弃物,不得将餐厨废弃物排入公共排水设施、河道、公共厕所和生活垃圾收集设施中。

第八条 食品生产经营者具有符合规定要求的收集、运输、处置等车辆设备的,可以自行收集、运输、处置其产生的餐厨废弃物。

食品生产经营者自行收集、运输和处置餐厨废弃物的,应当符合市容环境卫生等行政主管部门规定的条件,将收集、运输和处置方案向市容环境卫生等行政主管部门备案,并办理有关手续。

第九条 餐厨废弃物收集、运输单位(以下简称收运单位)和处置单位应当由市容环境卫生行政主管部门通过招投标等公平竞争方式确定,并取得经营性收集、运输、处置服务许可证。

第十条 食品生产经营者每年应当向所在地市容环境卫生行政主管部门申报本单位餐厨废弃物的处置方式等情况。委托收集、运输、处置的,应当交给具有经营性收集、运输、处置服务许可证的单位进行处理,并按照规定承担相关的费用。

第十一条 餐厨废弃物应当实行密闭化运输,运输设备和容器应当具有餐厨废弃物标识,并保持整洁完好,运输中不得泄漏、撒落。

第十二条 餐厨废弃物处置单位应当按照有关规定,维护处置场所周围的市容环境卫生,并应当按照环境保护的有关规定,在处理过程中采取有效的污染防治措施;使用微生物菌剂处理餐厨废弃物的,应当使用符合规定的微生物菌剂,并采取相应的安全控制措施。

餐厨废弃物处置单位应当保持处理设施持续稳定运行,设备停产检修应当提前15天书面报告市容环境卫生行政主管部门。

第十三条 餐厨废弃物的收运单位收运的餐厨废弃物种类和数量应当由食品生产经营者和处置单位予以确认。

餐厨废弃物的收运单位和处置单位应当建立收运、处置台账,保证数据的真实性,并每月向所在地市容环境卫生行政主管部门申报餐厨废弃物的种类、数量等情况。

县级市、区市容环境卫生行政主管部门应当每季度向市市容环境卫生行政主管部门报送餐厨废弃物收运、处置等情况。

第十四条 食品生产经营者应当和具有经营性收集、运输服务许可证的收运单位签订餐厨废弃物收运合同，报所在地市容环境卫生行政主管部门备案。食品生产经营者在向环保、食药监、质监等部门办理有关手续和年审时，应当提供餐厨废弃物收运合同；自行收运、处置餐厨废弃物的单位，应当提供已备案的收集、运输和处置方案。

第十五条 禁止将废弃食用油脂加工后作为食用油使用或者销售；禁止直接使用未经无害化处理的餐厨废弃物作为饲料。

第十六条 市容环境卫生行政主管部门应当加强对餐厨废弃物收集、运输和处置活动的监督检查，可以聘请市民担任市容环境卫生监督员，对违反本办法的行为进行监督。

被检查的单位或者个人应当如实反映情况，提供与检查内容有关的资料，不得弄虚作假或者隐瞒事实，不得拒绝或者阻挠检查。

第十七条 任何单位和个人都有权对违反餐厨废弃物管理规定的单位与个人进行举报和投诉。

市容环境卫生行政主管部门在接到举报和投诉后，应当及时到现场调查、处理，并将处理结果告知举报人或者投诉人。

对于经查属实的举报和投诉，市容环境卫生行政主管部门应当给予奖励。

第十八条 违反本办法规定的行为，法律、法规已有处罚规定的，从其规定；已相对集中行政处罚权的，按照国家有关相对集中行政处罚权的规定执行。

第十九条 违反本办法规定，食品生产经营者将餐厨废弃物提供给不具有经营性收集、运输、处置服务许可证的单位收集、运输、处置的，由市容环境卫生行政主管部门责令限期改正，逾期不改正的，可处以1000元以上1万元以下罚款。

第二十条 违反本办法规定，有下列行为之一的，由市容环境卫生行政主管部门责令限期改正，逾期不改正的，可处以1000元以上1万以下罚款：

（一）未将餐厨废弃物和非餐厨废弃物分开收集的；

（二）将餐厨废弃物倾倒在公共厕所或者生活垃圾收集设施中的；

（三）未将自行收集、运输和处置方案向市容环境卫生行政主管部门备案的；

（四）收运单位和处置单位未建立收运、处置台账的。

第二十一条 违反本办法规定,餐厨废弃物处置单位设备停产检修,未在规定时间内报告的,由市容环境卫生行政主管部门处以5000元以上3万元以下罚款。

第二十二条 餐厨废弃物收运单位和处置单位建立的收运、处置台账弄虚作假的,由市容环境卫生行政主管部门处以5000元以上3万元以下罚款。

第二十三条 市容环境卫生行政主管部门及其工作人员滥用职权、徇私舞弊、玩忽职守的,由其所在单位或者上级主管部门对负有责任的主管人员和其他直接责任人员依法给予行政处分。

第二十四条 本办法自2010年3月1日起施行。

市市容环境卫生行政主管部门可以根据本办法制定具体实施细则。

附件 4

苏州市城市建筑垃圾管理办法

第一条 为了加强对城市建筑垃圾的管理,提高城市市容和环境卫生质量,根据《中华人民共和国固体废物污染环境防治法》《城市市容和环境卫生管理条例》《城市建筑垃圾管理规定》《江苏省城市市容和环境卫生管理条例》等有关法律法规,结合本市实际,制定本办法。

第二条 本办法适用于本市古城区(原平江区、沧浪区、金阊区,今姑苏区,下同)建筑垃圾倾倒、运输、中转、回填、消纳、利用等管理工作。

本办法所称建筑垃圾,是指建设单位、施工单位对各类建筑物、构筑物、管网等进行建设、拆除、修缮以及居民装饰装修房屋过程中所产生的弃土、弃料及其他废弃物。

第三条 苏州市市政公用局是本市市区环境卫生行政主管部门,负责建筑垃圾的管理工作。

各区环境卫生管理部门根据市环境卫生行政主管部门的统一安排,负责本辖区内建筑垃圾日常管理工作。

城管执法、公安、环保、物价、规划、建设、国土、工商、房管、园林等部门应当按照各自职责,共同做好建筑垃圾的管理工作。

第四条 建筑垃圾处置实行统一管理、资源利用和谁产生、谁承担处置责任的原则。

第五条 建筑垃圾消纳、综合利用等设施的设置,应当纳入城市环境卫生专业规划。

第六条 处置建筑垃圾的单位应当持有关资料向市环境卫生行政主管部门提出申请,获得处置核准后,方可处置。

第七条 禁止涂改、倒卖、出租、出借或者以其他形式非法转让建筑垃圾处置核准文件。

第八条 产生建筑垃圾的单位收集建筑垃圾时,不得与生活垃圾或其他废弃物混装,不得乱堆乱放,并及时清运。

第九条 装修或维修房屋等产生的零星建筑垃圾应当与生活垃圾分别收集,并堆放到指定地点。

第十条 产生建筑垃圾的单位有自运能力的,可自行清运并倾倒在指定的处置场所。无自运能力的,应当与从事建筑垃圾运输的单位办理建筑垃圾托运手续。

第十一条 处置建筑垃圾的单位在运输建筑垃圾时应当遵守下列规定:

(一)机动车辆(船舶)运输建筑垃圾,应随车(船)携带建筑垃圾处置核准文件,接受环境卫生管理部门的检查。

(二)需要进入公安机关交通管理部门限制通行、禁止通行的区域内运输的,应当事先征得公安机关交通管理部门的批准。

(三)建筑垃圾运输车辆应当保持车辆整洁,采取密闭措施,不得超载运输。

第十二条 建筑垃圾应当倾倒在指定的处置场所。处置场所应当对建筑垃圾的受纳情况如实进行登记,并出具回执。

处置建筑垃圾的单位应当将处置场所出具的回执妥善保管,以备环境卫生管理部门查验。

第十三条 建筑垃圾处置由环卫部门实行有偿服务。收费标准依据有关规定执行。

第十四条 建筑垃圾储运消纳场的建设应当根据城市建设和管理的需要,进行统一规划、合理布局。

第十五条 建筑垃圾储运消纳场应有完备的排水设施和道路,四周应设置不低于2米的实体围栏,配备必要的机械设备和照明、防污染等设施,保持场内整洁,防止对周围环境的污染。

第十六条 建筑垃圾储运消纳场不得受纳工业垃圾、生活垃圾或有毒有害、易燃易爆等废弃物。

第十七条 违反本办法建筑垃圾处置规定的,由城市管理行政执法部门依法实施处罚。

第十八条 市环境卫生行政主管部门工作人员玩忽职守、滥用职权、徇私舞弊的,依法给予行政处分;构成犯罪的,依法追究刑事责任。

第十九条 本办法自2006年2月1日起施行。

附件 5

南京市生活垃圾分类管理办法

第一章 总 则

第一条 为了规范生活垃圾分类活动,改善城乡人居环境,建设美丽宜居城市,根据《中华人民共和国固体废物污染环境防治法》、国务院《城市市容和环境卫生管理条例》和《南京市环境卫生管理条例》等有关法律、法规,结合本市实际,制定本办法。

第二条 本市行政区域内生活垃圾分类投放、收集、运输、处置以及相关规划建设和管理活动,适用本办法。

第三条 本办法所称生活垃圾,是指单位和个人在日常生活中或者为日常生活提供服务的活动中产生的废弃物以及法律、法规规定为生活垃圾的废弃物。生活垃圾分为可回收物、有害垃圾、餐厨废弃物、其他垃圾四类。

工业废物、危险废物和医疗废物,按照国家、江苏省和本市有关规定管理。

第四条 生活垃圾分类管理遵循减量化、资源化、无害化的方针和城乡统筹、科学规划、综合利用的原则,实行政府主导、社会参与、全市统筹、属地负责。

第五条 市、区人民政府加强生活垃圾分类工作的组织和领导,将其纳入国民经济和社会发展规划,制定工作目标和年度计划,建立相应的资金投入和保障机制,协调解决重大事项。

镇人民政府(街道办事处)负责组织落实辖区内生活垃圾分类管理的具体工作,配合相关行政管理部门做好相关工作,指导、督促社区(居民委员会、村民委员会)开展生活垃圾分类活动。

第六条 市城市管理行政主管部门是本市生活垃圾分类工作的主管部门,负责综合协调、检查指导和监督管理。区城市管理行政主管部门按照规定职责做好辖区内生活垃圾分类管理工作。

相关行政主管部门按照各自职责和本办法规定,做好生活垃圾分类管理工作。

第七条 社区(居民委员会、村民委员会)协助镇人民政府(街道办事处)开展生活垃圾分类管理工作,动员、组织社区内单位和个人开展生活垃圾分类活动,调处矛盾纠纷。

鼓励社会组织和志愿者参与生活垃圾分类活动。

第八条 建立价格激励机制,按照谁产生、谁付费,多排放多付费、少排放少付费,混合垃圾多付费、分类垃圾少付费的原则建立生活垃圾收费制度,引导单位和个人进行生活垃圾减量和分类投放。

第九条 任何单位和个人有权对违反本办法的行为进行举报和投诉。

第十条 支持社会资金投资生活垃圾分类收集、运输、处置、循环利用以及相关科技研发。对在生活垃圾分类工作中做出突出贡献的单位和个人给予表彰和奖励。

第二章 规划和建设

第十一条 市城市管理行政主管部门应当会同市规划、住房和城乡建设、发展和改革、环境保护、国土资源等行政主管部门,组织编制环境卫生专业规划,明确生活垃圾收集、转运、处置设施的布局以及生活垃圾流向和流量,报市人民政府批准后实施。编制环境卫生专业规划,应当征求专家和社会公众意见。

区人民政府应当根据环境卫生专业规划,组织制定辖区内生活垃圾分类管理计划,报市城市管理行政主管部门备案。涉及设施建设的,应当与所在地控制性详细规划相衔接。

第十二条 纳入本市城乡规划和土地利用规划的生活垃圾收集、转运、处置设施用地,不得擅自占用或者改变用途。

第十三条 区人民政府和市有关部门应当根据环境卫生专业规划和年度建设实施计划,建设生活垃圾收集、转运、处置设施。

第十四条 市城市管理行政主管部门应当会同市规划、发展和改革、住房和城乡建设等行政主管部门,组织编制建设工程配套生活垃圾分类设施建设标准。

市规划行政主管部门应当将建设工程配套生活垃圾分类设施纳入建设项目公共服务设施配套建设指标。建设项目许可审查时,应当就生活垃圾分类设施的配套建设征求市城市管理行政主管部门的意见。

第十五条 新建、改建、扩建建设项目,应当按照标准配套建设生活垃圾分类设施,建设工程设计方案应当包括配套生活垃圾分类设施的用地平面图并标明用地面积、位置和功能,并予以公示。

建设工程配套生活垃圾分类设施与建设项目主体工程同步设计、同步建设、同步验收、同步交付使用，建设费用纳入建设工程总投资。

新建住宅项目，建设单位应当在销售场所公示配套生活垃圾分类设施的位置、功能等内容，并在房屋买卖合同中明示。

第十六条 机场、码头、车站、港口、公园、商场等公共设施、场所，应当按照标准建设生活垃圾分类设施。

第十七条 生活垃圾分类收集、转运、处置设施建设应当符合有关环境保护和环境卫生标准，采取密闭、渗沥液处理、防臭、防渗、防尘、防噪声等污染防控措施。

建设生活垃圾转运、处置设施，应当依法进行环境影响评价，确定环境保护措施。环境影响评价文件报批前，建设单位应当征求社会公众意见，并公示环境影响评价结论。

生活垃圾分类收集容器的设置应当符合《城镇环境卫生设施设置标准》的要求，容器表面应当具有符合国家《生活垃圾分类标志》规定的标志，便于识别和投放。

第十八条 任何单位和个人不得擅自拆除、迁移、改建生活垃圾收集、转运、处置设施或者改变其用途。确需拆除、迁移、改建或者改变其用途的，应当经市城市管理行政主管部门和市环境保护行政主管部门核准，并按照规定先行重建、补建或者提供替代设施，同时采取措施防止环境污染。

第三章 分类投放

第十九条 单位和个人不得随意抛洒、倾倒或者堆放生活垃圾，应当按照下列规定分类投放：

（一）可回收物投放至可回收物收集容器或者交售给经商务行政主管部门备案的再生资源回收经营者；

（二）有害垃圾投放至有害垃圾收集容器；

（三）餐厨废弃物投放至餐厨废弃物收集容器；

（四）其他垃圾投放至其他垃圾收集容器，其中废旧家具等大件废弃物品按照规定单独堆放；

（五）国家、省和本市有关生活垃圾分类的其他规定。

市城市管理行政主管部门应当制定本市生活垃圾分类投放指南向社会公布，并适时修订。

第二十条 本市实行生活垃圾分类投放责任人制度。

责任人按照下列规定确定：

（一）城市居住区，实行物业服务的，物业服务单位为责任人；单位自管的，自管单位为责任人。农村居住区，村民委员会为责任人；

（二）机关、部队、企业事业单位、社会团体以及其他组织的办公管理区域，本单位为责任人；

（三）公共建筑，所有权人为责任人；所有权人委托管理的，管理单位为责任人；

（四）建设工程施工现场，施工单位为责任人；

（五）集贸市场、商场、展览展销、商铺等经营场所，经营单位为责任人；

（六）机场、火车站、长途客运站、公交场站、轨道交通车站、码头港口等公共场所，管理单位为责任人；

（七）河道、湖泊及其管理范围，管理单位为责任人；

（八）公园、风景名胜区、旅游景点，管理单位为责任人；

（九）城市道路、公路及其人行过街天桥、人行地下过街通道等附属设施，清扫保洁单位为责任人。

按照前款规定不能确定责任人的，所在地镇人民政府（街道办事处）为责任人。

第二十一条 生活垃圾分类投放责任人履行下列义务：

（一）建立日常管理制度；

（二）在责任范围内开展相关知识宣传，指导、监督单位和个人进行生活垃圾分类投放；

（三）设置并保持收集容器完好、整洁；出现破旧、污损或者数量不足的，及时维修、更换、清洗或者补设；

（四）明确不同种类生活垃圾的投放时间、地点；

（五）将生活垃圾交由有资质的单位收集、运输；

（六）及时制止翻拣、混合已分类生活垃圾的行为；

（七）国家、江苏省和本市的其他规定。

第二十二条 责任人应当建立管理台账，记录生活垃圾种类、数量和运输等情况，定期向镇人民政府（街道办事处）报告。镇人民政府（街道办事处）应当及时汇总数据并录入生活垃圾管理信息系统。

第二十三条 市城市管理行政主管部门应当会同有关行政主管部门编制生

活垃圾减量化实施计划,推行清洁生产技术和绿色认证制度,鼓励商品减量化包装、餐饮适当消费、净菜上市和洁净农副产品进城,对垃圾减量行为给予奖励,推动垃圾减量。

相关行业协会应当督促企业执行减量化的法律、法规和标准规范,引导企业就推行垃圾减量向社会公开作出承诺。

第四章 分类收集和运输

第二十四条 生活垃圾应当分类收集,禁止将已分类投放的生活垃圾混合收集。

可回收物和有害垃圾定期收集,餐厨废弃物和其他垃圾每天定时收集。具体时间由城市管理行政主管部门确定并公布。

第二十五条 分类收集的生活垃圾应当分类运输,禁止将已分类收集的生活垃圾混合运输。

可回收物运输至资源回收中心或者经商务行政主管部门备案的再生资源回收单位。

有害垃圾按照危险废物贮存污染控制标准,运输至环境保护行政主管部门指定的贮存点。

餐厨废弃物和其他垃圾按照城市管理行政主管部门指定的时间、路线和要求,运输至符合规定的处置场所。

第二十六条 本市对从事城市生活垃圾经营性收集、运输服务实行许可。相关行政主管部门应当以招标等公开竞争方式确定收集、运输服务单位,并与中标单位签订协议,明确服务区域、经营期限、服务标准、运送场所、违约责任等内容,作为生活垃圾收集、运输服务许可证的附件。

第二十七条 区人民政府可以建立农村地区生活垃圾收集和运输专门队伍,或者通过招标等公开竞争方式委托具备专业技术条件的单位,负责生活垃圾分类收集和运输。

第二十八条 生活垃圾分类收集、运输单位应当遵守下列规定:

(一)根据生活垃圾收集量、分类方法、作业时间等,配备压缩式收集设备以及符合要求的人员;

(二)按时、分类收集生活垃圾并分类运输至规定的转运站或者处置场所,不得混装混运、随意倾倒、丢弃、遗撒、堆放,不得接收未分类的生活垃圾;

(三)经过转运站转运的,密闭存放,存放时间不得超过24小时;

（四）收集、运输车辆、船舶保持密闭、完好和整洁；

（五）清理作业场地，保持生活垃圾收集设施和周边环境干净整洁；

（六）建立管理台账，记录生活垃圾来源、种类、数量、去向等，并向区城市管理行政主管部门报告；

（七）制定生活垃圾分类收集运输应急方案，报区城市管理行政主管部门备案；

（八）国家、省和本市的其他规定。

第五章　分类处置和循环利用

第二十九条　分类收集和运输的生活垃圾应当分类处置，提高生活垃圾的再利用率和资源化水平，促进循环利用。

可回收物应当进行分拣，由再生资源利用企业进行利用处置，促进再生产品直接进入商品流通领域。

餐厨废弃物等可降解有机物应当通过生物处理技术处置，开发工业油脂、生物柴油、肥料等资源化利用产品。

有害垃圾实行强制性回收，应当交由经核准的有害垃圾处置单位加以利用或者进行无害化处置。

其他垃圾应当分拣、拆卸，并进行综合利用；不能综合利用的，进行卫生填埋或者焚烧。

第三十条　生产列入强制回收名录的产品或者包装物的企业，应当负责回收废弃的产品或者包装物；对其中可以利用的，由生产企业负责利用；因技术或者经济条件不适合利用的，由生产企业负责进行无害化处置。

第三十一条　鼓励、支持农民采用生物堆肥等技术对厨余垃圾进行就地生态处理和沤肥还田；采用腐烂还田、作饲料、制沼气、制作纤维板等方式资源化利用秸秆。

农民日常生活中产生的灰土，应当选择远离水源和居住地的适宜地点用于填坑造地。

第三十二条　本市对从事城市生活垃圾经营性处置服务实行许可。相关行政主管部门应当以招标等公开竞争方式确定处置服务单位，并与中标单位签订处置作业服务协议，明确处置生活垃圾的来源、服务期限、服务标准等内容，作为生活垃圾处置服务许可证的附件。

第三十三条　本市实行生活垃圾处置技术评估制度。新的生活垃圾处置技术应当报送相关行政主管部门组织技术论证；未进行技术论证或者论证不合格的，不得使用。

第三十四条 生活垃圾处置单位应当按照有关规定和技术标准处理生活垃圾，并遵守下列规定：

（一）按照规定配置处置设施以及合格的管理人员和操作人员；

（二）建立处置台账，记录每日生活垃圾的运输单位、种类、数量，并按照规定报送数据、报表等；

（三）按照规定处理处置过程中产生的污水、废气、废渣、粉尘等，定期进行水、气、噪声、土壤等环境影响监测，防止周边环境污染；

（四）制定应急方案，应对设施故障、事故等突发事件；

（五）按照要求建设在线监测系统，并将数据传送至生活垃圾管理信息系统；

（六）国家、省和本市的其他规定。

第六章 监督检查

第三十五条 市人民政府建立和完善生活垃圾分类管理工作的综合考核制度，将生活垃圾分类管理工作情况纳入区人民政府考核指标，并定期公布结果。

第三十六条 本市建立生活垃圾服务企业信用评价制度。对生活垃圾分类收集、运输和处置服务企业的从业条件、作业实施、履行协议、台账和数据报送，以及分类收集和处置的设施运营状况和处置效果进行评议。评议结果纳入企业信用档案，作为从事城市生活垃圾经营性收集、运输和处置作业服务企业招标的重要依据。

第三十七条 本市实行生活垃圾处置社会监督员制度。城市管理行政主管部门应当向社会公开聘请生活垃圾处置社会监督员，参与生活垃圾处置设施的监督管理工作。社会监督员中应当有生活垃圾处置设施周边居民代表。

第四十八条 城市管理等行政主管部门的工作人员违反本办法规定，滥用职权、徇私舞弊、玩忽职守的，依法给予行政处分；构成犯罪的，依法追究刑事责任。

第三十八条 城市管理行政主管部门履行下列职责：

（一）编制生活垃圾分类收集、运输和处置应急预案，建立生活垃圾分类应急处置系统；

（二）建立监督管理制度，加强对生活垃圾分类投放、收集、运输、处置等行

为的检查和指导,定期公布监督检查结果;

(三)会同相关部门建立生活垃圾监督管理和执法工作的协调配合机制;

(四)设立生活垃圾分类咨询指导电话,牵头组织开展生活垃圾分类的宣传普及活动;

(五)建立生活垃圾管理信息系统,收集、汇总、分析相关信息,定期公布生活垃圾产生量、处置情况以及生活垃圾收集、运输、处置单位目录;

(六)建立并公布举报投诉渠道,依法处理违反生活垃圾分类管理的行为;

(七)法律、法规和规章规定的其他职责。

第三十九条 相关行政主管部门履行下列职责:

(一)发展和改革行政主管部门负责推进生活垃圾资源化利用和无害化处理,扶持相关企业发展,做好生活垃圾分类处置等重大项目的立项审批工作;

(二)规划行政主管部门负责将环境卫生专业规划相关内容纳入城乡规划,预留和控制相应的设施用地;

(三)国土资源行政主管部门负责生活垃圾分类设施建设用地保障;

(四)住房和城乡建设行政主管部门负责按照规划要求,组织实施生活垃圾分类设施的建设和移交;

(五)财政行政主管部门负责生活垃圾分类设施建设与运行资金投入的监督管理,参与相关收费政策的制定和修改;

(六)价格行政主管部门负责研究、制定生活垃圾处理费征收政策,做好生活垃圾分类收集、运输和处置价格成本监测工作;

(七)商务行政主管部门负责生活垃圾中可再生资源回收利用的管理工作,促进资源高效利用和循环使用;

(八)环境保护行政主管部门负责生活垃圾分类设施环境影响评价,监管污染物排放和有害垃圾的处置;

(九)公安机关负责生活垃圾运输车辆的道路交通安全管理,依法查处利用生活垃圾加工的油脂等危害环境与人身健康的犯罪行为;

(十)文广新行政主管部门负责生活垃圾分类的公益宣传,引导媒体普及生活垃圾分类常识;

(十一)教育行政主管部门负责将生活垃圾分类知识纳入学校课程和课外读物,指导生活垃圾分类教育和实践等活动。

第四十条 城市管理行政主管部门和其他行政主管部门应当建立联席会议制度,加强对生活垃圾分类工作的监督管理和行政执法的联动配合。

第四十一条 生活垃圾收集、运输或者处置服务企业在约定服务期内，不得擅自停业、歇业。确需停业、歇业的，应当提前6个月向城市管理行政主管部门提交书面申请。

因突发性事件等原因，生活垃圾收集、运输或者处置服务企业无法正常作业的，城市管理行政主管部门应当及时组织有关单位分类收集、运输和处置生活垃圾。

第七章 法律责任

第四十二条 违反本办法规定，法律、法规、规章已有处罚规定的，从其规定。

第四十三条 违反本办法规定，不分类投放生活垃圾的，由城市管理行政执法部门责令改正；拒不改正的，处以50元以上200元以下罚款。

第四十四条 生活垃圾分类投放责任人违反本办法规定，将生活垃圾交由无资质的单位收集、运输的，由城市管理行政执法部门责令限期改正，逾期不改正的，处以2000元以上1万元以下罚款；未履行分类投放责任人其他义务的，由城市管理行政执法部门责令限期改正，逾期不改正的，处以500元以上2000以下罚款。

第四十五条 生活垃圾收集、运输单位违反本办法的规定，有下列行为之一的，由城市管理行政执法部门责令限期改正；逾期不改正的，处以5000元以上3万元以下罚款：

（一）人员和生活垃圾收集设备配备不符合规定要求的；

（二）未按时分类收集和运输生活垃圾的；

（三）未密闭存放转运站，或者存放时间超过24小时的；

（四）未建立生活垃圾管理台账，或者未按照规定管理台账的；

（五）未制订应急方案的。

第四十六条 生活垃圾处置单位违反本办法的规定，未制定应急方案或者未建设在线监测系统的，由城市管理行政执法部门责令限期改正；逾期不改正的，处以5000元以上3万元以下罚款。

第四十七条 违法本办法规定，未经批准从事城市生活垃圾经营性收集、运输或者处置活动的，由城市管理行政执法部门责令停止违法行为，并处以3万元罚款。

第八章 附 则

第四十九条 本办法下列用语的含义：

（一）可回收物，是指在日常生活中或者为日常生活提供服务的活动中产生的，已经失去原有全部或者部分使用价值，回收后经过再加工可以成为生产原料或者经过整理可以再利用的物品，包括废纸类、塑料类、玻璃类、金属类、织物类等；

（二）有害垃圾，是指生活垃圾中对人体健康或者自然环境造成直接或者潜在危害的物质，包括废充电电池、废扣式电池、废灯管、弃置药品、废杀虫剂（容器）、废油漆（容器）、废日用化学品、废水银产品、废旧电器以及电子产品等；

（三）餐厨废弃物，是指生活垃圾中的餐饮垃圾、厨余垃圾和集贸市场有机垃圾等易腐性垃圾，包括食品交易、制作过程废弃的食品、蔬菜、瓜果皮核等；

（四）其他垃圾，是指除可回收物、有害垃圾和餐厨废弃物之外的其他生活垃圾，包括废旧家具等大件垃圾以及其他混杂、污染、难分类的塑料类、玻璃类、纸类、布类、木类、金属类等生活垃圾。

第五十条 本办法自2013年6月1日起施行。

附件6

广州市城市生活垃圾分类管理暂行规定

第一条 为加强城市生活垃圾分类管理,提高城市生活垃圾减量化、资源化、无害化水平,根据《中华人民共和国固体废物污染环境防治法》《中华人民共和国循环经济促进法》《广州市市容环境卫生管理规定》等有关法律、法规,结合本市实际,制定本规定。

第二条 本规定所称城市生活垃圾分类,是指按照城市生活垃圾的组成、利用价值以及环境影响等,并根据不同处理方式的要求,实施分类投放、分类收集、分类运输和分类处置的行为。

第三条 本规定适用于本市行政区域内的行政街、镇人民政府所在地的建成区和其他实行城市化管理的区域。

第四条 城市生活垃圾分类工作应当遵循先易后难、循序渐进、分步实施的原则。

2012年本市应当建立完善的城市生活垃圾分类收集处理系统。

城市生活垃圾分类工作的具体实施区域由市城市管理行政主管部门划定并公布。

第五条 市城市管理行政主管部门主管本市城市生活垃圾分类工作,负责本规定的组织实施。区、县级市城市管理行政主管部门负责本行政区域内的城市生活垃圾分类管理工作。

街道办事处、镇人民政府依照职责分工具体负责本辖区内的城市生活垃圾分类管理工作。

其他相关行政主管部门按照下列规定履行职责:

(一)经贸行政主管部门负责再生资源(分类后的可回收物)回收利用的管理;

(二)教育行政主管部门负责学校、幼儿园的城市生活垃圾分类的宣传教育和推广工作;

(三)环保行政主管部门负责指导危险废物(分类后的有害垃圾)、餐饮垃圾的回收和处理，加强对危险废物、餐饮垃圾的回收、处理的监督管理；

（四）文化广电新闻出版行政主管部门负责加强对广播电台、电视台、报纸、期刊等宣传媒体发布城市生活垃圾分类公益广告的监督管理；

（五）规划行政主管部门负责将包含城市生活垃圾分类规划内容的城市环境卫生专业规划纳入城市规划，通过规划布局、预留和控制相应的设施用地。

第六条 社区居民委员会、业主委员会、物业服务企业应当督促和动员单位、个人积极参加城市生活垃圾分类工作。

第七条 市城市管理行政主管部门应当根据城市总体规划，会同发展改革、经贸、国土房管、环保、城乡建设、规划等有关部门，依照城市生活垃圾分类工作安排，制定城市环境卫生专业规划，专业规划应当包含生活垃圾转运、终处理设施的建设安排、地点、规模、处理方式等内容。

第八条 各级人民政府应当安排专项经费用于城市生活垃圾分类管理、回收利用的技术创新以及有关设施的建设和维护，并纳入本级人民政府财政预算。

第九条 各级城市管理行政主管部门和教育、文化广电新闻出版、卫生等行政主管部门应当加强城市生活垃圾分类的宣传教育，增强市民城市生活垃圾分类意识。

报刊亭、地铁、机场、车站、码头、旅游景点、景区等公共场所和公共交通工具的经营者或者管理者，应当采取各种形式进行城市生活垃圾分类的宣传教育。

街道办事处、镇人民政府应当组织城市生活垃圾分类宣传教育、培训工作，指导社区居民委员会、业主委员会、物业服务企业开展城市生活垃圾分类宣传教育活动。

学校应当结合教育教学活动进行城市生活垃圾分类的宣传教育，积极参与推广城市生活垃圾分类工作。

第十条 本市广播电台、电视台、报纸、期刊等宣传媒体应当按照相关法规、规章的规定，安排城市生活垃圾分类方面的公益性宣传内容。各宣传媒体根据市城市管理行政主管部门的具体要求，制定宣传计划并加以实施。

第十一条 本市城市生活垃圾分为以下四类：

（一）可回收物，包括生活垃圾中未污染的适宜回收和资源利用的垃圾，如纸类、塑料、玻璃和金属等。

（二）餐厨废弃物，包括生活垃圾中的餐饮垃圾、厨余垃圾和集贸市场有机垃圾等易腐性垃圾，如食品交易、制作过程废弃的食品、蔬菜、瓜果皮核等。

（三）有害垃圾，包括生活垃圾中对人体健康或者自然环境造成直接或者潜在危害的物质,如废充电电池、废扣式电池、废灯管、弃置药品、废杀虫剂、废油漆、废日用化学品、废水银产品、废旧电器以及电子产品等。

（四）其他垃圾,包括除可回收物、有害垃圾和餐厨废弃物之外的其他城市生活垃圾,如大件垃圾以及其他混杂、污染、难分类的塑料类、玻璃类、纸类、布类、木类、金属类、渣土类等生活垃圾。大件垃圾,是指体积大、整体性强,或者需要拆分再处理的废弃物品,包括家具和家电等。

第十二条　城市生活垃圾分类收集容器的设置由各区、县级市城市管理行政主管部门统筹负责。

收集容器实行设置责任人制度。设置责任人按照以下规定确定：

（一）新区开发、旧城改造以及新建住宅区的城市生活垃圾分类收集容器,由开发建设单位负责；

（二）有物业管理的商品住宅区的城市生活垃圾分类收集容器,由物业服务企业负责；

（三）单位的城市生活垃圾分类收集容器,由产生单位或者使用单位负责；

（四）公共场所城市生活垃圾分类收集容器,由场所主管部门或者经营管理单位负责。

前款规定以外其他区域的城市生活垃圾分类收集容器由区、县级市城市管理行政主管部门负责。

设置责任人应当保持城市生活垃圾分类收集容器完好和正常使用。城市生活垃圾分类收集容器的设置应当符合住房和城乡建设部《城镇环境卫生设施设置标准》的要求。容器表面应当有明显标志,标志应当符合国家标准《生活垃圾分类标志》的规定。

第十三条　市、区、县级市城市管理行政主管部门应当按照本市城市生活垃圾分类管理规划和相关标准,设置城市生活垃圾分类转运和处理设施。

第十四条　城市生活垃圾应当按照以下规定分类投放：

（一）可回收物应当交售给再生资源回收站点或者投放至可回收物收集容器；

（二）有害垃圾应当交给有害垃圾回收点或者投放至有害垃圾收集容器；

（三）餐厨废弃物应当投放至餐厨废弃物收集容器；

（四）其他垃圾应当投放至其他垃圾收集容器,其中大件垃圾应当按规定预约再生资源回收站点或者环境卫生作业单位上门收集搬运。

市城市管理行政主管部门应当制定和公布本市城市生活垃圾的分类方法、

分类指南、实施细则等,并定期进行修订。

第十五条 分类投放的城市生活垃圾应当分类收集,禁止将已分类投放的城市生活垃圾混合收集。

可回收物和有害垃圾应当定期收集,餐厨废弃物和其他垃圾应当每天定时收集。

分类收集后的有害垃圾应当按照《危险废物贮存污染控制标准》的要求,由各区、县级市城市管理行政主管部门建设危险废物贮存点负责临时贮存。

第十六条 分类收集的城市生活垃圾应当分类运输,禁止将已分类收集的城市生活垃圾混合运输。

分类收集后的有害垃圾运输应当遵守国家有关危险废物转移和危险货物运输管理的规定。

餐厨废弃物和其他垃圾的运输由各区、县级市环卫运输车队负责或者委托具有生活垃圾运输许可证的企业负责,并按照城市管理行政主管部门指定的路线将垃圾运往生活垃圾处理场(厂)。

第十七条 可回收物应当由再生资源回收利用企业或者资源综合利用企业进行处置。

有害垃圾应当由具有相应危险废物经营许可证的企业进行处置。

餐厨废弃物中的厨余垃圾和其他垃圾应当由市城市管理行政主管部门确定的生活垃圾处理场(厂)进行处置。

第十八条 餐厨废弃物中餐饮垃圾的收集、贮存、处理、处置管理办法由市环保行政主管部门依照严控废物的有关规定另行制定。

第十九条 城市生活垃圾分类收集、运输、处置过程中,环境卫生作业单位应当采取有效的污染防治措施,防止产生二次污染。不得在人行道、绿地、休闲区等公共区域进行可回收物分拣、贮放。

处置有害垃圾必须符合国家有关危险废物收集、贮存、运输、处理的规定。

第二十条 城市管理行政主管部门、城市管理综合执法机关以及街道办事处、镇人民政府应当建立和完善城市生活垃圾分类工作的监督检查制度,对城市生活垃圾分类工作进行经常性的监督检查。

第二十一条 对城市生活垃圾分类工作有突出贡献的单位和个人,由市人民政府制定具体办法给予奖励。

第二十二条 市人民政府将区、县级市的城市生活垃圾分类工作纳入城市管理绩效考评,并定期公布结果。

第二十三条 实行城市生活垃圾分类统计制度。从事城市生活垃圾分类作业的单位应当填写相应的城市生活垃圾分类收集、运输、处置信息,定期向城市管理行政主管部门上报。

市城市管理行政主管部门应当对全市城市生活垃圾分类信息进行汇总统计,并于每年第一季度公布上一年度城市生活垃圾分类统计信息。

第二十四条 任何单位和个人发现违反本规定的行为,均有权向城市管理行政主管部门或者城市管理综合执法机关举报、投诉。接受举报、投诉后,受理部门应当及时调查和依法处理,并将处理结果告知举报人或者投诉人。

在接受举报、投诉的过程中,发现有违反有害垃圾、餐饮垃圾分类收集、运输和处置等规定的行为,接受举报、投诉的部门应当及时移交交通行政主管部门或者环保行政主管部门进行处理。

第二十五条 违反本规定,有下列行为之一的,由城市管理综合执法机关按下列规定进行处罚:

(一)违反本规定第十二条第二款规定,未按规定设置城市生活垃圾分类收集容器的,责令限期改正,并处以1万元以上3万元以下罚款;

(二)违反本规定第十二条第四款规定,未保持城市生活垃圾分类收集容器完好和正常使用的,责令限期改正,拒不改正的,处以1000元以上3000元以下罚款;

(三)违反本规定第十四条第一款规定,不按规定分类投放城市生活垃圾的,责令改正,拒不改正的,对个人处以每次50元罚款,对单位处以每立方米500元罚款,不足1立方米的按1立方米计算;

(四)违反本规定第十五条规定,不按规定进行分类收集的,责令改正,并处以500元以上2000元以下罚款;

(五)违反本规定第十六条第一款、第三款规定,不按规定进行分类运输的,责令改正,并处以500元以上2000元以下罚款;

(六)违反本规定第十七条第三款规定,未经许可接纳和处置城市生活垃圾的,责令限期改正,并处以5000元以上2万元以下罚款;

(七)违反本规定第十九条第一款规定,在公共区域进行可回收物分拣、贮放的,责令改正,并处以500元以上2000元以下罚款。

第二十六条 本市广播电台、电视台、报纸、期刊等宣传媒体不按本规定第十条规定安排城市生活垃圾分类公益性宣传内容的,由市文化市场综合行政执法总队处以1万元以上2万元以下罚款。

第二十七条 违反本规定,有下列行为之一的,由环保行政主管部门依照有关法律、法规、规章进行处罚:

（一）有害垃圾运输违反国家有关危险废物转移规定的;

（二）有害垃圾不按规定进行处置的。

第二十八条 有害垃圾运输违反国家有关危险货物运输管理规定的,由交通行政主管部门依照有关法律、法规、规章进行处罚。

第二十九条 城市管理行政主管部门、城市管理综合执法机关、其他有关行政主管部门和街道办事处、镇人民政府及其工作人员不履行或者不正确履行城市生活垃圾分类管理有关职责,有下列情形之一的,由任免机关或者监察机关责令改正;情节严重的,由任免机关或者监察机关对直接负责的主管人员和其他直接责任人员依法给予处分;涉嫌犯罪的,移送司法机关追究刑事责任:

（一）未按规定进行城市生活垃圾分类宣传教育的;

（二）未按规定编制城市生活垃圾分类管理规划的;

（三）未按规定设置城市生活垃圾分类收集容器以及运转和处理设施的;

（四）未按规定建立监督检查制度或者不依法履行监督检查职责的;

（五）未建立分类信息反馈和公开机制的,或者未及时反馈、公开城市生活垃圾分类信息的;

（六）对举报、投诉的城市生活垃圾分类违法行为未及时依法处理或者未及时将处理结果告知举报、投诉者的;

（七）徇私舞弊,滥用职权,贪赃枉法,玩忽职守、不依法履行法定职责,损害公民、法人或者其他组织合法权益的。

第三十条 本规定自2011年4月1日起施行。

附件 7

上海市促进生活垃圾分类减量办法

第一章 总　则

第一条　（目的和依据）

为了推进生态文明建设，促进生活垃圾分类减量，根据《中华人民共和国固体废物污染环境防治法》《城市市容和环境卫生管理条例》《上海市市容环境卫生管理条例》等有关法律、法规，结合本市实际，制定本办法。

第二条　（适用范围）

本市实施生活垃圾分类减量区域的生活垃圾投放及其相关管理活动，适用本办法。

第三条　（基本原则）

本市生活垃圾按照减量化、资源化、无害化的原则，实行分类投放、分类收集、分类运输、分类处置。

本市生活垃圾分类减量工作遵循政府主导、社会参与、属地管理、分步推进的原则。

第四条　（管理职责）

上海市生活垃圾分类减量推进工作联席会议负责生活垃圾分类减量工作重大事项的综合协调。

市和区（县）绿化市容行政管理部门负责生活垃圾分类减量工作的指导和监督。

本市商务行政管理部门负责生活垃圾中可回收物资源利用的指导和管理。

本市环保行政管理部门负责生活垃圾中有害垃圾处置的指导和管理。

第五条　（区县政府和乡镇、街道职责）

区（县）人民政府负责本行政区域内生活垃圾分类减量工作的组织实施。

乡（镇）人民政府、街道办事处按照区（县）人民政府的部署，负责所辖区域内生活垃圾分类减量工作的推进落实。

第六条 （目标与计划）

市绿化市容行政管理部门应当会同相关行政管理部门,编制本市促进生活垃圾分类减量工作阶段性目标和年度工作推进计划。

本市促进生活垃圾分类减量工作阶段性目标应当包括全市生活垃圾处置阶段性总量控制指标以及区(县)分解指标、生活垃圾分类投放实施区域、促进生活垃圾分类减量的措施等内容。

区(县)人民政府应当根据本市促进生活垃圾分类减量工作阶段性目标和年度工作推进计划,组织制定本区(县)促进生活垃圾分类减量工作的具体实施方案。

第七条 （单位和个人的义务）

本市各单位负有依法组织本单位的人员实施生活垃圾分类减量的社会责任;所有公民负有依法履行生活垃圾分类投放的义务。

第八条 （清洁生产）

本市鼓励通过研发清洁生产技术、使用清洁能源和原料、采用先进工艺技术与设备、改善管理、综合利用等措施,促进清洁生产。

第九条 （绿色流通）

本市采取限制商品过度包装、标准化菜场净菜上市、果蔬菜皮就近就地处理等措施,推进绿色流通。

第十条 （低碳消费）

本市通过旅馆、餐饮等经营单位减少一次性用品使用、提示并指导消费者合理消费,鼓励单位和个人使用可循环利用物品、资源化利用产品以及其他有利于生活垃圾减量的措施,推进低碳消费。

第十一条 （绿色采购）

本市国家机关、事业单位先行实行绿色办公。政府采购应当将可循环利用物品、资源化利用产品列入采购目录,并予以优先采购。

第十二条 （配套政策和标准）

市发展改革、财政、经济信息化、建设交通、商务、旅游、农业、住房保障房屋管理、水务等行政管理部门应当按照各自职责,制定配套文件和技术标准,促进生活垃圾分类减量工作的落实。

第二章 分类标准和分类投放要求

第十三条 （分类实施区域）

本市生活垃圾分类投放的实施区域,由市绿化市容行政管理部门确定,并向社会公布。

第十四条 (生活垃圾分类标准)

本市生活垃圾的基本分类为:

(一)可回收物,是指纳入本市再生资源回收指导目录、适宜回收循环使用和资源利用的废塑料、废纸、废玻璃等废弃物;

(二)有害垃圾,是指纳入《国家危险废物名录》,具有危险特性、必须专门处置的废药品、废荧光灯管、废镍镉电池、废氧化汞电池等废弃物;

(三)湿垃圾,又称厨余垃圾,是指易腐性的菜叶、果壳、食物残渣等食品废弃物;

(四)干垃圾,是指除可回收物、有害垃圾、湿垃圾外,不适宜回收循环使用和资源利用的生活废弃物。

前款规定中的餐厨废弃物、餐厨废弃油脂、装修垃圾、大件生活垃圾等应当按照有关规定单独投放和收集。

市绿化市容行政管理部门应当会同市商务行政管理部门,根据本市再生资源回收指导目录制定本市生活垃圾中可回收物的具体目录,并向社会公布。

市绿化市容行政管理部门应当会同市环保行政管理部门,根据《国家危险废物名录》制定本市生活垃圾中有害垃圾具体名录,并向社会公布。

第十五条 (分类责任人制度)

本市实行生活垃圾分类责任人制度。

本市生活垃圾分类责任人按照下列规定确定:

(一)业主委托物业服务企业管理的住宅小区和非住宅物业,物业服务企业为责任人;

(二)由业主自行实施物业管理的住宅小区和非住宅物业,业主为责任人;

(三)未实行物业管理的住宅小区,区(县)人民政府可以根据实际情况,组织乡(镇)人民政府或者街道办事处确定责任人;

(四)公园、广场、道路、机场、客运站、轨道交通等公共场所,其公共服务单位或者管理单位为责任人。

按照前款规定无法确定生活垃圾分类责任人的建筑和场所,由所在地的区(县)绿化市容行政管理部门确定责任人。

业主与物业服务企业签订物业服务合同时,应当约定生活垃圾分类投放的服务内容及收费标准。

住房保障房屋行政管理部门应当对物业服务企业的垃圾分类服务工作予以监督和指导。

第十六条(分类收集容器和堆放场所设置要求)

生活垃圾分类责任人应当按照本市生活垃圾基本分类标准和以下规定设置生活垃圾分类收集容器,并按照便利投放、兼顾环境卫生等要求确定堆放场所:

(一)住宅小区应当设置可回收物、有害垃圾、湿垃圾、干垃圾4类收集容器;

(二)非住宅物业应当设置可回收物、有害垃圾、其他垃圾(包含干垃圾和湿垃圾)3类收集容器;

(三)公共场所应当设置可回收物、其他垃圾(包含干垃圾和湿垃圾)2类收集容器。

对于产生果蔬菜皮较多的单位,绿化市容行政管理部门可以根据有关规定,要求其增设湿垃圾收集容器。

生活垃圾分类责任人可以根据实际需要细化分类品种,并增设相应的分类收集容器。

市绿化市容行政管理部门应当会同有关行政管理部门,制定本市生活垃圾分类收集容器、堆放场所的设置规范和分类标识,并向社会公布。

第十七条 (分类投放要求)

单位和个人应当根据本市垃圾基本分类,按照下列规定投放生活垃圾:

(一)有害垃圾投放至有害垃圾收集容器,不得投放至其他垃圾收集容器;

(二)可回收物投放至可回收物收集容器;

(三)湿垃圾、干垃圾投放至相应的垃圾收集容器,但垃圾收集容器上注明可以混合投放的除外。

生活垃圾分类责任人增设垃圾分类收集容器的,单位和个人应当按照细化分类要求,将生活垃圾投放至相应的分类收集容器。

住宅小区业主大会应当将生活垃圾分类投放行为规范纳入住宅小区管理规约。

本市生活垃圾分类投放行为规范,由市绿化市容行政管理部门会同相关行政管理部门制定,并向社会公布。

第十八条 (分类投放管理职责)

生活垃圾分类责任人应当按照区(县)人民政府的组织实施要求,建立责任范围生活垃圾分类投放管理制度,对生活垃圾分类投放行为进行宣传、指导,对不符合分类投放要求的行为予以劝告、制止;对屡次违反生活垃圾投放行为规范,且制止无效的,可告知乡(镇)人民政府、街道办事处或者区(县)绿化市容行政管理部门处理。

生活垃圾分类责任人应当在责任范围内,将分类投放的生活垃圾分类驳运至垃圾箱房或者垃圾小型压缩收集站。

第十九条 (分拣员辅助分类)

生活垃圾分类责任人责任范围内已经投放的生活垃圾不符合相应的分类标准或者分类投放要求的,生活垃圾分类责任人可以安排生活垃圾分拣员进行辅助分类。

生活垃圾分拣员进行辅助分类作业时,应当保持生活垃圾分类收集容器周边环境的卫生、整洁。

第二十条 (分类责任人违规行为的公布)

生活垃圾分类责任人未按照要求履行分类投放管理义务的,生活垃圾收运作业服务单位应当将有关情况及时上报乡(镇)人民政府和街道办事处。

乡(镇)人民政府和街道办事处收到上报情况后,应当及时核实并要求生活垃圾分类责任人进行限期整改;经整改后仍未达到要求的,乡(镇)人民政府和街道办事处以及所在区(县)绿化市容行政管理部门应当将该分类责任人违反要求的相关情况向社会公布。

第三章 激励、约束和考评制度

第二十一条 (绿色账户激励制度)

本市建立促进生活垃圾分类减量的绿色账户激励制度,对参与生活垃圾分类的单位和个人建立绿色账户,对符合分类投放要求的单位和个人给予积分,并以积分兑换方式予以物质、精神奖励。

本市按照民办非企业单位登记的相关规定设立管理机构,成立公益基金会,募集绿色账户激励制度运作的资金,并负责绿色账户资金的使用和日常管理。鼓励单位和个人向公益基金捐赠和资助。

市绿化市容行政管理部门应当会同相关行政管理部门,制定绿色账户激励制度工作方案和绿色账户积分奖励标准,并向社会公布。

区(县)绿化市容行政管理部门应当组织实施本行政区域内绿色账户激励制度工作方案。

区(县)人民政府应当对本行政区域内绿色账户激励制度的实施给予支持。

第二十二条 （环境补偿资金征收要求）

本市实行生活垃圾跨区域处理环境补偿制度,生活垃圾处置导出区应当向生活垃圾处置导入区支付环境补偿费。

市绿化市容行政管理部门应当会同相关行政管理部门,逐步完善环境补偿资金管理制度,根据实际情况调整补偿标准。

第二十三条 （精神文明创建评选）

本市文明小区、文明单位、文明社区、文明村镇、文明行业、文明城区等精神文明创建评选项目应当将生活垃圾分类减量工作纳入评选标准。

相关单位、组织或者行业参与本市精神文明创建评选的,应当将本单位、组织或者行业的生活垃圾分类减量实施情况作为评选测评的重要依据。

第二十四条 （表彰奖励）

市、区(县)人民政府对于在促进生活垃圾分类减量工作中做出突出贡献的组织和个人给予表彰和奖励。

第二十五条 （考评）

市绿化市容行政管理部门应当会同相关行政管理部门,对区(县)生活垃圾分类减量工作实施情况进行定期考评,并将考评结果向社会公布。

第二十六条 （分类计量和统计）

市绿化市容行政管理部门应当会同商务、环保等相关行政管理部门建立生活垃圾分类计量称重工作制度,逐步对本市生活垃圾分类收集、运输、处置实行重量统计。

前款规定的重量统计信息,应当作为本区(县)生活垃圾处置量控制分解指标完成情况和调整环境补偿标准的基础数据。

第二十七条 （信息系统）

市绿化市容行政管理部门应当建立本市生活垃圾分类减量信息系统,用于记录、统计生活垃圾分类减量投放等信息,并逐步与商务、环保等行政管理部门的相关管理信息系统实现互联互通。

第四章 社会动员和公众参与

第二十八条 （社会参与）

本市鼓励单位、社会组织和公众参与促进生活垃圾分类减量的宣传、教育、推广、实施及监督活动。

第二十九条 （社会宣传和动员）

绿化市容、环保、商务、旅游、文广影视等行政管理部门和工会、妇联、共青团等群众团体应当做好垃圾分类减量的宣传和动员工作。

居民委员会、村民委员会、物业服务企业应当宣传、动员单位和个人积极参加生活垃圾分类减量工作。

第三十条 （政府购买服务）

区（县）人民政府、乡（镇）人民政府和街道办事处可以通过政府采购等方式，组织非营利机构、非政府组织等参与生活垃圾分类减量活动。

第三十一条 （教育培训）

政府机关、事业单位应当对本单位的人员进行垃圾分类减量知识宣传教育工作。

教育行政管理部门应当将生活垃圾分类减量知识纳入学校、幼儿园教育内容，组织青少年生活垃圾分类教育和实践等活动。

第三十二条 （行业协会）

本市餐饮烹饪行业协会、旅游行业协会、连锁经营协会、再生资源回收利用行业协会、装饰装修行业协会、市容环卫行业协会等相关行业协会应当制定行业自律规范，开展本行业内的生活垃圾分类减量评价和培训工作，引导、督促会员单位遵守本办法的相关规定。

第三十三条 （投诉和举报）

任何单位和个人发现有违反本办法的行为，有权向相关行政管理部门举报、投诉。相关行政管理部门接到举报、投诉后，应当及时处理，并将处理结果予以反馈；对于不属于本部门职责的，应当及时移交有权行政管理部门进行处理。

第五章　法律责任

第三十四条 （违反规定行为的处理）

违反本办法第十七条第一款规定，单位未按照规定投放生活垃圾的，由城管执法部门责令改正；拒不改正的，处200元以上1000元以下罚款。

违反本办法第十七条第一款规定，个人未按照规定投放生活垃圾的，由城管执法部门按照《城市市容和环境卫生管理条例》的有关规定责令改正；拒不改正的，处50元以上200元以下罚款。

违反本办法第十八条第二款规定，生活垃圾分类责任人未将分类投放的生活垃圾分类驳运的，由城管执法部门责令改正；拒不改正的，处1000元以上3000元以下罚款。

第三十五条 （行政责任）

违反本办法规定,市和区(县)绿化市容行政管理部门、城管执法部门以及其他相关行政管理部门有下列行为之一的,由上级主管部门依据职权责令限期改正、通报批评,并可以对直接责任人员依法给予警告、记过或者记大过处分;情节严重的,给予降级、撤职或者开除处分:

(一)未按照本办法规定履行生活垃圾分类指导、监督职责的;

(二)未依法处理发现或者告知、投诉、举报的生活垃圾违规投放、收集行为的;

(三)其他滥用职权、玩忽职守、徇私舞弊的行为。

第六章 附 则

第三十六条(施行日期)

本办法自2014年5月1日起施行。

参考文献

1. Bouallagui H., Torrijos M., Godon J. J., et al. Two-phases Anaerobic Digestion of Fruit and Vegetable Wastes: Bioreactors Performance[J]. Biochemical Engineering,2004(21):193-197.

2. 陈冰,封静,黄文雄,刘畅.应用生命周期模型评价餐厨废弃物处理技术[J].环境工程学报,2011,5(8):1857-1862.

3. 陈朝猛.城市有机垃圾厌氧消化及其营养调控技术研究[D].长沙:湖南大学,2005.

4. 陈世和,张所明.城市垃圾堆肥原理与工艺[M].上海:复旦大学出版社,1990.

5. 陈活虎,品晶,吕凡,等.熟堆肥接种对蔬菜废物中高温好氧降解过程的影响[J].环境化学,2006(4):444-448.

6. Callaghan F. J., Wase D. A. J., Thayanithy K., et al. Continuous Co-digestion of Cattle Slurry with Fruit and Vegetable Wastes and Chicken Manure[J]. Biomass and Bioenergy,2002(27):71-77.

7. Converti A., Del Borghi A., et al. Anaerobic Digestion of the Vegetable Fraction of Municipal Refuses: Mesophilic Versus Thermophilic Conditions[J]. Bioprocess Eng,1999(21):371-376.

8. 代以春,徐庆元,陈全明.可腐有机垃圾厌氧消化技术.四川省循环经济发展模式(Ⅰ)——污泥再生利用[C].2005.

9. 党玲,朱家瑜,曹琴.我国现行城市工程建筑垃圾处理工艺探讨[J].科技创业,2010(11):87-88.

10. 董永亮.果蔬废弃物两相厌氧消化特征研究[J].能源环境保护,2011,25(4):19-24.

11. Engracia Madejón,Manuel Jesús Díaz,Rafael López and Francisco Cabrera. New Approaches to Establish Optimum Moisture Content for Compactable Materials[J]. Bioresource Technology,2002,85(10):73-78.

12. El-Haggar,et al. Mobile Composting Unit for Organic Waste Suitable for Severe Hot Weather[J]. Internation Journal of Environment and Pollution,1996,16(2/3):322-327.

13. 冯张琪.浅谈城市建筑垃圾处理[J].山西建筑.2010,36(34):

352－353.

14. 付婉霞,王会红.餐厨废弃物资源化技术及应用[J].建设科技,2008(2):94－95.

15. 高顺枝,罗兴章,郑正,等.城市生活垃圾分类收集思考[J].环境卫生工程,2009,17(1):5－11.

16. 郭亚丽,何惠君.赵由才.常温厌氧消化技术处理城市生活有机垃圾的中试研究[J].环境污染与防治,2001,23(4):168－171.

17. Gao Z. Y. A Research Overview of Single-cell Protein. Animal Husbandry and Veterinary Medicine,2009,41(8):111－112.

18. 黄小洋.城市生活垃圾分类现状及对策建议[J].绿色科技,2012(4):218－220.

19. 胡新军,张敏,余俊锋,张古忍.中国餐厨废弃物处理的现状、问题和对策[J].生态学报,2012,32(14):4575－4584.

20. H. Bouallagui,Y. Touhami,R. Ben Cheikh,M. Hamdi. Bioreactor Performance in Anaerobic Digestion of Fruit and Vegetable Wastes[J]. Process Biochemistry,2005(40):989－995.

21. K. Braber, NovemB. V. Anaerobic Digestion of Municipal Solid Waste:A Modern Waste Disposal Option on the Verge of Breakthrough[J]. Biomass and Bioenergy,1995,9(1－5):365－376.

22. Kostov O., zvetkov Y., Kaloianova N., et al. Cucumber Cultivation on Some Wastes During Their Aerobic Composting[J]. Bioresource Technology,1995(53):237－242.

23. 蓝俞静,刘玉德,张媛,等.餐厨废弃物生物好氧堆肥的影响因素研究[J].环境科学与技术,2013,36(6):30－33.

24. 廖利,冯华,王松林.固体废物处理与处置[M].武汉:华中科技大学出版社,2010.

25. 梁顺文,王翠萍,刘鸿雁.深圳市有机垃圾产生现状及资源化利用方式的探讨[J].贵州化工,2009,34(6):36－39.

26. 林云琴,王德汉.有机废弃物厌氧消化处理技术研究进展[J].中国沼气,2008,26(3):8－12.

27. 刘添俊,安关峰.我国建筑垃圾资源化现状及处理对策研究.

28. 刘广民,董永亮,薛建良,等.果蔬废弃物厌氧消化特征及固体减量研究

[J].环境科学与研究,2009(3):27-30.

29. 刘晓英.餐厨废弃物特性及厌氧消化产沼性能研究[D].北京:北京化工大学,2010.

30. 刘军,刘涛,代俊,等.厌氧消化处理餐厨废弃物工艺[J].中国资源综合利用,2011(9):54-57.

31. 李季,彭生平.堆肥工程实用手册[M].北京:化学工业出版社,2005:1-112.

32. 李剑.蔬菜废弃物堆肥技术参数的优化研究[D].上海:上海交通大学,2011.

33. 李国建,赵爱华,张益,等.城市垃圾处理工程[M].北京:科学出版社,2003.

34. 李国学,张福锁.固体废弃物堆肥化与有机复混肥生产[M].北京:化学工业出版社,2000.

35. 李东,孙永明,张宇,等.城市生活垃圾厌氧消化处理技术的应用研究进展[J].生物质化学工程,2008,42(4):43-50.

36. 李东,袁振宏,张宇,等.2008.城市生活有机垃圾各组分的厌氧消化产甲烷能力[J].环境科学学报,28(11):2284-2290.

37. 李丽.城市生活垃圾综合管理体系研究[D].广州:暨南大学,2009.

38. 吕薇,李瑞扬,齐冲.国外城市垃圾的控制、收集和焚烧处理现状[J].节能技术,2003(2):16-18.

39. 吕深,袁海荣,王奎升,等.果蔬与餐厨废弃物混合厌氧消化产气性能[C]全国农村清洁能源与低碳技术学术研讨会论文集.郑州,2011.4.

40. 吕凡,何品晶,邵立明等.pH值对易腐有机垃圾厌氧发酵产物分布的影响[J].环境科学,2006,27(5):991-996.

41. 陆熹,李霞,仲小兰,等.微生物发酵在我国饲料工业中的应用及发展探讨[J].现代农业科技,2008(1):156-158.

42. 罗博.中小城市餐厨废弃物资源化利用和无害化处理技术分析[J].资源节约与环保,2013(8):59-61.

43. B 38 Lane A G. Methane from Anaerobic Digestion of Fruit and Vegetable Processing Waste[J]. Food Technol,1979(31):201-207.

44. 马诗院,马建华.我国城市生活垃圾分类收集现状及对策[J].环境卫生工程,2007,15(1):12-14.

45. 马磊,王德汉,曾彩明.餐厨废弃物的干式厌氧消化处理技术初探[J].中国沼气,2007,25(1)27-30.

46. 马磊,王德汉,谢锡龙.餐厨废弃物的高温厌氧消化处理研究[J].环境工程学报,2009,8(8):1509-1512.

47. 孟宝峰.城市垃圾厌氧消化处理工程工艺流程[J].中国沼气,2003,21(4):22-24.

48. Mata-Alvarez J., Cecchi F., Llabrés P., et al. Anaerobic Digestion of the Barcelona Central Food Market Organic Wastes: Experimental Study[J]. Bioresour Technol,1992,39:39-48.

49. 潘爱丽.生物降解法餐厨废弃物实验技术的研究[D].长春:吉林大学,2006.

50. 乔玮.城市垃圾厌氧消化处理技术研究[D].长沙:湖南大学,2004.

51. 齐玉梅,王震,李雅芳.上海市餐厨废弃物收运处理成本分析[J].环境卫生工程,2008,16(3):47-49.

52. 秦文娟.餐厨废弃物厌氧消化的实验研究[D].成都:西南交通大学,2009.

53. 权进香.城市餐厨废弃物资源化处理综合利用[J].科技创新与生产力,2011,11(214):69-73.

54. 任虎存.建筑垃圾回收处理技术及破碎装备的设计研究[D].济南:山东大学,2013.

55. 宋海峰.循环经济下合肥居民生活垃圾分类管理体系构建研究[D].合肥:合肥工业大学,2006.

56. 尚谦.城市生活垃圾好氧堆肥过程参数的探讨[D].长沙:湖南大学,2001.

57. 邵蕾.厨余垃圾家庭好氧生物处理研究[D].武汉:华中科技大学,2012.

58. 邵琳,朱光灿.餐厨废弃物厌氧消化工艺的影响与优化[J].环境科技,2008,12(6):56-59.

59. 沈伯雄,唐雪娇.固体废弃物处理与处置[M].北京:化学工业出版社,2010.

60. 沈超青,马晓茜.广州市餐厨废弃物不同处置方式的经济与环境效益比较[J].环境污染与防治,2010,32(11):103-106.

61. 石文军.全程高温好氧堆肥快速降解城市生活垃圾及其腐熟度判定[D].长沙:湖南大学,2010.

62. 施昱,沈惠平,徐斌.食物垃圾的处理及其综合利用.粮食与饲料工业,2005,4(2):32-33.

63. Sasaki K.,Aizaki H.,Motoyama M.,Ohmori H.,Kawashimat. Impressions and Purchasing Intentions of Japanese Consumers Regarding Pork Produced by 'Ecofeed',a Trade Mark of Food-waste or Food Co-product Animal Feed Certified by the Japanese Government[J]. Animal Science Journal,2011,82(1):175-180.

64. Sugiura K.,Yamatani S.,Watahara M.,Onoderat. Ecofeed,Animal Feed Produced from Recycled Food Waste[J]. Veterinaria Italiana,2009,45(3):397-404.

65. 唐鸿寿,王如松,等.城市生活垃圾处理和管理[M].气象出版社,2002.

66. 田恩祥,徐文婷.国内第一部城市生活垃圾分类管理规定面临难以落实的窘境:垃圾分类规定,又是一纸空文?[N]羊城晚报,2011-02-27.

67. Vallini G.,et al. Process Constrains in Sorce-collected Vegetable Waste Composting[J]. Water Science and Technology,1993,28(2):229-236.

68. 王宝民,涂妮,杨奕.建筑垃圾处理及应用研究进展低温[J].低温建筑技术,2010(6):1-3.

69. 王雷,许碧君,秦峰.我国建筑垃圾处理现状与分析[J].环境卫生工程,2009,17(1):53-56.

70. 王绍文,梁富智,王纪曾,等.固体废物资源化技术与应用[M].北京:冶金工业出版社,2003.

71. 王星,王德汉,徐菲,李晖.餐厨废弃物厌氧消化的工艺比选研究[J].新能源及工艺,2005(5):27-31.

72. 王远远.蔬菜废弃物沼气发酵工艺条件及沼气发酵残余物综合利用技术的研究[D].上海:上海交通大学,2008.

73. 邬苏焕,宋兴福,刘够生.双菌固态发酵处理餐厨废弃物废水[J].食品与发酵工业,2004,5(2):63-68.

74. 吴坚,鲍伦军,方战强.易腐烂有机垃圾处理研究现状和发展趋势[J].广州化工,2006,34(3):71-72.

75. 吴坚,林卓玲,李紫罗,罗媚.广州市易腐性有机垃圾特性研究.广州化工,2006(6):38-40.

76. 吴云.餐厨废弃物厌氧消化影响因素及动力学研究[D].重庆:重庆大学,2009.

77. 吴修文,魏奎,沙莎,王军,袁修坤.国内外餐厨废弃物处理现状及发展趋势[J].农业装备与车辆工程,2011(12):49-52.

78. 吴修文,魏奎,沙莎,王军,袁修坤.国内外餐厨废弃物处理现状及发展趋势[J].农业设备与车辆工程,2011(12):49-52.

79. 吴文伟.城市生活垃圾资源化[M].北京:科学出版社,2003.

80. 吴阳春.餐厨废弃物废水中温厌氧消化试验研究[D].长沙:湖南大学,2011.

81. Wang X H.,Li G W,Meng H.,Ma L.,Zhao G. J. Discussion on Treatment Status of Food Residue[J]. Environmental Sanitation Engineering,2005,13(2):41-43.

82. 席旭东,晋小军,张俊科.蔬菜废弃物快速堆肥方法研究[J].中国土壤与肥料,2010(3):62-65.

83. 谢炜平,梁彦杰,何德文.餐厨废弃物废水资源化技术现状及研究进展[J].环境卫生工程,2008,16(2):43-45.

84. 熊辉,林伯伟,等.中小型城市垃圾分类模式探讨[J].环境卫生工程,2011,19(1):35-40.

85. 熊婷,霍文冕,窦立宝,等.城市餐厨废弃物资源化处理必要性研究[J].2010,2(35):148-152.

86. 徐长永,宋薇,赵树清,等.餐厨废弃物饲料化技术的同源性污染研究[J].环境卫生工程,2011,2(1):9-10.

87. 徐清艳,徐剑波.城市生活垃圾的厌氧消化处理[J].闽江学院学报,2007,28(2):93-97.

88. 汪春霞.有机固体废弃物厌氧消化与综合利用[J].中国资源综合利用,2006,124(7):25-28.

89. 徐妙云,陈志敏.有机废弃物饲料资源化的研究进展[J].新饲料,2007(3):17-19.

90. 杨鹏,乔汪砚,赵润,等.果蔬废弃物处理技术研究进展[J].农学学报,2011,6:26-28.

91. 袁世岭,李鸿炫,毛捷,刘华丽.餐厨废弃物饲料化处理的研究进展[J].资源节约与环保,2013(7):78-80.

92. 余瑞.餐厨废弃物厌氧消化处理技艺探讨[J].绿色科技,2012,12(12):

86－87.

93. 杨亚娟. 开发利用有机废弃物实现农业可持续发展[J]. 国土与自然资源研究,2002(2):32－33.

94. 赵俊,钟世云,王小冬. 建筑垃圾的减量化与资源化[J]. 粉煤灰,2001(2):3－6.

95. 张晨光,王小韦,陈芳,等. 北京市餐厨废弃物厌氧消化处理技术应用研究[J]. 企业技术开发,2012,4(10):81－82.

96. 张存胜. 厌氧发酵技术处理餐厨废弃物产沼气的研究[D]. 北京:北京化工大学,2013.

97. 张秋月,车东进. 浅谈目前建筑垃圾处理中存在的问题与对策[J]. 山西建筑,2010,36(8):345.

98. 张韩,李晖,韦萍. 餐厨废弃物处理技术分析[J]. 环境工程,2013(31).258－261.

99. 张庆芳,杨林海,周丹丹. 餐厨废弃物处理技术概述[J]. 中国沼气,2013,30(1):23－26.

100. 张立国. 中温两相厌氧消化处理低有机质剩余污泥效能研究[D]. 哈尔滨:哈尔滨工业大学,2008.

101. 张相锋,王洪涛,聂永丰,等. 高水分蔬菜废物和花卉、鸡舍废物联合堆肥的中试研究[J]. 环境科学,2003,24(2):147－151.

102. 张于峰,邓娜,李新禹,等. 城市生活垃圾的处理方法及效益评价[J]. 自然科学进展,8(14):863－869.

103. 张记市,孙可伟,徐静. 城市有机生活垃圾溶胞处理对其厌氧消化的影响机理[J]. 生态环境,2006,15(4):862－865

104. 张无敌. 我国农村有机废弃物资源及沼气潜力[J]. 自然资源,1997(1):67－71.

105. 中华人民共和国国家统计局. 中国统计年鉴(2004—2011)[M]. 北京:中国统计出版社,2005—2012.

106. Zhang H. Y. ,Zhao Y. C. ,Qi J. Y.. Utilization of Municipal Solid Waste Incineration(MSWI) Fly Ash in Ceramic Brick:Product Characterization and Environmental Toxicity[J]. Waste Management,2011,31(2):331－341.

107. 周富春,鲜学福,徐龙君. 厌氧法处理有机垃圾研究与应用现状[J]. 煤炭学报,2004,29(4):439－442.

108. 周宗强.大中型城市生活垃圾分类收集的思考[J].环境卫生工程,2011,19(2):18-20.

109. 朱东凤.城市建筑垃圾处理研究[D].广州:华南理工大学,2010.

110. 张继周.废电池综合利用新技术与工艺[J].工业安全与环保,2005,31(10):37-39.

111. 梅光军,解科峰,李刚.废弃荧光灯无害化、资源化处置研究进展,再生资源研究[J],2007(6):29-35.

112. 张志杰.谈城市废弃荧光灯管的污染和综合利用[J].轻工环保,1990,12(1):1-6.

113. 王涛.废旧荧光灯的回收利用及处理处置[J].中国环保产业研究进展,2005(3):26-28.

114. 程鹏,周斌.废旧灯管回收处理的法制和设施建设[J].江苏环境科技,2005,18(增刊):173-175.

115. 鲍敏,梅涛,骆敏舟,等.新型厨余垃圾处理机[J].机械研究与应用,2012:91-93.

116. 杜吴鹏,高庆先,张恩琛.中国城市生活垃圾排放现状及成分分析[J].环境科学研究,2006,19(5):85-90.

117. 毕珠洁.深圳市生活垃圾分类处理模式对比研究[D].武汉:华中科技大学,2012.

118. 王琪.我国城市生活垃圾处理现状及存在的问题[J],环境经济,2005(10):23-29.

119. 王续瑛.餐厨废弃物综合处理工艺分析研究[D].广州:华南理工大学,2013.

120. 王向会,李广魏,孟虹,等.国内外餐厨废弃物处理状况概述[J].环境卫生工程,2004,10(2):41-43.

121. 贾子利.北京市生活垃圾分类及处置方式研究[D].北京:北京林业大学,2011.

122. 黄伟,侯秀萍.废旧电池的回收处理[J].能源环境保护,2004,18(1):57-59.

123. 冯淑颖.废旧电池回收现状及技术[J].广东化工,2014(7):156-157.

124. 张彬,罗本福,谷晋川,等.废旧镍氢电池回收再利用研究[J].环境科学与技术,2014,37(1):135-143.

125. 赵丽君. 城市生活垃圾减量与资源化管理研究[D]. 天津:天津大学,2009.

126. 熊文辉,孙水裕. 广州市居民生活垃圾分类收集的探讨[J]. 广东工业大学学报,2004(9):16-18.

127. 刘世伟. 城市生活废弃物回收链管理对策研究[D]. 北京:北京交通大学,2007.

128. 王秀英. 废纸回收利用技术的现状与未来发展方向探讨[J]. 林业科技情报,2006(3):110.

129. 李培湖,张文英. 浅析废金属的再生与流通[J]. 中国资源综合利用,1993(1):8-9.

130. 郭军. 固体废物中纸类的回收处理[J]. 黑龙江生态工程职业学院学报,2007,20(6):9-10.

131. 郭燕. 我国废旧纺织品回收及再利用政策与措施研究[J]. 纺织导报,2003(3):18-23.

132. 牛庆民. 我国废纸回收系统的现状及展望[R]. 2012 国际造纸技术报告会论文集:154-165.

133. 余洁. 关于中国城市生活垃圾分类的法律研究[J]. 环境科学与管理,2009(34):13-15.

134. 何德文. 我国城市生活垃圾分类收集方法[J]. 环境卫生工程,2002(10):157-158.

135. 郝薇. 城市生活垃圾分类收集势在必行[J]. 天津城市建设学院学报,2001(7):14-17.

136. 彭书传,崔康平. 城市生活垃圾分类收集与资源化[J]. 合肥工业大学学报(社会科学版),2000,14(9):37-38.

137. 吴晟志. 浅析城市垃圾分类回收处理[J]. 广西民族学院学报(自然科学版),1999,5(1):69-71.

138. 冯颖俊,李云. 中国城市生活垃圾分类收集的研究[J]. 污染防治技术,2009,22(5):75-77.

139. 孟宜旺,杨清春. 城市生活垃圾分类收集单一性处理方法的设想[J]. 山西环境,1997(9):40-41.

140. 严锦梅. 北京市垃圾分类投放影响研究[D]. 北京:中国社会科学院研究生院,2013.

141. 汪文俊.家庭-小区相结合的垃圾分类处理模式研究[D].武汉:武汉理工大学,2012.

142. 袁珍.城市生活垃圾分类政策执行梗阻及消解:以广州为例[D].广州:广州大学,2009.

143. 陈海滨,张黎,等.低碳理念与生活垃圾分类收集[J].建设科技,2011(15):35-37.

144. 孟秀丽.我国城市生活垃圾分类现状及对策[J].中国资源综合利用,2014,32(7):32-34.

145. 周肖红.绿化废弃物堆肥化处理模式和技术环节的探讨[J].中国园林,2009(4):7-11.

146. 吕子文,顾兵,方海兰,等.绿化植物废弃物和污泥的堆肥特性研究[J].中国土壤与肥料,2010,(01):57-64.

147. 赵由才,宋玉.生活垃圾处理与资源化技术手册[M].北京:冶金工业出版社,2007.

148. 钱新锋,赏国锋,沈国清.园林绿化废弃物生物质炭化与应用技术研究进展[J].风景园林工程,101-104.

149. 黄彩娣,陆觉民,李桥,等.园林废弃物循环利用(一)处置生产技术的研究[J].园林,2010(9):49-50.

150. 杨晖.园林废弃物的资源化利用探讨[J].安徽农学通报,2010,16(15):181-182.

151. 黄利斌,李荣锦,王成.国外城市有机地表覆盖物应用研究概况[J].林业科技开发,2008,22(6):1-8.

152. 吕子文.日本绿化植物废弃物处置场见闻[J].园林,2012(2):32-34.

153. 刘燕,吴纯德,朱能武.南方某市城区电池使用、回收现状分析及对策初探[J].四川环境,2008,27(3):118-122.

154. 杨淑华,郭笃发.浅议废旧电池的危害与我国回收现状[J].山东师范大学学报(自然科学版),2004,19(1):55-58.

155. 陈卉,陈海滨.废电池的回收利用与处置[J].环境卫生工程,2005,13(2):12-15.

156. 王金良,王琪.再谈废电池的污染及防治[J].电池工业,2003(1):37-40.

157. 苏艳芳,丁杰萍,晋王强. 中国废干电池处置和回收利用及管理现状[J]. 能源与节能,2013(7):56-57,125.

158. 周娟,张硕新. 我国废旧电池回收利用立法措施探析[J]. 新西部,2011,9:123-124.

159. 程海洲. 浅谈废电池的环境影响[J]. 科技情报开发与经济,2003,13(2):156-157.

160. 贾蕗路,裴峰,伍发元,等. 废旧电池回收处理处置技术研究进展[J]. 电源技术,2003,37(11):2067-2069.

161. 李明,吴建东,王成红. 废电池的处理现状及管理对策[J]. 中国科技信息,2008(9):19-20.

162. 潘凌潇,余莉琳,何春东. 废电池回收利用现状及处理措施初探[J]. 沙棘(教育纵横),2010(8):51.

163. 白昭,赵毅,王瑶,等. 关于废旧一次性电池管理现状及展望[J]. 科教导刊,2011,5月(中):188-189.

164. Sayilgan E., Kukrer T., Civelekoglu G., et al. A review of technologies for the recovery of metals from spent alkaline and zinc-carbon batteries[J]. Hydrometallurgy,2009(97):158-163.

165. 李朋恺,周方钦,陈发招. 废电池回收锌、锰生产出口饲料级一水硫酸锌及碳酸锰工艺研究[J]. 中国资源综合利用,2001(12):18-20.

166. Nan J. M., Han D. M., Cui M., et al. Recycling Spent Zinc Manganese Dioxide Batteries Through Synthesizing Zn-Mn Ferrite Magnetic Materials[J]. Journal of Hazardous Materials,2006(133):257-261.

167. 王升东,王道藩,唐忠诚. 废铅蓄电池回收铅与开发黄丹、红丹以及净化铅蒸汽新工艺研究[J]. 再生资源研究,2004(2):24-26.

168. 王子哲,裴启涛. 废铅酸电池回收利用技术的应用进展[J]. 资源再生,2008(5):56-58.

169. Andrews D., Raychaudhuri A., Frias C.. Environmentally Sound Technologies for Recycling Secondary Lead[J]. Journal of Power Sources,2000(88):124-129.

170. 刘辉,银星宇,覃文庆. 铅膏碳酸盐转化过程的研究[J]. 湿法冶金,2005,24(3):146-148.

171. Sonmez M. S., Kumar R. V. Leaching of Waste Battery Paste Compo-

nents. Partl:Lead Citrate Synthesis from PbO and PbO_2[J]. Hydrometallurgy,2009, 95(1/2):53-60.

172. Sonmez M. S., Kumar R. V. Leaching of Waste Battery Paste Components. Part 2:Leaching and Desulphurisation of $PbSO_4$ by Citric Acid and Sodium Citrate Solution[J]. Hydrometallurgy,2009,95(1/2):82-89.

173. 廖华,吴芳,罗爱平.废旧镍氢电池正极材料中镍和钴的回收[J].五邑大学学报(自然科学版),2003,17(1):92-95.

174. Rudnik E,Nikiel M. Hydrometallurgical Recovery of Cadmium and Nickel from Spent Ni-Cd Batteries[J]. Hydrometallurgy,2006(89):61-68.

175. 朱建新,聂永丰,李金.废镉镍电池的真空蒸馏回收技术[J].清华大学学报(自然科学版),2003,43(6):858-861.

176. 温俊杰,李荐.废旧锂离子二次电池回收有价金属工艺研究[J].环境保护,2001(12):39-41.

177. 李洪枚.废旧锂离子电池处理技术研究[J].电池,2004,34(6):462-464.

178. 申勇峰.从废锂离子电池中回收钴[J].有色金属,2002,54(4):69-73.

179. Jessica F. P., Natalia G. B., Julio C. A.. Recovery of Valuable Elements from Spent Li-batteries[J]. Journal of Hazardous Materials,2008(150):843-845.

180. Li L., Jing G., Feng W., etal. Recovery of Cobalt and Lithium from Spent Lithium Ion Batteries Using Organic Citric Acid as Leachant[J]. Journal of Hazardous Materials,2010(176):288-289.

181. 吕小三,雷立旭,余小文.一种废旧锂离子电池成分分离的方法[J].电池,2007,37(1):79-82.

182. Curl K. L., Kang - In, et at. Preparation of $LiCoO_2$ from Spent Lithium-ion Batteries[J]. Journal of Power Sources,2002,109(1):17-21.

183. 秦毅红,齐申.有机溶剂分离法处理废旧锂离子电池[J].有色金属(冶炼部分),2006(1):13-15.

184. 王敬贤,郑骥.含汞废弃荧光灯管处理现状及分析[J].中国环保产业,2010(10):37-41.

185. 梅光军,解科峰,李刚.废弃荧光灯无害化、资源化处置研究进展[J].中国照明电器,2007(8):1-6.

186. 王琪,唐丹平,姜林,等.废弃荧光灯管的环境管理研究[J].环境污染与防治,2012,34(11):98-102.

187. 浙江阳光集团股份有限公司.T2 环保节能灯及 MRT 回收处理系统建设项目环境影响报告书[R].

188. Mahmoud A. Rabah. Recovery of Aluminium, Nickel-copper Alloys and Salts from Spent Fluorescent Lamps[J]. Waste Management,2004,24:119-126.

189. 尚辉良,马鸿昌.中国废弃荧光灯管的回收处理现状及建议[J].资源再生,2007(2):56-59.

190. 李兵.国外减少光源中汞污染的主要措施[J].光源与照明,2004,9(3):38.

191. 王新,陈玉平.欧洲有关国家关于执行欧盟废旧电子电气指令的措施[J].中国人口·资源与环境,2005,15(4):116-119.

192. 刘兆晖,张凤杰,郦怀秀.废日光灯管的回收利用与管理对策[J].中国资源综合利用,2006(7):17-19.

193. 蒋建国.固体废物处置与资源化化学工业出版社,2013.

194. 曾现来.固体废物处理处置与案例编著[M].中国环境科学出版社,2011.

195. 李秀金.固体废弃物处理与资源化[M].科学出版社,2011.

196. 李永峰,陈红.固体废物污染控制工程教程[M].上海交通大学出版社,2009.

197. 庄伟强.固体废物处理与利用[M].化学工业出版社,2009.

198. 李艳霞,王敏健,王菊思,陈同斌.城市固体废弃物堆肥化处理的影响因素[J].土壤与环境.1999(01)

199. Xinhua Net. Food waste: hazardous and valuable resources. (2009-01-07)[2011-05-14]. http://news.xinhuanet.com/life/2009-01/07/content-10615418.htm.

200. 王莉.餐厨废物回收管理利用研究[D].天津:天津大学,2009.

201. M V Mundschau, Christopher G Burk. Diesel Fuel Reforming Using Catalytic Membrane Reactors [J]. Catalysis Today,2008 136 3-4 190-205.

202. 周琦,郭瓦力,任洪宝等.第五届全国化学工程与生物化工年会论文集[C].西安西北大学化工学院第五届全国化工年会组委会,2008.

203. 陈五平.无机化工工艺学[M].北京化学工业出版社,1979.

204. 于艳红,曹树勇,奚立民.餐厨废弃物制备燃料乙醇酶促反应条件的研究[J].可再生能源,2009,,27(6):46-49.

205. 马广智,牛晨蕾.利用餐厨废弃物配置蚯蚓培养基的初步研究[J].广州城市职业学院学报,2011,5(1):48-51.

206. 王星,王德汉等.国内外餐厨废弃物的生物处理及资源化技术进展[J].环境卫生工程,2005,31(2):25-26.

207. 胡新军.利用大头金蝇幼虫生物转化餐厨废弃物的研究[D].广州:中山大学,2012.

208. 冯波,殷柯柯.采用 GPRS 技术的餐厨废弃物收集装置设计及实现[J].科技传播,2012,24,138-139.

209. 陈丽.浅析物联网技术在生活垃圾收运处置中的应用[J].环境卫生工程,2100,19(6):24-25.

210. 王超.射频识别系统在生活垃圾转运上的应用[J].现代制造技术与装备,2010,5:56-57.

211. 王涛.成都市餐厨废弃物收运系统及优化研究[D].成都:西南交通大学,2008.

212. 徐振.基于地理信息系统的交通查询系统研究[D].武汉:湖北工业大学,2012.